全国高等院校规划教材·公共课

大学生心理调适能力训练

左妮红　主编

内容提要

本书根据大学生的心理特点，以为大学生提供人性化的心理调适训练为目标，围绕环境适应、自我认知、人际交往、人格完善、意志培养、情绪管理、压力管理、挫折应对、恋爱与性、网络心理等方面有针对性地介绍心理健康知识，传授心理素质训练方法，帮助大学生树立心理健康意识，优化心理品质，增强心理调适能力和社会适应能力，预防和缓解心理问题，全面提升大学生的综合素质和就业竞争力。

本书可供普通高等学校、高等职业院校、高等专科院校师生使用，也可供广大社会青年和教育工作者阅读参考。

图书在版编目(CIP)数据

大学生心理调适能力训练/左妮红主编. —北京：北京大学出版社，2013.9
(全国高等院校规划教材·公共课)
ISBN 978-7-301-23019-0

Ⅰ.①大…　Ⅱ.①左…　Ⅲ.①大学生－心理健康－健康教育－高等学校－教材
Ⅳ.①B844.2

中国版本图书馆 CIP 数据核字(2013)第 187305 号

书　　名：大学生心理调适能力训练
著作责任者：左妮红　主编
策 划 编 辑：周　伟
责 任 编 辑：周　伟
标 准 书 号：ISBN 978-7-301-23019-0/B·1138
出 版 发 行：北京大学出版社
地　　址：北京市海淀区成府路 205 号　100871
网　　址：http://www.pup.cn　　新浪官方微博：@北京大学出版社
电 子 信 箱：zyjy@pup.cn
电　　话：邮购部 62752015　发行部 62750672　编辑部 62754934　出版部 62754962
印　刷　者：北京鑫海金澳胶印有限公司
经　销　者：新华书店
787 毫米×1092 毫米　16 开本　15.75 印张　373 千字
2013 年 9 月第 1 版　**2021 年 1 月第 14 次印刷**
定　　价：32.00 元

《大学生心理调适能力训练》编委会

主　编： 左妮红

副主编： 卢　荷　兰珊珊　阳　旭　姜献生

参　编： 李伟娜　陈丽云　许　明　杨　琳
安华平　何　惠　曾昭武　赵男男
刘　英　雷燕飞　覃宇权　宋燕金
尹　彦　麦共兴　董绿英　古志华
谢　静　王　静　崔智慧

前　言

进入21世纪以来，随着经济的飞速发展和社会的急剧变革，人们的生活节奏日益加快，竞争日趋激烈，人际关系日渐复杂，导致人们的心理负担日益加重，心理健康问题日益凸显。

作为一个特殊的社会群体，大学生也面临着各种各样的压力与问题，如学习的压力、经济负担的压力、择业就业的压力、人际关系的压力、个人情感的压力等。对大学生心理健康状况的调查结果显示：学习不适应、情绪化、人际关系、性心理和网络心理障碍已成为困扰大学生的五大主要心理问题。正是这些压力与问题的存在使得大学生中的各种心理障碍和心理疾病也呈现出不断增长的趋势。因此，加强大学生的心理健康教育，培养大学生具有良好的个性心理品质，对于促进大学生的心理素质、思想道德素质、科学文化素质和身体素质的协调发展及大学生健康成长具有重要作用。

本书改变了以往教材单纯进行知识传授的做法，针对大学生的心理特点，贯彻了行动导向教学法和“教、学、做合一”的理念，突出了“训练”主题，内容设计环环相扣、步步深入，让学生在学中练、在练中学。通过系统训练，帮助大学生正确地认识自我，加强自我心理调节，切实提高环境适应、人际交往、挫折应对、情绪调控以及压力管理等方面的心理调适能力。通过系统的学习训练，使大学生排除心理障碍，恢复心理平衡，消除痛苦情绪，营造快乐心境，做到“不为压力所屈服，不为挫折所折腰，不为困难所吓倒”，以保持“宠辱不惊，看庭前花开花落；去留无意，任天外云卷云舒”的心理状态，使他们将来能够成为职场上的强者和生活中的幸福之人。

本书结构清晰、生动直观、通俗易懂，可读性强。书中引用了大量鲜活、具体的案例，寓抽象于具体，变枯燥为生动，易于启迪学生思考，激发学生的兴趣，既方便教师教，也方便学生学，有很强的针对性和实效性。

本书由左妮红担任主编，由卢荷、兰珊珊、阳旭、姜献生担任副主编，李伟娜、陈丽云、许明、杨琳、安华平、何惠、曾昭武、赵男男、刘英、雷燕飞、覃宇权、宋燕金、尹彦、麦共兴、董绿英、古志华、谢静、王静、崔智慧共同参与编写。在编写的过程中我们得到了柳州职业技术学院主管心理健康教育工作的学院领导以及教务处、公共基础部等相关部门的大力支持，在此表示深深的感谢。同时，还要衷心感谢所有参考文献的作者，我们的教材里也融入了他们的研究成果和智慧。

本书的编者均为具有丰富教学经验的一线教师，其中还有多位是具有国家二级心理咨询师、高级职称的资深教师及博士、在读博士，在编写的过程中尽管做了很大努力，但由于水平所限，不足之处在所难免，肯望广大读者指正，以期不断完善。

编　者

2013年6月

目　录

主题一

初识心理健康

篇首语

我们每天都在体验着各色各样的情绪和心态，慢慢地就形成了一种习惯。它们有快乐，也有痛苦，有给自己带来满足感的，也有带来烦恼的。终于，它们稳定下来，固执地与环境发生互动，于是就有了我们现在的状态。然而我们了解自己的状态吗？自己的状态健康吗？孔子说过："乐以忘忧，不知老之将至云尔。"意思是说，"快乐得把一切忧虑都忘了，连自己快要老了都不知道。"这是多好的一种人生状态啊！古医书《长生秘诀》里说"人之心思，一存和说，其颜色现于外者，俨然蔼美。"这说的是一个人的美丽来自健康的心理。所以，让我们来认识自己的心灵，保持心灵健康的状态，做快乐成长、学业有成的大学生吧！

训练目标

1. 认识健康与心理健康的概念。
2. 了解心理健康的标准。
3. 认识心理健康的重要性。
4. 初步了解自我心理健康的状况。

单元1　健康与心理健康知识ABC

心理故事：断箭

春秋战国时代，一位父亲和他的儿子出征打战。父亲已做了将军，儿子还只是马前卒。又一阵号角吹响，战鼓雷鸣了，父亲庄严地托起一个箭囊，其中插着一支箭。父亲郑重地对儿子说："这是家袭宝箭，佩戴身边，力量无穷，但千万不可抽出来。"

那是一个极其精美的箭囊，厚牛皮打制，镶着幽幽泛光的铜边儿，再看露出的箭尾，一眼便能认定是用上等的孔雀羽毛制作。儿子喜上眉梢，贪婪地推想箭杆、箭头的模样，耳旁仿佛有"嗖嗖"的箭声掠过，敌方的主帅应声折马而毙。

果然，佩戴宝箭的儿子英勇非凡，所向披靡。当鸣金收兵的号角吹响时，儿子再也禁不住得胜的豪气，完全背弃了父亲的叮嘱，强烈的欲望驱赶着他"呼"一声就拔出宝箭，试图看个究竟。骤然间他惊呆了。

一支断箭，箭囊里装着一支折断的箭。

“我一直挎着支断箭打仗呢！”儿子吓出了一身冷汗，仿佛顷刻间失去支柱的房子，轰然坍塌了。

结果不言自明，儿子惨死于乱军之中。

拂开蒙蒙的硝烟，父亲拣起那柄断箭，沉重地叹一口气道：“不相信自己的意志，永远也做不成将军。”

【感悟与思考】 我们要相信自己才是一支箭，若要它坚韧，若要它锋利，若要它百步穿杨，百发百中，磨砺它、拯救它的都只能是我们自己。健康的心理和积极的心态对一个人而言至关重要。

心理知识：健康与心理健康

一、什么是健康

早在1948年，世界卫生组织就给出了关于“健康”的新定义：健康不仅仅是没有疾病或虚弱现象，而且是一种生理上、心理上和社会适应上的良好状态。这一定义标志着人类对健康的理解已从生理的、个体的理解发展到心理的、社会的理解。

在上述认识的基础上，世界卫生组织具体规定了健康的十条标准：(1) 有充沛的精力，能从容不迫地应付日常生活和工作的压力而不感到过分疲劳和紧张；(2) 态度积极乐观，敢于承担责任，不论事情大小都不挑剔；(3) 善于休息，睡眠良好；(4) 能适应外界环境的各种变化，应变能力强；(5) 能够抵抗一般性的感冒和传染病；(6) 体重适中，身材匀称，站立时头、肩、臂位置协调；(7) 反应敏锐，眼睛明亮，眼睑无炎症；(8) 牙齿清洁、无空洞、无病菌、无龋齿、无出血现象，齿龈颜色正常；(9) 头发有光泽，无头屑；(10) 骨骼健康，肌肤富于弹性，走路轻松自然。

1998年，世界卫生组织又对健康问题作出了进一步解释：健康应包括身体健康、心理健康、良好的社会适应能力和道德健康。有关学者也提出了具有现代意义的新的健康观：健康应是能对抗紧张，经得住压抑和挫折，积极安排自己的各种生活及活动，智慧、情感和躯体能融为一体，物质生活和精神生活充满生机，且富有文明的意义。

在21世纪的今天，随着生活节奏和工作节奏的不断加快，人们对“健康”的含义有了更进一步的思考。最新科学研究发现，现代社会中60%的人都处于一种亚健康状态——第三状态。现代人更多的共同体验是：我们没有疾病，但似乎又不健康。焦虑感、罪恶感、烦倦感、无聊感、无助感、无用感，这些感受是现代人陷于第三状态时的求救信号。

最近，世界卫生组织又提出了三个新指标和关于身心健康的八条标准。

三个指标是指：新概念，即从满足物质需要向满足精神需要发展；新原则，即从经验养生向科学养生方向发展；新目标，即从追求生活质量目标向追求生存质量目标转化。

八条标准是：快食，三餐吃得津津有味，吃得痛快；快睡，倒头就睡，一觉睡到天亮，睡眠质量高；快便，大小便排泄畅通，便后有快感；快语，思路清晰、敏捷、底气十足；快行，精力充沛，生命充满活力；良好的个性，适应不同环境，乐观豁达；良好的处事技巧，心态平和，情绪稳定；良好的人际关系，积极主动，善待自己又乐于助人。

二、什么是心理健康

长期以来，人们习惯于注重生理健康，而随着社会文明的不断进步，人们对幸福和健康有了更高的追求。心理健康，这项在早前容易被忽略的人类健康的重要指标，如今正受到越

来越多的人的关注。尤其是在科技高度发达、竞争日益激烈的信息社会，心理健康在某种程度上将成为人类健康的“核心”。从以上世界卫生组织对“健康”的标准定义，我们也不难看出心理健康在健康中所占的重要地位。

关于什么是心理健康，国外学者对此有一些经典的描述。英格里士认为：“心理健康是指一种持续的心理情况，当事者在那种情况下能作良好适应，具有生命的活力，而能充分发展其身心的潜能；这乃是一种积极的丰富情况。不仅是免于心理疾病而已”。麦灵格尔认为：“心理健康是指人们对于环境及相互间具有最高效率及快乐的适应情况。不仅是要有效率，也不仅是要能有满足之感，或是能愉快地接受生活的规范，而是需要三者具备。心理健康的人应能保持平静的情绪、敏锐的智能、适于社会环境的行为和愉快的气质。”而美国心理学家戴埃博士这样来描述心理健康者的状态：“一个心理健康的人他们几乎热爱生活的每一个内容，做什么事情都非常愉快，从不浪费时间去埋怨或幻想。生病、遇灾不是他们喜欢的，他们却不会因此而整天长吁短叹，而是积极努力，改变现实，并从中获得乐趣。他们从不因往事而内疚或悔恨，当然他们也承认做过错事，但不会因此而懊悔、烦恼之极。他们从不为未来忧虑，他们拒绝担忧，“忧虑是愚蠢的生活方式，必须以现实生活取而代之”。这些人生活在现在，而不是过去或将来，从不畏惧未知世界，喜欢探索一切，无论何时都珍惜眼前的时光，他们在精神上非常独立，脱离了所有的从属关系。当然他们十分热爱家庭，但珍视自己的自由，不希望受别人的约束。他们有一个与众不同的特点：从不寻求别人的赞许，从不想方设法取悦于人。无人喝彩，照样积极地生活。”

综上所述，从广义上讲心理健康是个体的一种持续高效而满意的心理状态。在这种状态下，身体、智力、情绪调和，生命具有活力；适应环境，人际关系和谐，有幸福感；能力得到发挥，潜能得到开发，生活工作效率高，价值得以实现。从狭义上讲心理健康是指人的基本心理活动的过程内容完整、协调一致，即认识、情感、意志、行为、人格完整和协调，能适应社会，与社会保持同步。

心理训练：大学生心理健康观念调查

1. 活动步骤

在老师的指导下，全班同学编制一份《大学生心理健康观念调查问卷》，旨在了解大学生对健康、心理健康知识极其重要性的认识。分别在校内不同专业的同学中进行抽样调查，并分析调查结果，写出调查报告。

2. 讨论与分享

以小组为单位、以调查结果为依据制作 PPT，每个小组派一名代表在班级进行汇报及分享。

单元 2　心理健康的标准

心理故事：冠军与苍蝇

这是一场举世瞩目的赛事。台球运动员吉姆已走到卫冕的门口了。他只要把最后那个 8 号黑球打进球门，凯歌就奏响了。就在这时，不知从什么地方飞来了一只苍蝇。苍蝇第一次落在他握杆的手臂上。有些痒,他停下来。苍蝇飞走了。他俯下腰去,准备击球。苍蝇又来了,这回竟飞落在了他锁着的眉头上。他不情愿地只好停下来,烦躁地去打那只苍蝇。苍蝇又轻捷地脱逃了。他作了一番深呼吸再次准备击球。天啊!他发现那只苍蝇又回来了,像个幽灵似地落在了8号黑球上。他怒不可遏,拿起球杆对着苍蝇捅去。苍蝇受到惊吓飞走了,可球杆触动了黑球。按照比赛规则,该轮到对手击球了。对手抓住机会死里逃生,一口气把自己该打的球全打进了。卫冕失败,他恨死了那只苍蝇。可惜的是他后来患了不治之症,再也没有机会走上赛场。临终时他对那只苍蝇还耿耿于怀。一只苍蝇和一个冠军的命运交合在一起,也许是偶然的。苍蝇飞走了,冠军的伤痛和教训找谁去讨呢?

【感悟与思考】 具有夺冠实力吉姆,在比赛中因为和一只苍蝇过不去,结果丢掉了即将到手的冠军奖杯,这个结果是偶然的吗?倘若冠军有一颗健康而和谐的心灵,能制怒并静待那只苍蝇的话,故事的结局也许应该重写了,可见心态常常能够决定成败。

心理知识:心理健康的标准

心理健康的标准,一般而言,包括以下八个方面。

一是智力正常。正常的智力是人们从事生活、学习、工作和劳动的最基本的心理条件,是心理健康的首要标准。世界卫生组织(WHO)提出的国际疾病分类体系,把智力发育不全或阻滞视为一种心理障碍和变态行为。智力以思维为核心,包括观察力、记忆力、思维力、想象力和认识力。除了少部分智力低常或超常的人外,大多数人的智力都是处于正常的范围,智商在70分以上。

二是情绪乐观并能自控,心境良好。心理健康的人能经常保持愉快、开朗,乐观、自信、满足的心情。他们不钻"牛角尖",热爱生活,积极向上,善于从生活中寻找乐趣,对未来充满希望,遇到麻烦能自行解决。同时他们能适度地控制自己的情绪、控制自己的喜怒哀乐,既不会得意忘形,也不会悲极轻生,情绪的稳定性好。有人认为,用情绪来表示心理健康就像用体温来表示身体健康一样准确。

三是意志健全。心理健康的人,无论做什么事,都有明确的目的,自觉性高;他们意志顽强、坚韧,心理承受能力强,能较长时间保持专注和控制行动去实现某一目标,不屈不挠;他们自制力好,能克制干扰目标实现的愿望、动机、情绪和行为,不放纵任性,坚定地运用切实有效的方法解决所遇到的各种困难和问题,既不优柔寡断,裹足不前,也不轻举妄动,草率行事。

四是人格完整健康。心理健康的最终目标就是要保持人格的完整性,培养健全人格。人格完整健康:一是人格的各个结构要素都不存在明显的缺陷与偏差;二是自我意识明确,能正确地认识自己,做力所能及的事,有自知之明,能根据自己的认识和评价来控制调节自己的行为,使个体和环境保持平衡;三是以积极进取的人生观作为人格的核心,并以此有效地支配自己的行为;四是有相对完整统一的心理特征。

五是适应社会环境。心理健康的人,总能和社会保持良好的接触,能正确地认识环境,处理好个人和环境的关系,能了解各种社会规范,自觉地用这些规范来约束自己,使个体行为符合社会规范的要求。另外,心理健康的人还能动态地观察各种社会生活现象的变化以及这些变化对自己的要求,以期更好地适应社会生活。

六是人际关系和谐。心理健康的人，在社会和集体中总是善于乐于和他人交往，既能和多数人建立稳定而良好的人际关系，又有知心朋友；在和他人的交往中，能接纳自我，并接纳他人，宽以待人，友好相处，乐于助人；在与他人相处时，能保持独立而完整的人格，有自知之明，不卑不亢，积极的态度（如尊敬、信任、喜悦等）多于消极的态度（如嫉妒、怀疑、憎恶等）。

七是心理行为符合年龄特征。一个人的心理行为经常严重地偏离自己的年龄特征，一般都是心理不健康的表现。

八是反应适度。有的人对事物的认识和反应敏捷迅速，有的人反应模糊迟缓，存在着差异，但这种差异是有一定限度的。心理健康的人应该是反应适度的，而不是反应的异常兴奋或异常淡漠。

心理训练：她的心理健康吗

1. 活动步骤

阅读案例，全班同学分成若干小组，讨论案例后面的问题，每位小组成员都要发言。

小萍与小莉是某大学大三学生，两人同专业且住在同一个寝室。入学后不久，两个人成了形影不离的好朋友。小萍性格活泼开朗，人也长得比较漂亮。小莉则比较内向，沉默寡言。在学习上，小萍聪明而主动，轻轻松松学习，专业成绩就很优秀。此外，小萍在校园活动中也很踊跃，在各类演出中常常能看到她的身影。久而久之，小莉逐渐觉得自己像一只丑小鸭，而小萍却像一位美丽的公主，受人欢迎、受人喜爱，她的心里觉得很不是滋味，认为小萍处处都比自己强，把风头占尽，时常以冷眼对小萍。大学三年级，小萍参加了学校组织的作品设计大赛并得了一等奖，小莉得知这一消息先是痛不欲生，而后妒火中烧，趁小萍不在宿舍之机将她的参赛作品撕成碎片，扔在小萍的床上。

问题：(1) 小莉的心理健康吗，为什么，请用心理健康的标准来对照和分析；(2) 如果你是小莉，你会如何面对小萍？小莉应该持有怎样的心态才是正确的呢？请给予她一定的建议。

2. 讨论与分享

各小组派代表发言，与全班同学分享本小组的讨论结果和收获。教师进行总结，与全班同学分享本案例讨论的感受和启示。

单元3　心理健康为人生护航

心理故事：我还有一颗感恩的心[①]

霍金是一位可以与爱因斯坦齐名的杰出的英国科学家，对现代物理学有突出的贡献。但是他在21岁时就被诊断出患肌萎缩性脊髓侧索硬化症（卢伽雷病），到后来全身只有几个手指能够活动。有一次，在霍金的学术报告结束时，一位年轻的女记者捷足跃上讲坛，面对

① http://www.jzfjw.cn/move/ArtHtml/news/432.html。

已在轮椅里生活了三十余年的科学巨匠，她在深深景仰之余，又不无悲悯地问："霍金先生，卢伽雷病已将你永远固定在轮椅上，你不认为命运让你失去太多了吗？"这个问题显然有些突兀和尖锐，报告厅内顿时鸦雀无声，一片静谧。霍金的脸庞却依然充满恬静的微笑，他用还能活动的手指，艰难地叩击键盘，于是，随着合成器发出的标准伦敦音，宽大的投影屏幕上缓慢然而醒目地显示出下面这段文字：

我的手指还能活动；

我的大脑还能思维；

我有终生追求的理想；

我有我爱和爱我的亲人和朋友；

对了，我还有一颗感恩的心……

骤然间，肃穆的会场上再次响起如潮的掌声，人们纷纷拥上台前，向这位坦然面对磨难、挑战艰难并不断铸就辉煌的人生斗士，表示深深的敬意。

年轻的女记者的心灵被震撼了，望着霍金先生那并不十分高大的身躯，她恍然读懂了一个十分重要的人生课题——做人，要常怀感恩之心。

【感悟与思考】 是什么让霍金如此坚强并成为了科学的巨匠？霍金的故事告诉我们，只有那些自以为失去的太多，并且总受到这个意念折磨的人，才是最不幸的。一个拥有健康的心理和积极心态的人，永远都会是生活的强者。

心理知识：心理健康的重要性

我们先来看几起大学生因心理健康问题而引发的极端事件。

[事件一] 在全国大学英语四、六级考试的前一天，南京某重点高校一名大三男生小李，因为从入学以来数次都没有通过英语四级考试，故于当日下午一点钟左右，从宿舍楼六楼楼顶跳下，结果因脑部失血过多，在送往医院的途中死亡……

[事件二] 还有三天就要离校的大四学生小张因还没有找到工作而苦恼。由于受到几个已经找到较好工作同学的言语讽刺，他于当晚在宿舍服下一瓶安眠药。由于室友发现及时，送往医院抢救后脱险……

[事件三] 常某，中国矿业大学徐海学院机电系材料专业 2006 级学生，性格内向，对 3 名受害同学牛某、李某和石某经常在一起玩耍而不理睬自己心存不满，并认为他们歧视自己，遂怀恨在心。2007 年 5 月 22 日，常某以非法手段从外地获取了 250 克剧毒物质硝酸铊。5 月 29 日下午 4 时许，常某分别向受害人牛某、李某和石某的茶杯中注入硝酸铊，导致 3 名学生铊中毒。

[事件四] 西安音乐学院大三的学生药家鑫于 2010 年 10 月 20 日深夜，驾车撞人后又将伤者刺了八刀致其死亡，此后驾车逃逸至郭杜十字路口时再次撞伤行人，逃逸时被附近群众抓获。因犯故意杀人罪，2011 年 6 月 7 日上午药家鑫被执行死刑。

大学生的年龄处在十八九岁至二十二三岁之间，正是处于人生最美好的时期，在这一时期中所掌握的知识和能力，所形成的健康人格和良好的心理状态将为其一生打下坚实的基础。然而随着社会竞争的日益激烈，在自我强烈的成才渴望下，一部分个性人格扭曲及心理承受能力差的同学难免产生了诸多的心理困惑和心理问题，甚至作出极端的伤害自己及他

人的行为，令人触目惊心、令人痛心。中国农业大学心理素质教育中心主任施刚老师说得好："从马加爵到药家鑫，让人深刻反思……只有优异的成绩，却不懂得与人交往，是个寂寞的人，寂寞的人不幸福！只有过人的智商，却不懂得控制情绪，是个危险的人；危险的人漠视生命！只有超人的能力，却不了解自己，是个迷茫的人，迷茫的人不成功！无数的事例说明，一颗健康的心灵是一个人幸福一生的基石和源泉！"

心理健康的重要性具体表现在哪些方面呢？

一、心理健康是身体健康的前提，能提升我们的生命和生活质量

心理不健康容易导致各种疾病。医学研究证明，紧张、烦恼、焦虑、压抑的不良情绪，使人体内的免疫器官（如胸腺、脾、淋巴结）的重量显著减轻，免疫系统难以保持最佳状态，从而导致身体的免疫力及抵抗力下降，疾病乘虚而入。例如，长期情绪压抑容易诱发癌症等重大疾病。再如，喜欢争强好胜，情绪急躁易怒，工作、学习生活长期处于紧张状态的人，易患高血压和心脏病。而良好的情绪可以防病。一个人处于情绪舒畅愉快的状态下，其大脑功能是完善的。完善的大脑功能，有利于中枢神经系统的兴奋和抑制的调节，促进内分泌系统、免疫系统和消化系统发挥正常效能，协调平衡，延缓重要脏器的病变过程，避免或减少动脉硬化和其他恶性疾病的发生。俗话说："乐以忘忧"、"笑一笑十年少"说的就是这个道理。

二、心理健康有利于促进人格完善，能促进我们更好地适应社会，提升幸福感

人格是个体在遗传素质的基础上，通过与后天环境的相互作用而形成的相对稳定的和独特的心理行为模式。人格健全的人，其内部心理和谐，他们能坦诚地看待外部世界和自我内心世界，能够愉快地接纳自我。他们有正确的人生观、良好的道德品质，善于适应环境，人际关系良好。他们不以自我为中心，情绪经常愉快，不感情用事。他们承认现实，遇事善于客观地分析，对生活中各方面的问题、各种困难、矛盾和挑战，能以切实的方法加以处理，而不回避，处处表现出积极进取的精神面貌，从面能较顺利地适应社会环境的变化。因此，这样的人往往能较好地胜任学习、工作和生活，他们不仅自身具有较高的满足感和幸福感，同时还能给周围的人带来快乐和积极的影响。

个体通过接受心理健康教育，保持心理处于平衡、健康的状态将对其人格发展产生积极的影响。一个心理健康的人会有意识地对自我进行把握、认识和评价，并按照社会的要求和期望不断对自我进行调适，形成健全与完善的人格。

三、心理健康有利于激发潜能，能促进我们学业、事业有成

我们常常听说一个词叫"职业枯竭"或者"职业倦怠"。专家指出，这种"职业倦怠"或"职业倦怠"虽然不是病，但是对人仍然是有很大负面作用的。轻的会让人产生很强的疲累感，对工作失去兴趣，在工作中缺乏冲劲和动力，有挫折感、紧张感，甚至出现害怕工作的情况；严重的会让人出现嗜睡或失眠、记忆力下降、精神恍惚、吃不下饭甚至呕吐的情况。职业枯竭或职业倦怠其实是人在工作环境中长期处于高压下的一种紧张状态，是一种心理和身体不健康的状态。

心理健康的人，常常能在学习中和工作中保持朝气蓬勃、开朗乐观、积极进取的学习状态和工作状态，而这种状态则是影响人自身才能和潜力发挥的重要因素。因此，保持心理健康才能使我们保持积极的心态，乐于学习，乐于工作，把我们的聪明才智在学习中和工作中发挥出来，成就自己的学业和事业。

四、重视心理健康有助于提高心理健康意识，能促进我们有效地防治心理疾病

人的心理疾病的发生，有一个从量变到质变的过程，大多数是在成长过程受到各种社会因素的影响而积累逐渐形成的。重视心理健康，我们才能适时地发现心理病变的苗头，并自觉地及时采取适当措施，使它在量变过程中得以终止和消失；如果确实患了心理疾病，我们应及早给予积极的治疗，使之尽快恢复健康。

心理训练1：换个角度看问题

一位哲人说过："你的心态就是你的主人。"狄更斯说："一个健全的心态比一百种智慧更有力量。"爱默生说："一个朝着自己目标永远前进的人，整个世界都给他让路……在现实生活中，我们不能控制自己的遭遇，却可以控制自己的心态；我们不能改变别人，却可以改变自己。"其实，人与人之间并无太大的区别，真正的区别在于心态。所以，一个人成功与否，主要取决于他的心态。让我们来试一试，调整自己的心态，换个角度看问题，自然就会豁然开朗了。

1. 活动步骤

全班同学分成若干小组，组内讨论，参照所举例子，进行练习。

[举例] 一个人要走100里路，已经走完50里，还有50里没走。

原来的认识：唉，怎么还有一半的路要走啊？

换个角度认识：没想到这么快就走完一半的路了，可真不错！

[练习一] 妈妈失业了，家庭经济特别紧张。

原来的认识：太糟了，谁来供我读完大学啊？

换个角度认识：____。

[练习二] 莉莉失业了。

原来的认识：没有了工作，生活该怎么办呢？

换个角度认识：____。

[练习三] 婷婷感冒、发烧了。

原来的认识：生病真难受，什么时候才好啊？

换个角度认识：____。

[练习四] 琳琳参加唱歌比赛，未评上奖。

原来的认识：我唱得这么好应该评上的，都是评委不公正，郁闷啊！

换个角度认识：____。

2. 讨论与分享

全班学生分成若干小组进行讨论和练习，每小组派一名代表进行发言，与全班同学分享讨论的结果及练习后的感受。

心理训练2：秀出自己的外在美

心态这么重要，那么有哪些方法可以帮助我们获得好心情呢？

当你觉得心情低落时，不妨穿得鲜明艳丽些，化一个淡妆或变换一个新发型，通过改变外表来分散注意力，间接地改变坏心情。当你觉得失望和沮丧时，如果能看到自己美好的一

面，你就会突然发觉，天空原来是那样辽阔，阳光原来是那样明媚，自己并非一无是处。

1．活动步骤

全班学生分成若干小组开展活动，让一部分学生穿深色的服装，女生长发松散；另一部分学生穿色彩艳丽的衣服，女生长发整齐地扎束起来。比较两类学生的精神面貌有何不同。

2．讨论与分享

小组讨论如下问题，并派一名代表与全班同学分享，教师进行总结：(1) 为何装束的改变会让一个人看起来完全不同；(2) 完善自己的外表除了服饰、妆容和发型还有什么其他的方法；(3) 为什么改善外表可以获得好心情？

单元4　心理自测

我的心理健康吗？

指导语：对以下40道题，如果感到“常常是”，画√；“偶尔”是，画△；“完全没有”，画×。

1．平时不知为什么总觉得心慌意乱，坐立不安。（　　）
2．上床后，怎么也睡不着，即使睡着也容易惊醒。（　　）
3．经常做噩梦，惊恐不安，早晨醒来就感到倦怠无力、焦虑烦躁。（　　）
4．经常早醒1～2小时，醒后很难再入睡。（　　）
5．学习的压力常使自己感到非常烦躁，讨厌学习。（　　）
6．读书看报甚至在课堂上也不能专心一致，往往自己也不清楚在想什么。（　　）
7．遇到不称心的事情便较长时间地沉默少言。（　　）
8．感到很多事情不称心，无端发火。（　　）
9．哪怕是一件小事情，也总是很放不开，整日思索。（　　）
10．感到现实生活中没有什么事情能引起自己的乐趣，郁郁寡欢。（　　）
11．老师讲概念，常常听不懂，有时懂得快忘得也快。（　　）
12．遇到问题常常举棋不定，迟疑再三。（　　）
13．经常与人争吵发火，过后又后悔不已。（　　）
14．经常追悔自己做过的事，有负疚感。（　　）
15．一遇到考试，即使有准备也紧张焦虑。（　　）
16．一遇挫折，便心灰意冷，丧失信心。（　　）
17．非常害怕失败，行动前总是提心吊胆，畏首畏尾。（　　）
18．感情脆弱，稍不顺心，就暗自流泪。（　　）
19．自己瞧不起自己，觉得别人总在嘲笑自己。（　　）
20．喜欢跟比自己年幼或能力不如自己的人一起玩或比赛。（　　）
21．感到没有人理解自己，烦闷时别人很难使自己高兴。（　　）
22．发现别人在窃窃私语，便怀疑是在背后议论自己。（　　）
23．对别人取得的成绩和荣誉常常表示怀疑，甚至嫉妒。（　　）
24．缺乏安全感，总觉得别人要加害自己。（　　）

25. 参加春游等集体活动时，总有孤独感。（　）

26. 害怕见陌生人，人多时说话就脸红。（　）

27. 在黑夜行走或独自在家时有恐惧感。（　）

28. 一旦离开父母，心里就不踏实。（　）

29. 经常怀疑自己接触的东西不干净，反复洗手或换衣服，对清洁极端注意。（　）

30. 担心是否锁门和可能着火，反复检查，经常躺在床上又起来确认或刚一出门又返回检查。（　）

31. 站在经常有人自杀的场所、悬崖边、大厦顶、阳台上，有摇摇晃晃要跳下去的感觉。（　）

32. 对他人的疾病非常敏感，经常打听，生怕自己也身患同病。（　）

33. 对特定的事物、交通工具（电车、公共汽车等）、尖状物及白色墙壁等稍微奇怪的东西有恐怖倾向。（　）

34. 经常怀疑自己发育不良。（　）

35. 一旦与异性交往就脸红心慌或想入非非。（　）

36. 对某个异性伙伴的每一个细微行为都很注意。（　）

37. 怀疑自己患了癌症等严重不治之症，反复看医书或去医院检查。（　）

38. 经常无端头痛，并依赖止痛药或镇静药。（　）

39. 经常有离家出走或脱离集体的想法。（　）

40. 感到内心痛苦无法解脱，只能自伤或自杀。（　）

【评分方法】 画√得2分，画△得1分，画×得0分。将总分相加，下面的评价标准可以给您提供参考：0—8分，心理非常健康，请您放心；9—16分，大致还属于健康的范围，但应有所注意，也可以找老师或同学聊聊；17—30分，您在心理方面有了一些障碍，应采取适当的方法进行调适或找心理辅导老师帮助您；31—40分，您有可能患了某些心理疾病，应找专门的心理医生进行检查治疗；41分以上，您可能有较严重的心理障碍，应及时找专门的心理医生进行治疗。

主题二

认识心理障碍与心理咨询

篇首语

在这样一个大变革的时代，在这样一个特殊的年龄段，我们对心理、对精神的需要越来越多、越来越高，我们需要陪伴，需要倾诉，需要理解，需要认同，需要归宿感，需要成就感。所以，我们心理健康的意识也越来越强烈，在努力自我成长的同时，也应该勇敢地走出小我的世界，向他人、向老师寻求帮助！爱自己也爱别人，为了健康与更健康！

学会识别和应对心理障碍，了解心理咨询，关注心灵。

训练目标

1. 了解大学生常见的心理健康问题。
2. 了解大学生常见的心理障碍。
3. 掌握大学生心理健康维护的方法。
4. 了解心理咨询，学会寻求心理咨询的帮助。
5. 进一步了解自我心理健康的状况。

单元1　常见的心理问题和心理障碍

心理故事：小林怎么了

小林以当地第一名的成绩考入北京某重点高校。第一学期期末，本来踌躇满志准备获取奖学金的她未能如愿，第二学期她加倍努力，可是情况依然没有改变。小林的情绪从此一落千丈，变得郁郁寡欢，无精打采，不论对学习、对生活都兴趣索然，也不愿意参加集体活动，还常常整夜失眠，甚至失去了生活的信心。这种状态持续了一个学期，老师和同学发现后赶紧把小林送到了医院的心理咨询科，结果诊断她是患了抑郁症。

【感悟与思考】 重症心理疾病不仅妨碍大学生正常的学习和生活，严重的还会导致其轻生。而在大学生中出现的其他偶然的、轻微的、局部的心理健康问题，也会给大学生的生活质量和社会适应等方面带来不利影响，所以大学生学会识别常见的心理问题和心理障碍，提高自我心理健康意识是非常必要的，也是非常有益的。

心理知识：大学生常见的心理问题和心理障碍

一、大学生常见的心理问题

所谓心理问题，就是指一个人在其成长过程中，受自身生存环境的影响，在没有认知障碍和智力障碍的情况下，形成的一种不协调的心理状态。大学生中有严重心理障碍的比较少，多数是比较轻微的心理问题，但是如果轻微的心理问题不予以及时调节和疏导，也会影响身心健康，持续发展下去还可能导致严重的心理障碍。

大学生常见的心理问题表现在以下八个方面。

（一）入学适应方面的心理问题

这一问题在刚入大学的新生中较为常见。对于绝大多数新生来讲，首次远离家乡、离开长期依赖的父母和熟悉的生活环境，面对陌生的校园、生疏的面孔和全新的生活、学习方式，产生不同程度的压力和心理上的不适应，并伴有焦虑、苦闷和孤独等现象的发生是正常的。一般随着时间的推移，通过学校组织的心理辅导活动再加上自我的心理调适，新生的这种心理不适应现象就会慢慢消失。但是也有一些自身适应能力较差的大学生不适应的症状表现得尤为明显并持久，个别严重者甚至不能正常坚持学习以致提出退学要求。

（二）自我意识方面的心理问题

自我意识是影响大学生心理健康的重要因素，人的行为无不受意识左右。自我意识是大学生认识自我、发展自我、完善自我的重要条件，但由于自我意识认知过程相对漫长等特点，因此在这个过程中常常会出现自我意识偏差，甚至陷入自我认知矛盾的状态。如“理想自我”和“现实自我”的矛盾，满足感和空虚感的矛盾，独立性和依赖性的矛盾，理智和情感的矛盾等。这些矛盾解决不好往往会造成大学生不良的心理反应。

（三）学习方面的心理问题

大学的教学目标、教学内容和教学方式都与高中有明显的差异。这就要求大学生必须改变高中的学习模式和学习方法，调整学习目标，端正学习态度，学会科学用脑，掌握学习方法，以适应全新的大学生活。但很多大学生由于学习目标不清，学习动力不足，学习方法不当，或因为误选专业而对专业缺乏兴趣等各方面的原因，导致成绩不佳，引发学习及考试焦虑，甚至导致厌学、弃学等问题。

（四）人际交往方面的心理问题

与高中生相比，大学生的人际交往更为复杂，更为广泛，更具社会性，大学生自身对人际交往也会更加重视，并希望发展这方面的能力。但由于认识、情绪和个性因素的影响，再加上缺乏人际交往的经验与技巧，在交往中往往会遇到各种困难与挫折，从而产生焦虑等心理问题，影响其健康成长。

（五）恋爱与性方面的心理问题

大学生性生理逐渐发育成熟，同时性意识觉醒，性心理也进一步发展。这些因素促使其渴望了解异性，向往爱情。但由于缺乏经验与指导，有些大学生在恋爱中出现了单相思、三角恋爱，陷入被动恋爱或失恋等苦恼之中。也有一些大学生因对性知识和性行为的不恰当理解与认识，造成诸多心理压力，如因性压抑、性自慰而产生的羞耻感、极度自责和恐惧感等。

(六) 情绪、情感方面的心理问题

大学生处在18—22岁这个年龄段，其情绪、情感具有两极性、矛盾性的特点，情绪易波动起伏，好冲动，自制力不强。一旦遇到挫折，往往容易产生抑郁、焦虑、恐惧、紧张、妒忌等不良情绪，从而影响大学生的心理健康。

(七) 个性方面的心理问题

个性发展不良导致的心理问题，在大学生中是常见现象，尤其是当代大学生很多是生长于我国独生子女政策的实施时期，幼儿时期家庭教育的不当导致相当部分大学生在性格方面存在不同程度的问题，主要表现为自卑、怯懦、猜疑、偏激、孤僻、抑郁、自私和任性等，有的甚至发展成为人格障碍。

(八) 求职择业方面的心理问题

毕业前夕，大学生最大的心理压力来自于求职择业。大学生在求职择业的过程中，有的由于缺乏经验与准备，导致择业渠道不畅；有的因脱离社会发展需要盲目择业，导致难以找到合适的工作；有的过高地估价自己，造成就业困难等。这些问题往往会引发大学毕业生的心理问题。

二、大学生常见的心理障碍

一般而言，大学生常见的心理障碍主要有神经症、人格障碍和适应障碍等。其中，神经症在心理障碍中的比例居于首位。

神经症也称神经官能症，它是非器质性的大脑神经机能轻度失调的心理疾病。患者有强烈的心理冲突，并感到精神痛苦，力图摆脱却又无能为力。需要指出的是神经症并不是神经上有病，而是心理疾病。另外，神经症与精神病不是一回事。精神病是一种因大脑功能紊乱而突出表现为精神失常的心理障碍，症状多为感觉、知觉、记忆、思维、感情及行为发生异常的状态，如精神分裂症、躁动症等。与神经症相比较，其心理障碍表现程度严重，患者的思维、情绪异常，不能自知，没有精神痛苦且无求治要求，不能正常地生活、工作与学习。而神经症程度轻，能自知，并感到精神痛苦，有求治要求，能正常工作、生活与学习，但效率较低。

大学生常见的神经症有以下五类。

(一) 神经衰弱

[案例2-1] 晚上睡不着，白天醒不了

小覃，男，大学一年级学生。对学习感到吃力，容易疲劳，学习时间稍长就哈欠连天，头昏脑涨，分心，眼花，嗜睡。注意力很难集中，学习兴趣明显下降，记忆力也大不如前。经常觉得乏累，无精打采，做什么都感到有心无力。平时经常失眠，入睡困难，每晚要辗转反侧2～3小时方能入睡，睡后极易惊醒，轻微响声都不能忍受，梦多。易被激怒，好急躁、冲动，情绪不稳。

神经衰弱是大学生中极为常见的心理障碍，它是由于长期刺激，引起大脑神经活动持续过度紧张，导致大脑兴奋和抑制神经活动能力减弱的一种神经症。主要特征是易兴奋、易激动、易疲惫，并常常伴有各种躯体不适和睡眠障碍等。敏感的人和有不良性格特征的人更易患此症。神经衰弱的常见症状为：精神容易兴奋与疲劳，注意力不集中，记忆不佳；对刺激尤其是声光刺激过度敏感；遇事不顺心，易激惹，甚至暴怒；有睡眠障碍，白天思睡，夜间难眠，多梦易醒，醒后再难入睡，次晨感到疲倦；心境不佳，多疑、焦虑；伴有神经功能紊乱，表现为头痛、头昏、胸闷、气短、心悸、多汗、厌食、尿频及腹胀等。

大学生神经衰弱的发生，主要是由于生活、学习压力过大，过分紧张，缺乏面对现实的勇气和良好的适应能力造成的。学习负担过重、人际关系冲突、家庭负担沉重和恋爱出现危机等都是发病诱因，因为上述问题引起的心理冲突，使得神经活动过程处于持久的紧张状态，超过了神经系统张力所能忍受的限度，从而引起崩溃和失调。案例 2-1 中的小覃因为对新的生活、学习环境不太适应，再加上学习任务繁多，长时间过度学习，不注意用脑卫生，从而导致神经衰弱。

（二）焦虑症

[案例 2-2] 她为什么紧张

小刘，女，19 岁，某大学二年级学生。从一年级第二学期开始，每到期末考试临近时，她就紧张焦虑，还伴有较严重的睡眠障碍。

原来，小刘在中学学习时，理科就是弱项，所以才报考了文科，没料到上大学后自己所在的专业还要学习数学、统计等课程，她感到负担沉重。老师一堂课讲的内容很多，她学起来极为吃力。第一学期期末考试，她有三科不及格，心情十分沉重，因为这对她来说是前所未有的事。于是，她经常感到心慌、焦虑、难以入眠，加上宿舍里的室友每晚熄灯后都要海阔天空地聊天，所以她经常是大半夜都睁着眼望着墙壁，无法入睡。期末考试来临之际，她的神经就绷得更紧了，越紧张就越难入睡。到了白天就神疲乏力，无法集中注意力听课，也难以静下心来复习，所以她的考试成绩连续三个学期都排在倒数一二名上。但是，小刘也并不是时时刻刻都感到紧张、焦虑，她在每学期的前半期情况都比较好。

从小刘的情况来看，她患的是考试焦虑症。

焦虑症是一种持续性精神紧张或惊恐发作状态，常伴有头晕、胸闷、心悸、呼吸困难、口干、尿频、出汗、震颤和明显的运动性不安等，包括急性焦虑（惊恐发作）和慢性焦虑（广泛性焦虑）两种表现形式。

急性焦虑是一种突如其来的惊恐体验，仿佛窒息将至、疯狂将至、死亡将至。患者如大祸临头、惊恐万状、四处奔走，并常伴有下列三个方面的症状：(1) 心脏症状：胸闷、胸痛、心跳过速且不规则；(2) 呼吸症状：呼吸困难，有透不过气的感觉；(3) 神经系统症状：头痛、头晕、眩晕和感觉障碍。急性焦虑发作急促，终止也迅速。一般持续数十分钟便自发缓解，代之以虚弱无力，数天后逐渐恢复。

慢性焦虑是焦虑症最为常见的表现形式，患者长期感到无明显原因、无明确对象、游移不定的紧张和不安；经常会提心吊胆却又说不出具体原因；经常呈现高度警觉状态，如过分关心周围事物，注意力难以集中，做事心烦意乱，没有耐心；遭遇突发事件时惊慌失措，极易往坏处想等。此症并非由实际威胁所引起，其紧张程度与现实事件常常很不相称。

考试焦虑症是学习焦虑的一种，是大学生因担心不能达到预期的考试目标而致使自尊心、自信心受挫，或失败感、内疚感增加而形成的一种紧张不安、带有恐惧的情绪状态，常伴

有头晕、胸闷、心悸、呼吸困难、口干、尿频、腹泻、出汗、震颤和明显的运动性不安等症状。引发考试焦虑症的原因是多方面的，包括外部压力、人格因素、缺乏自信、对所学专业不感兴趣、学习态度或学习方法不当、大脑休息不足等。适中程度的焦虑能发挥人的最高效率，严重的焦虑会产生极大的危害，使人出现注意力分散、记忆过程受干扰、思维过程受阻等问题，并威胁身心健康。

（三）强迫症

[案例 2-3] 如此"干净"

大学生小张得知同一寝室的唐某患肝炎住院治疗的消息后，就感到紧张不安，担心自己会被传染。每天看到唐某的用品他就感到厌恶、害怕，故小心远离，想到万一患上肝炎可不得了。为此，小张开始专注于洗手，但洗完手他仍不放心，怀疑自己的手没洗干净，又用肥皂洗，试图彻底洗干净以保证万无一失。外出后，小张仍不放心，认为自己摸了许多脏东西，不洗不行，因而他洗手的次数越来越多。后来，他发展到乘公交车有座不坐、不愿与人握手的地步。

像小张这样的"洁癖"患者，在我们的身边比较常见，大家总以为这只是一些过分干净的表现，不以为然。其实，小张患的是强迫症。强迫症是一种以自我强迫为突出症状的神经症。所谓自我强迫，是指患者在主观上反复出现一些没有意义的观念、情绪、意向、行为，明知其不合理但又无法摆脱，从而导致精神焦虑和痛苦，常见的有强迫观念、强迫意向和强迫行为。有的患者反复思考一些无意义的问题，如为什么人要分男女？到底是先有鸡还是先有蛋？这些人并非这方面的专业人员，也无研究这些问题的实际需要，但却无休止地思考，欲罢不能；有的患者反复检查门窗是否锁上，煤气是否关紧；有的患者害怕不洁而不厌其烦地反复洗手或洗衣服；有的患者为减轻焦虑经常会出现某些强迫性行为，稍有差错便从头做起。患有强迫症的人通常无安全感，无完善感，无确定感。他们的行为与生活习惯刻板，墨守成规，享乐能力低下，活动能力差，工作与学习效率很低，性格上往往有缺陷，如缺乏自信、过于谨慎、保守、主动性差等。

大学生患强迫症一方面是由于本身性格缺陷造成的，另一方面也与以往的生活经历、教育方式、精神打击和幼年时期的遭遇有关。

（四）抑郁症

[案例 2-4] 爱哭的女孩

一天，某高校心理咨询室来了一位一年级女孩。她一进屋就愁容不展，说她近来心情非常压抑、焦虑，想退学。当说到原因时，女孩泪如雨下。她说，她的高考成绩不理想，没有考上本科，心情就非常不好。最近，她又与宿舍同学关系紧张，大家都孤立她。自己每天独来独往，形影相吊，一进宿舍，她就感到非常窒息、压抑。她说，一想到自己要过四年这样的生活，实在受不了。她还说，现在自己兴趣丧失、精力不足、悲观失望、自卑、失眠，学习效率下降，感觉对不起父母。咨询期间女孩不停地哭泣，不断地责备自己，认为自己是个无用的人、多余的人，还不如一死了之。

根据女孩的倾诉，可以判断她得了抑郁症。抑郁症是一种以持久的心境低落状态为特征的神经症，主要表现为悲伤、压抑、绝望、沮丧、孤独、自卑和自责等，并常伴有焦虑、躯体不适感和睡眠障碍等。患此症状者，总是愁眉苦脸并且容易哭泣，其表现可概括为四个“失去”：(1) 失去兴趣，他们对任何事情都不感兴趣，包括以往的特长爱好；(2) 失去希望，对前途悲观失望，感到生活无意义并且常有失望与无助感；(3) 失去精力，自觉精神不振，全身疲乏，思维迟钝，既不能进行剧烈的活动，又不能持续思考，因而萎靡不振，力不从心；(4) 失去自信，自我评价过低，夸大缺点，妄自菲薄，不愿与人交往，见人退避三舍，遇事踌躇不前，常自责、后悔、内疚，虽厌倦生活，却又恐惧死亡，因而陷入痛苦两难的境地。

大学生患抑郁症的比例较高。有的同学对枯燥的专业学习不感兴趣，有的同学对刻板的生活方式感到厌烦，还有的同学为社交或恋爱不成功而灰心丧气，由此陷入抑郁悲观状态。长此以往，将会导致思维迟钝、失眠和体力下降等。抑郁症一般都源于青少年时期，该症的发生与个人性格和挫折有一定关系。自尊心强的人在受挫折后一般会因失望、自卑而诱发此症；性格内向、多愁善感、敏感性强、依赖性强的人，在精神因素的作用下，也容易导致抑郁症的发生。

（五）恐怖症

[案例 2-5] 不敢面对他人目光的“怪人”

小柳，女，21 岁，某科技大学三年级学生。一天，她向心理医生倾诉了自己的烦恼。她认为自己是个怪人，有个害羞的怪毛病。两年多来，她从不与人多讲话，与人讲话时不敢直视，眼睛躲闪，像做了亏心事似的。她一说话脸就发烧，低头盯住脚尖，心怦怦直跳，肌肉起“鸡皮疙瘩”，好像全身都在发抖。她不愿与班上同学接触，觉得别人讨厌自己，在别人眼中自己是个“怪人”。她最怕接触男生，即使在寝室里，只要有男生出现，她也会不知所措。对老师也害怕，上课时，只有老师背对学生板书时她才不会紧张。只要老师面对学生，她就不敢朝黑板方向看。常常因为紧张，她对老师所讲的内容不知所云。更糟糕的是，她在亲友、邻居面前说话也“不自然”。由于这些毛病，她极少去公共场所，很少与人接触。她也曾力图克服这个怪毛病，也看了不少心理学科普图书，按照社交技巧去指导自己，用理智说服自己，用意志控制自己，但作用不大。后来她哭诉说，这个怪毛病严重影响了她各方面的发展：学习成绩下降；人际交往失败。同学们说她清高。她正在申请入党，同学关系不好肯定不行。眼看就快毕业了，这样下去怎样适应社会呢？她急切地说：“医生，请你快点告诉我，我为什么会这样呢，我该怎样才能克服这个怪毛病呢？”

从小柳的叙述中可以看出她得的是一种常见的心理障碍——社交恐怖症。恐怖症是对某种特定情景或物体产生强烈恐惧，明知无害，但又不能克制的神经症。根据恐怖对象的不同，它分为物体恐惧、处境恐惧和社交恐惧，如恐高症、恐水症、恐血症、黑暗恐怖症、社交恐怖症、广场恐怖症、声音恐怖症等。

大学生中较常见的是社交恐怖症，它是指对某一特定社交场所和对象产生的恐惧心理。如有的大学生有目光恐怖症，不敢与他人的目光相对，眼睛总是游离于房顶或窗外；有的大学生有社交恐怖症，不敢与异性说话或交往，一看到对方就脸红、心跳；有的大学生有广场恐

怖症，一到广场就紧张、盗汗、心跳过速；有的大学生有恐人症，见到特定的人就感到恐惧，例如见到穿白大褂的医生就害怕。恐怖症对人际交往、生活、学习和工作都会产生不良影响。

心理训练1：心情故事

1. 活动步骤

(1) 将全班同学分成若干个小组，每组8～10人。

(2) 每位同学选一首最能代表自己心情的歌曲与小组同学分享。

2. 讨论与分享

(1) 我为什么选这首歌？心情不好时我通常是如何排解的？

(2) 其他的同学是否也有类似不良的心情？如果有，是如何排解的？效果如何？请能有效处理不良心情的同学示范其处理方式。

(3) 在小组中谈谈自己对大学生常见的心理问题及心理障碍的看法，自己有没有碰到类似的情况，是怎样处理的。

(4) 各种排解负面情绪的方式是否适合自己？会不会有不良的后遗症？如果有，该如何避免？

(5) 卡拉OK大会：随着音乐，唱唱代表自己(心情)的歌曲。

心理训练2：写心情

对照所学的知识，盘点一下自己身上可能存在的心理问题，并试着寻找解决的方法，写在你的笔记本上。

单元2　心理健康维护知识ABC

心理故事：永远的坐票

有一个人经常出差，却经常买不到对号入座的车票。可是无论长途短途，无论车上多挤，他总能找到座位。

他的办法其实很简单，就是耐心地一节车厢一节车厢找过去。这个办法听上去似乎并不高明，但却很管用。每次，他都做好了从第一节车厢走到最后一节车厢的准备，可是每次他都用不着走到最后就会发现空位。他说，这是因为像他这样锲而不舍找座位的乘客实在不多。经常是在他落座的车厢里尚余若干座位，而在其他车厢的过道和车厢接头处居然人满为患。

【感悟与思考】　生活真是有趣：如果你只接受最好的，你经常会得到最好的。自信、执着、坚持、富有远见、勤于实践，拥有着这样积极的心态，会让你握有一张人生之旅永远的坐票。

心理知识：大学生心理健康维护

一、认识影响大学生心理健康的因素

健康尤其是心理健康是每个人都渴求的，哪些因素对心理健康有影响作用呢？认识和了解它们，是大学生进行自我心理健康维护的基础。大学生心理问题和心理障碍产生的原因是多方面的，既有生理因素，也有心理因素和社会环境因素，是诸多因素共同作用于个体的结果。

（一）个体生物因素

我们说人的心理活动是不能遗传的。但是，一个人的躯体、气质、智力、神经过程的活动特点等会明显地受到受遗传因素的影响。统计调查数据和临床观察表明，不少精神疾病的发生与遗传有关，学者研究指出遗传等因素和心理社会应激共同导致了某些严重的心理障碍和精神疾病。

（二）个体心理因素

大学生个体心理因素是影响和制约其心理健康的主要原因，这些因素包括以下六个方面。

第一，认同的危机。青年人在认识自我时，总会遇到一系列矛盾和冲突，处理不好，就会带来一系列心理问题。心理学家们往往把青春期视为“自我认同危机期”，而大学生的自我意识往往在“理想自我”和“现实自我”的矛盾中难以达成统一。大学生在确立“自我同一性”的过程中，往往会经历种种困惑和迷惘，在情感起伏中，容易诱发心理障碍。

第二，情绪冲突。情绪冲突是大学生心理冲突的主要表现形式。大学生正处于情绪发展最丰富、最敏感也最动荡的时期。大学生情绪表现的两极性、矛盾性的特点，使他们在遭受挫折时，往往会产生种种不良的情绪反应，情绪容易冲动失控，导致不良后果。

第三，性的困惑。处于青春期的大学生，性生理已经发育成熟，性意识开始觉醒，在心理上已经有了性的欲望与冲动，很多大学生开始向往与介入朦胧的校园爱情。然而，由于社会道德、法律、学校制度和理智的约束，性的生物性与社会性有时会发生冲突，并由此引发一系列心理问题。

第四，个性缺陷。同样的环境，同样的挫折，不同的个体有着不同的反应模式，这与人的个性直接相关。有些大学生存在不良性格，如自卑、怯懦、孤僻、冷漠、固执、急躁、鲁莽、虚荣、任性、忧郁、自私等，还有的大学生存在人格障碍，如偏执型人格、强迫型人格等。这些个性缺陷都有碍心理健康，而其中有些缺陷本身就是心理障碍的典型表现。

第五，人生观动荡模糊。大学时代既是人生观逐渐形成、确定的时期，也是面临多元化价值体系选择的时期。由于当代大学生处在东西文化交叉、多种价值观冲突的时代，面对不同于以往的文化背景和多种价值选择时常常感到茫然，导致人生观的动荡不定或出现偏差。诸如在个性发展与个性放纵、自我意识与自我中心、现实主义与实用主义等问题上认识模糊等。

第六，心理发展中的内在矛盾。青春期的大学生正处于生理基本成熟而心理走向成熟而又未真正成熟的阶段，这是一个充满矛盾与危机的时期，如理想与现实的矛盾、情感与理智的矛盾、依赖性与独立性的矛盾、性意识觉醒与性压抑的矛盾等。这些心理矛盾解决得好会转变为心理发展的动力。如果解决得不好，大学生长期处于矛盾冲突之中，就会破坏心理平衡从而引发心理问题。

（三）社会、学校环境因素

社会因素是指直接引起心理问题的外在的、客观的因素，主要包括家庭因素和社会因素。

心理学研究表明，家庭环境对人的个性和心理健康会产生很大的影响，特别是青少年时期。这一时期形成的人格结构对以后的心理发展影响尤为深远。不良家庭环境因素容易造成家庭成员的心理行为异常。家庭环境因素包括家庭结构变动，如父母死亡、父母离异或分居、父母再婚等；家庭人际关系紧张，如父母关系、婆媳关系、姑嫂关系、兄弟姐妹关系不和谐，家庭情感气氛冷漠，矛盾冲突频繁等；父母教育方式不当，如专制粗暴、强迫压服或溺爱娇惯、放任自流等以及父母人格特征等以及家庭变迁，出现意外事件等。

社会因素主要包括政治、经济、文化、教育、社会关系等，这些因素对一个人的生存和发展起着决定作用。

很多心理问题是由环境适应不良引起的。在我国，随着对外开放和市场经济体制的逐步确立，整个社会结构、生活方式、价值观念和行为模式都在发生着巨大的变化，人与人之间的交往日益广泛，各种社会传媒的作用越来越大，生活紧张事件增多，矛盾、冲突、竞争加剧。大学生是社会上最积极、最敏感和最富有活力的人，但由于其正处于人生观、价值观的形成时期，心理发展还不成熟。因而，这些社会变化会给大学生的心灵带来强烈的冲击，新旧观念的碰撞，东西文化的冲突，理想与现实的反差，常常使大学生感到混乱、茫然、顾虑、紧张和无所适从。长期的过重的心理负担和内心矛盾导致了心理失调，最终出现因适应不良而导致的种种心理问题和心理障碍。

此外，学校文化环境是促使大学生心理走向成熟的一个重要场所。校园的物质环境、学习环境及文化氛围对大学生的心理健康有着直接、深刻的影响，但如果校园文化氛围不良，将对大学生心理发展产生消极作用。

二、学习心理健康知识

大学生可以通过积极参加学校开设的有关心理健康知识的课程与专题讲座，阅读有关书籍与杂志，上网查询心理网站，收听与收看有关广播和影视节目等尽快了解和掌握与自身心理健康有关的问题与知识，从而提高心理健康的意识，掌握自我心理调适的方法，这对于大学生心理健康的维护是非常有帮助的。

三、学会觉察自身的心理健康状况

没有精神疾病并不是真正的心理健康，同时心理不健康不表示有精神疾病，现实中的人们在理解心理健康这个概念时，似乎都带有理想的意味。然而一个人一辈子心理什么毛病都不出现是十分罕见的，心理健康与其说是一种状态，不如说是一个不断提高的过程。在日常生活中我们应该学会觉察自身的心理健康状况，这能够帮助我们维护自身的心理健康，实现自我的不断成长。具体而言可以对照心理健康的八个标准，采用量表测量、自我提问、写日记、360 度评估、接受心理咨询和朋辈辅导等方法对自我的状况进行了解、认知、分析、评估和判断。

四、掌握自我心理调适的方法

在同样的生活、学习和工作压力之下，在困难和挫折面前，心理健康的人会用乐观而积极心态去面对。反之，缺乏健康而积极心态的人，表现出来的却是逃避或终日的抑郁，甚至最终被病态的心理所吞噬。有这样一个故事,1948 年 11 月 17 日艾尔·汉里本人在波士顿史蒂拉大饭店里讲述的"一九二几年那个时候,"他说,"因为常常烦恼,我得了胃溃疡。有一天晚上,我的胃出血了,被送进芝加哥西北大学医学院的附属医院。我的体重从 175 磅锐减到 90 磅;只能每小时吃一汤匙半流质的东西;每天早上和晚上,都要由护士把橡皮管插进我的胃里,把里面的东西洗出来。医生坦率地告诉我已经无药可救了。这样过了几个月。最后,我对自己说:'汉里,如果你除了等死以外再也没有别的指望了,还不如好好利用一下剩余的时间呢。你不是一直想环游世界吗? 只有现在去做了'。"当我把这个想法告诉医生时,他吃惊得以为我疯了,他警告我说,如果我环游世界,就只有葬身大海了。我说:"不会的。我已经告诉了亲友,我要葬在尼布雷斯卡州老家的墓园里。我打算把棺材随身带着。"我真的买了一具棺材,和轮船公司讲好,万一我死了,就把我的尸体放进冷冻舱里。"我从洛杉矶上了亚当斯总统号船,开始向东方航行了。真奇怪,我居然觉得好多了! 渐渐地不再吃药和洗胃;不久之后,任何东西都能吃了;甚至于可以抽长长的黑雪茄,喝几杯酒,多年来没有这样享受过了。我在船上和人们玩游戏、唱歌、交新朋友,晚上聊到半夜。我感到非常舒服,充满了欢乐。回到美国之后,我的体重增加了 90 磅,几乎完全忘记了以前的烦恼和病痛。我好像一生中从来没有这样开怀过。"艾尔·汉里后来说,在这个过程中他发现自己在下意识里应用了一种征服忧虑的诀窍。首先,他问自己,可能发生的最坏情况是什么? 答案是:死亡。其次,他让自己接受死亡。最后,想办法改善这种情况。他说:"如果上船之后继续忧虑下去,毫无疑问,我只会躺在棺材里完成这次旅行了。"

艾尔·汉里的故事一方面说明了心态和心理健康对人生的影响,同时也说明了采用有效的方法进行自我心理调适的重要作用。世界卫生组织向全世界宣布,一个人的健康与寿命 60%取决于自己,15%取决于遗传,10%取决于社会因素,8%取决于医疗条件,7%取决于气候的影响,这就说明了自我调适对健康特别是心理健康的重要性,我们才是驾驭自己生命和健康的舵手。因此,大学生非常有必要掌握一些自我心理调适的方法,以保持良好而积极的健康的心理状态,从而走向快乐、幸福以及成功的人生彼岸。具体而言,自我调适的方法如下。

(1) 在日常的学习和生活中,应该注重养成健康的生活方式。有规律的作息、饮食,持续的体育锻炼,生理健康是心理健康的物质基础。

(2) 可以从完善自我意识、调节控制情绪、锻炼意志品质、完善个性、提高人际交往的水平等方面不断加强学习、训练与体验。同时还可以有意识地通过网络、书籍或者向专业人士请教等途径学习一些诸如合理理由法、自我暗示法、自我激励法、疏泄法、转移法、升华法等心理调适的方法,以逐步提高自我心理调适的能力和水平。

(3) 不断加强自我修养,培养积极心态。在推销员中,广泛流传着一个这样的故事:两个欧洲人到非洲去推销皮鞋,由于炎热的非洲人向来都是打赤脚。第一个推销员看到非洲人都打赤脚,立刻失望起来:"这些人都打赤脚,怎么会要我的鞋呢。"于是放弃努力,失败沮丧而回;另一个推销员看到非洲人都打赤脚,惊喜万分:"这些人都没有皮鞋穿,这皮鞋市场大得很呢。"于是想方设法,引导非洲人购买皮鞋,最后发大财而回。这就是一念之差导致的天壤之别。同样是非洲市场,同样面对打赤脚的非洲人,由于一念之差,一个人灰心失望,不战而败;而另一个人满怀信心,大获全胜。

(4) 学习简单的心理危机自助技术，主要有以下五种方法。

① 积极倾诉。把自己的感觉写下来或者把自己的压力和自己的想法告诉身边值得信任的人。

② 拓展个人的兴趣爱好。在各类兴趣活动中释放压力，消除不良情绪。

③ 转移注意力，去完成一些有现实意义的事，以减少个体对危机的过度关注。

④ 主动寻求心理接近的同学、朋友，跟具有同样情况的同学及朋友进行沟通和交流，有助于找到解决问题的办法。

⑤ 帮助别人。量力而行地去帮助别人，可以获得满足感与成就感，从而间接达到帮助自己的效果。

古希腊哲学家赫拉克里特曾说过："如果没有健康，智慧就难以表现，文化无从施展，力量不能战斗，财富变成废物，知识也无法利用。"阿拉伯也有句谚语："有了健康就有了希望，有了希望就有了一切。"健康是人生的第一财富。对于大学生来说，心理健康更是学业成就、事业成功、生活快乐的基础。

总之，大学生心理素质的培育过程和心理健康的实践过程，既是其认识自己、实现自身价值的过程，也是其不断地与社会相互作用，为社会做贡献的过程。在这个过程中，大学生的人生必将经受一次洗礼，达到一个崭新的境界。

心理训练1：做一棵永远成长的苹果树

1. 活动步骤

阅读故事，全班同学分成若干小组，围绕故事后面的两个问题进行思考和讨论，要求每位成员都要发言。

一棵苹果树，终于结果了。

第一年，它结了10个苹果，9个被拿走，自己得到1个。对此，苹果树愤愤不平，于是自断经脉，拒绝成长。第二年，它结了5个苹果，4个被拿走，自己得到1个。"哈哈，去年我得到了10%，今年得到20%！翻了一番。"这棵苹果树心理平衡了。但是，它还可以这样：继续成长。譬如，第二年，它结了100个果子，被拿走90个，自己得到10个。很可能，它被拿走99个，自己得到1个。但没关系，它还可以继续成长，第三年结1000个果子……

其实，得到多少果子不是最重要的。最重要的是，苹果树在成长！等苹果树长成参天大树的时候，那些曾阻碍它成长的力量都会微弱到可以忽略。真的，不要太在乎果子，成长是最重要的。

问题：(1) 如果你遇到类似苹果树第一年遇到的问题时，你会怎么想、怎么做呢；(2) 谈谈你对积极心态的认识以及你打算如何培养积极的心态。

2. 讨论与分享

各小组综合本小组成员的观点，派代表发言，与全班同学分享本小组的讨论结果和收获。

心理训练2：心灵瑜伽——身心放松训练

1. 活动步骤

按头部—手臂部—躯干部—腿部顺序放松，也可以根据自己的爱好选择合适的放松顺序，每天两次，坚持半月。

(1) 头部的放松。第一步：紧皱眉头，就像生气时的动作一样。保持10秒钟(可匀速默念到10)，然后逐渐放松。放松时注意体验与肌肉紧张时不同的感觉，即稍微发热、麻木松软的感觉，好像"无生命似的"。第二步：闭上双眼，做眼球转动动作。先使两只眼球向左边转，尽量向左，保持10秒钟后还原放松。再使两只眼球尽量向右转，保持10秒钟后还原放松。随后，使两只眼球按顺时针方向转动一周，然后放松。接着，再使眼球按逆时针方向转动一周后放松。第三步：皱起鼻子和脸颊部肌肉(可咬紧牙关，使嘴角尽量向右边咧，鼓起两腮，似在极度痛苦状态下使劲一样)，保持10秒钟，然后放松。第四步：紧闭双唇，使唇部肌肉紧张，保持该姿势10秒钟，然后放松。第五步：收紧下腭部肌肉，保持该姿势10秒钟，然后放松。第六步：用舌头顶住上腭，使舌头前部紧张，10秒钟后放松。第七步：做咽食动作以紧张舌头背部和喉部，但注意不要完全完成咽食这个动作，持续10秒钟，然后放松。

(2) 颈部的放松。将头用力下弯，使下巴抵住胸部，保持10秒钟，然后放松。体验放松时的感觉。

(3) 肩部的放松。将双臂外伸悬浮于沙发两侧扶手上方，尽力使双肩向耳朵方向上提，保持该动作10秒钟后放松。20秒钟后做下一个动作。

(4) 臂部的放松。双手平放于沙发扶手上，掌心向上，握紧拳头，使双手和双前臂肌肉紧张，保持10秒钟，然后放松。接下来，将双前臂用力向后臂处弯曲，使双臂的二头肌紧张，10秒钟后放松。接着，双臂向外伸直，用力收紧，以紧张上臂三头肌. 持续10秒钟，然后放松。每次放松时，均应注意体验肌肉松弛后的感觉。

(5) 背部的放松。向后用力弯曲背部，努力使胸部和腹部突出，使成桥状，坚持10秒钟，然后放松。20秒钟后，往背后扩双肩，使双肩尽量合拢以紧张背上肌肉群，保持10秒钟后放松。

(6) 胸部的放松。双肩向前并拢，紧张胸部四周肌肉，体验紧张感，保持10秒，然后放松，感到胸部有一种舒适放松轻的感觉。20秒钟后做下一个动作。

(7) 腹部的放松。高抬双腿以紧张腹部四周的肌肉。与此同时，胸部压低，保持该动作10秒钟，然后放松。注意由紧张到放松过程腹部的变化感觉。20秒钟后做下一个动作。

(8) 臀部的放松。将双腿伸直平放于地，用力向下压两只小腿和脚后跟，使臀部肌肉紧张。保持此姿势10秒钟，然后放松。20秒钟后，将两半臀部用力夹紧，努力提高骨盆的位置，持续10秒钟后放松。这时可感到臀部肌肉开始发热。并有一种沉重的感觉。

(9) 大腿的放松。绷紧双腿，使双腿后跟离开地面，持续10秒钟然后放松。20秒后，将双腿伸直并紧并双膝，如同两只膝盖紧紧夹住一枚硬币那样，保持10秒钟后放松。注意体验微微发热的放松感觉。

(10) 小腿的放松。双腿向上方朝膝盖方向用力弯曲，使小腿肌肉紧紧张，保持10秒钟后慢慢放松。10秒钟后做相反动作。双腿朝向前下方用力弯曲。保持10秒，然后放放松。注意体验紧张的消除。

(11) 脚趾骨的放松。将双脚脚趾慢慢向上用力弯曲，其他的部位不要移动，保持10秒钟，然后放松。20秒后做相反的动作，将双脚脚趾向下用弯曲，保持10秒钟，然后放松。至此，整个放松动作全部完成。

当各部分肌肉的放松都做完之后，还可以继续给出指导语：现在感到很安静，很放松……非常非常安静、非常非常放松……全身都放松了……(然后指导者或自己从1默数到50并睁开眼)

2. 讨论与分享

谈谈你做完放松训练后的身体感受和心理感受。

单元3　走近心理咨询

心理故事：我恨自己

小张是某大学一年级男生，从小身体都很好。十二三岁时他对班上一位女同学产生了好感，后来看到电视剧中男女亲热的镜头，便有了欲念，晚上有时自慰，都能克制。高中二年级时，他常和女同学在一起做作业，不时想到恋爱方面的事。此间虽常自慰，但是没有什么不适，也没影响学习。进入高三，要准备高考，小张想把时间和精力尽量用在学习上。一有性的念想时，就努力克制。谁知越想克制，越不能集中精力，脑子里总是出现女同学的形象和一些性的联想，于是他拼命和自己的这些想法抗争。听说“自慰过度影响健康”时，他再三告诫自己，但总是无法控制，事后又后悔。后来他发展成睡不好觉，吃不好饭，甚至在考试时候也会联系起性方面的事。小张恨自己没出息，道德败坏，品质恶劣。他痛苦不堪，学习成绩逐渐下降，整日萎靡不振，在迫不得已的情况下，把真情告诉了父亲，并在父亲的陪同下接受了心理咨询，希望咨询师给予帮助，克制自己不再自慰。

咨询师在与小张的接触中发现：小张认为自己有病、道德败坏，而实际上这不过是由于他对正常的生理和心理现象不了解而产生的恐惧反应。咨询师给小张讲解了人进入青春期生理和心理的变化，并告诉他在这个阶段的青少年联想到性事，甚至性冲动，都是正常的，只要没有不正当的行为，就不是道德破坏和品质恶劣。性兴奋时，他借助自慰来宣泄一下也是可以的，不必过于压抑，应顺其自然，自慰不是病态，更不是强迫症。经过一段时间的心理咨询，小张的心情轻松了很多，他在书面体会中写道：“以前对性的心理、生理知识不了解，对在自己身上发生的事大惊小怪，越想控制，越适得其反，现在懂得了科学的道理，脑子杂念少了，就算还有，也会用正确的观念和方法来面对。”小张感到很欣慰，没想到心理咨询几次后自己的变化就这么大。

【感悟与思考】 心理咨询可以引导求助者进行自我探索，促进他们对自己的错误观念和行为进行认真思考，帮助求助者厘清自我内部的心理冲突，引导求助者面对现实，并有效地控制自己的行为。因此，我们应该对心理咨询建立正确的认识，通过心理咨询改善自我的生活品质，促进自我人格的健康与完善。

心理知识：走近心理咨询

心理咨询是借助一种特殊的人际关系，运用心理学理论、知识和方法，通过语言、文字及其他信息传递的方式，给咨询对象以帮助、启发和指导的过程。心理咨询的目的在于帮助求助者避免和消除不良心理因素的影响，并产生认识上、情感上和态度上的变化，解决学习、工作和生活等方面出现的各种疑难问题，从而更好地适应环境、发展自我、增进心理健康。

一、心理咨询的形式

心理咨询的方式很多，如按照咨询的对象可划分为直接咨询和间接咨询、个别咨询和团体咨询；按照咨询的途径可划分为通信咨询、电话咨询、现场咨询、门诊咨询。一般医院和社会设立的多为障碍心理咨询或门诊咨询。学校所开设的多为发展性咨询。学校心理咨询遵循教育、发展、预防、治疗模式，面向全体学生，提供心理咨询服务，促进学生健康成长，从而达到实现教育目标的目的。

二、心理咨询的过程

Gerald Corey 在其著作《心理咨询与治疗经典案例》中从咨询师的角度对把心理咨询的过程及每个阶段的具体工作内容进行了具体的描述，有助于我们初步了解和认识心理咨询工作。

（一）进入与定向阶段

本阶段咨询师的工作主要包括：建立辅导关系；收集相关资料，以利初步界定问题，明确辅导需要；初步了解当事人的个人、环境资源；做出接案决定；做出辅导安排。

（二）问题-个人探索阶段

本阶段咨询师的工作主要包括：建立良好的关系；收集相关资料，以进一步界定和理解问题；协助当事人进行自我探索，达到对当事人的深入了解。

（三）目标与方案探讨阶段

本阶段咨询师的工作主要包括：激发当事人改变的动机；处理好当事人的期望和目标的关系；明了现有的干预手段和自己能力的局限；咨询目标的确定要以当事人为主，咨询师起辅助作用。

（四）行动/转变阶段

本阶段咨询师的工作主要包括：避免让当事人变成一种被动、接受、依赖的角色；保持灵活性；要注意治疗收获在实际生活中的迁移应用情况；要经常进行评估，即根据已确定的目标，看咨询和治疗实际取得了多大的进展。

（五）评估/结束阶段

本阶段咨询师的工作主要包括：评估目标收获；处理关系结束的问题；分离焦虑；为学习的迁移和自我依赖做准备；最后一次会谈。

三、心理咨询的要求

心理咨询的基本要求是为求助者保守秘密。因为在心理咨询过程中，不可避免地要涉及求助者的个人隐私问题，保密不仅能获得求助者的信任，也是咨询师职业道德的基本要求，同时还是咨询过程顺利进行的必要保证。因此，不少想去咨询的大学生因为怕自己的隐私被传扬出去而心存疑虑，其实是完全没有必要的。

四、心理咨询的作用

心理咨询是受过专门训练的咨询师提供的运用心理学的理论与技术，通过与求助者的交流、探询、解释、协商，对求助者施加心理影响，改变其认知、情感、态度、行为，维护和增加求助者的心理健康，促进其人格发展和潜能发挥的一种服务。对于大学生而言，心理咨询一方面可以针对同学们在学习中和生活中遇到的各种现实问题提供一些必要的指导，解决现有生活问题；同时，心理咨询还可以帮助同学们改变不良的情绪和行为，增强社会适应能力。此外，心理咨询可以使大学生进一步确立正确的自我认知，探讨自我的方向，开拓自身的潜能，不断突破自我的种种局限，全面而充分地发展未来的前程。

五、大学生寻求咨询的主要特征

1. 对心理咨询的认识存在误区

由于受到我国社会文化传统的影响，加之心理咨询工作在我国开展的时间并不长，所以很多大学生对心理咨询的意义认识不太清晰，甚至产生错误的认识，觉得自己的心理十分健康、没有疾病，不需要进行心理咨询；同时对校园中的心理咨询活动态度不积极，觉得心理咨询离自己十分遥远，参与感较弱。

2. 不知怎样面对咨询

尽管有的大学生很明白自己有心理问题，对情绪有明确的痛苦体验，很希望获得他人的帮助，愿意与人沟通，但是因为其社会化过程尚未完成，实际交往能力受到一定的限制，加之自尊心较强，不愿暴露隐私，故而不知怎样去接受和面对咨询。

3. 有一定调节能力，但更希望得到咨询师的帮助和指导

根据心理咨询的自助性原则，咨询应该是以启发、促进求助者的自助能力，使其自己找到最佳的解决问题和自我发展的方案，一般不主张给他们以明确指示和结论。但大学生心理咨询却不一定如此。由于他们自身发展水平的限制，虽然已具备了一定的心理调节能力，但当心理压力很大、内心冲突激烈时，自我调节往往难以奏效，这时候完全自助、完全靠自己的力量走出心理阴影不仅困难，而且本人需承受的痛苦也较大。因此，大学生在自己无力改变状况的时候，就会主动寻求心理咨询的帮助，他们对心理咨询抱有很大的期望，希望能得到最有效的帮助和指导，以尽快解决自己的问题或困惑。

4. 希望参加咨询活动却又难以承受群体压力和同伴讥笑

由于大学生生活在特定的集体环境之中，活动喜欢结伴而行，因此，其行为常带有明显的从众性。当整个社会以及他们所在群体对心理咨询的认识尚不明确、看法尚有偏见时，有咨询需求的大学生要前来咨询必须背负着一定的群体压力。诸如，为什么要去做心理咨询，心理咨询是不正常的人才需要做的，你有精神病吗等。这些议论形成一种氛围，常常会影响来咨询大学生的心态和行为，使得希望寻求咨询的大学生顾虑重重，不愿或不敢去心理咨询室，认为前去咨询是件不光彩的事，咨询就意味着承认自己不正常，所以既想参加又怕被同伴知道而遭到讥笑。有的大学生前去咨询时行为隐蔽、躲躲闪闪；有的大学生则希望咨询室设在较隐蔽的地方，谈话也常常有所保留，致使部分大学生的心理问题越来越严重，延误救治时机。

综上所述，在生活中，我们总会遇到难以面对和难以应付的情况。有时候，有些问题的原因看起来非常清楚，大学生也知道如何去寻求帮助。而有的时候，有些问题则难以理解，

大学生感到束手无策，那么，这个时候，大学生便可以去寻求心理咨询的帮助。心理咨询不仅帮助大学生解决现有的问题，还可以引导大学生从不同的角度去看待自己和社会，用新的方式去体验和表达自己的思想情感，并产生新的思维方式，实现心理放松。更为重要的是，心理咨询还可以深化大学生对自身的认识，引导大学生去发现真实的自我，发掘自我的潜能，实现自我的价值。

有一位学者总结得好，他说："咨询不是说教，它是聆听；咨询不是训示，它是接纳；咨询不是教导，它是引导；咨询不是控制，它是参与；咨询不是侦讯，它是了解；咨询不是制止，它是疏导；咨询不是做作，它是真诚；咨询不是改造，它是支持；咨询不是解答，它是领悟；咨询不是包办解决问题，它是协助成长；咨询不是令人屈从，它是使人内心悦服。"因此，行走在人生的道路上，在心理问题和心理障碍面前，勇于接纳自己，亲自推开心理咨询之门寻求帮助是每一位大学生的明智之选。

心理训练：小夏的疑虑

1. 活动步骤

阅读案例，全班同学分成若干小组，讨论案例后面的问题，每位小组成员都要发言。

小夏，女，18岁，某大学新生，在进入大学的一个月后，她给学校心理咨询中心的李老师寄去了一封信。在信中，小夏说到自己很苦恼，由于从小家庭教育比较严格，因此养成了谨小慎微的个性。大概是从高中开始，每次写完作业她总要逐字逐句的核对数十遍，连标点符号都不放过，并且还要读出声来。她经常躺在床上还觉得作业中写了错别字，偶尔还会忍不住半夜起来拿出作业本来核对。为此浪费了很多时间，精神状态也不好，学习效率低，高考考得也不理想。进入大学，军训结束开始上课后，又是如此。小夏非常苦恼，很想摆脱这种状态。听说学校心理咨询中心的老师能够为同学们进行心理辅导，小夏非常高兴可也心存疑虑。所以，她在信中对李老师说，希望李老师能针对她提出的问题给予答复，然后她才考虑是否前来咨询。小夏的问题是：(1) 老师能否理解并帮助自己解决所遇到的问题和烦恼；(2) 自己的问题持续了这么长的时间，感觉挺严重的，心理咨询可否帮助自己摆脱困境吗；(3) 心理咨询一定要面对面地交流吗？听说还可以通过QQ、电话、邮件等其他方式进行，哪种方式效果最好呢；(4) 好多同学都认为去心理咨询的人一定是有精神问题了，去心理咨询中心咨询如果被老师、同学知道了，他们会不会把自己当作"神经病"呢；(5) 心理咨询老师会把自己的情况透露给辅导员(班主任)吗？会不会自己去咨询后，辅导员和同学们就都知道自己的事情了。

问题：(1) 对于接受心理咨询，你是否也跟小夏有着一样的疑虑；(2) 除了小夏提到的问题，对于心理咨询你还有什么其他的问题和疑虑吗；(3) 如果你是李老师，你会如何回答小夏的问题？请模拟进行。

2. 讨论与分享

各小组派代表发言，与全班同学分享本小组的讨论结果及收获。任课教师针对小夏提出的问题结合各小组的观点给全班同学进行总结与解答，并与同学们分享本案例讨论的感受和启示。

单元4　心理自测

在老师的指导下做《身心症状自评量表（SCL-90）》及《大学生人格问卷（UPI）》，对照测试结果对自己进行初步分析，以增强对自我心理健康状况的认知。如果有需要还可以做抑郁自测量表（SDS）和焦虑自测量表（SAS）。

一、身心症状自测量表（SCL-90）

指导语：以下表格中列出了有些人可能会有的问题，请仔细地阅读每一条，然后根据最近一星期内，下述情况影响您的实际感觉，在右边的五个数字中选择一个画"√"以表示该症状的程度。

状　况	没　有	轻　度	中　度	偏　重	严　重
1. 头痛	1	2	3	4	5
2. 神经过敏，心中不踏实	1	2	3	4	5
3. 头脑中有不必要的想法或字句盘旋	1	2	3	4	5
4. 头昏或昏倒	1	2	3	4	5
5. 对异性的兴趣减退	1	2	3	4	5
6. 对旁人责备求全	1	2	3	4	5
7. 感到别人能控制您的思想	1	2	3	4	5
8. 责怪别人制造麻烦	1	2	3	4	5
9. 忘性大	1	2	3	4	5
10. 担心自己的衣饰整齐及仪态的端正	1	2	3	4	5
11. 容易烦恼和激动	1	2	3	4	5
12. 胸痛	1	2	3	4	5
13. 害怕空旷的场所或街道	1	2	3	4	5
14. 感到自己的精力下降，活动减慢	1	2	3	4	5
15. 想结束自己的生命	1	2	3	4	5
16. 听到旁人听不到的声音	1	2	3	4	5
17. 发抖	1	2	3	4	5
18. 感到大多数人都不可信任	1	2	3	4	5
19. 胃口不好	1	2	3	4	5
20. 容易哭泣	1	2	3	4	5
21. 同异性相处时感到害羞不自在	1	2	3	4	5
22. 感到受骗，中了圈套或有人想抓住您	1	2	3	4	5
23. 无缘无故地突然感到害怕	1	2	3	4	5
24. 自己不能控制地大发脾气	1	2	3	4	5
25. 害怕单独出门	1	2	3	4	5
26. 经常责怪自己	1	2	3	4	5
27. 腰痛	1	2	3	4	5
28. 感到难以完成任务	1	2	3	4	5
29. 感到孤独	1	2	3	4	5

续表

状　况	没　有	轻　度	中　度	偏　重	严　重
30. 感到苦闷	1	2	3	4	5
31. 过分担忧	1	2	3	4	5
32. 对事物不感兴趣	1	2	3	4	5
33. 感到害怕	1	2	3	4	5
34. 您的感情容易受到伤害	1	2	3	4	5
35. 他人知道您的内心思想	1	2	3	4	5
36. 感到别人不理解您，不同情您	1	2	3	4	5
37. 感到别人对您不友好，不喜欢您	1	2	3	4	5
38. 为了保证精确，做事必须非常缓慢	1	2	3	4	5
39. 心跳得很厉害	1	2	3	4	5
40. 恶心或胃部不舒服	1	2	3	4	5
41. 感到比不上他人	1	2	3	4	5
42. 肌肉酸痛	1	2	3	4	5
43. 感到周围的人注视或议论自己	1	2	3	4	5
44. 难以入睡	1	2	3	4	5
45. 做事必须反复检查	1	2	3	4	5
46. 难以作出决定	1	2	3	4	5
47. 怕乘公共汽车、地铁或火车	1	2	3	4	5
48. 呼吸有困难	1	2	3	4	5
49. 一阵阵发冷或发热	1	2	3	4	5
50. 因为感到害怕而避开某些东西、场合或活动	1	2	3	4	5
51. 脑子变空了	1	2	3	4	5
52. 身体的某些部位发麻或刺痛	1	2	3	4	5
53. 喉咙有梗塞感	1	2	3	4	5
54. 感到前途没有希望	1	2	3	4	5
55. 不能集中注意	1	2	3	4	5
56. 感到身体的某一部分软弱无力	1	2	3	4	5
57. 感到紧张或易被激惹	1	2	3	4	5
58. 感到手或脚发重	1	2	3	4	5
59. 想到死亡的事	1	2	3	4	5
60. 吃得太多	1	2	3	4	5
61. 当别人看着您或谈论您时感到不自在	1	2	3	4	5
62. 头脑里存在着不是您的想法	1	2	3	4	5
63. 有想打人或伤害别人的冲动	1	2	3	4	5
64. 醒得太早	1	2	3	4	5
65. 必须反复洗手、点数目或触摸某些东西	1	2	3	4	5
66. 睡得不稳不深	1	2	3	4	5
67. 有想摔坏或破坏东西的冲动	1	2	3	4	5
68. 有一些别人没有的想法或念头	1	2	3	4	5
69. 感到对别人神经过敏	1	2	3	4	5
70. 在人多的地方(如商店、电影院)感到不轻松、不自在	1	2	3	4	5

续表

状　况	没　有	轻　度	中　度	偏　重	严　重
71. 感到任何事情都很困难	1	2	3	4	5
72. 一阵阵惊慌失措	1	2	3	4	5
73. 感到在公共场合吃东西不舒服	1	2	3	4	5
74. 经常与人争论	1	2	3	4	5
75. 单独一人时神经很紧张	1	2	3	4	5
76. 别人对您的成绩没有作出恰当的评价	1	2	3	4	5
77. 即使和别人在一起也感到孤单	1	2	3	4	5
78. 感到坐立不安心神不定	1	2	3	4	5
79. 感到自己没有什么价值	1	2	3	4	5
80. 感到熟悉的东西变得陌生或不像是真的	1	2	3	4	5
81. 大叫或摔东西	1	2	3	4	5
82. 害怕会在公共场合昏倒	1	2	3	4	5
83. 感到别人会占您的便宜	1	2	3	4	5
84. 为一些有关性的想法而很苦恼	1	2	3	4	5
85. 感到自己有罪恶而应该受到惩罚	1	2	3	4	5
86. 感到要赶快把事情做完	1	2	3	4	5
87. 感到自己的身体有严重问题	1	2	3	4	5
88. 对他人从来没有亲密感	1	2	3	4	5
89. 感到自己有罪	1	2	3	4	5
90. 感到自己的脑子有毛病	1	2	3	4	5

【评分方法】 本量表请在老师的指导下进行评分和分析。

二、大学学生人格问卷(UPI)

指导语：以下问题是为了解您的健康状况并为了增进您的身心健康而设计的调查。请你按题号的顺序阅读，在最近一年中您常常感觉到或体验到的项目后的括号内画“√”，反之在括号内画“×”，为了使您身心健康地去迎接新生活，请真实选择。

1. 食欲不振。 (　　)
2. 恶心、胃口难受、肚子痛。 (　　)
3. 容易拉肚子或便秘。 (　　)
4. 关注心悸和脉搏。 (　　)
5. 身体健康状况良好。 (　　)
6. 牢骚和不满多。 (　　)
7. 父母期望过高。 (　　)
8. 自己的过去和家庭是不幸的。 (　　)
9. 过于担心将来的事情。 (　　)
10. 不想见人。 (　　)
11. 觉得自己不是自己。 (　　)
12. 缺乏热情和积极性。 (　　)
13. 悲观。 (　　)

14. 思想不集中。（　）
15. 情绪起伏过大。（　）
16. 常常失眠。（　）
17. 头痛。（　）
18. 脖子、肩膀酸痛。（　）
19. 胸痛憋闷。（　）
20. 总是朝气蓬勃。（　）
21. 气量小。（　）
22. 爱操心。（　）
23. 焦躁不安。（　）
24. 容易动怒。（　）
25. 想轻生。（　）
26. 对任何事都没兴趣。（　）
27. 记忆力减退。（　）
28. 缺乏耐性。（　）
29. 缺乏决断能力。（　）
30. 过于依赖别人。（　）
31. 为脸红而苦恼。（　）
32. 口吃、声音发颤。（　）
33. 身体忽冷忽热。（　）
34. 常常注意排尿和性器官。（　）
35. 心情开朗。（　）
36. 莫明其妙地不安。（　）
37. 一个人独处时感到不安。（　）
38. 缺乏自信心。（　）
39. 办事畏首畏尾。（　）
40. 容易被人误解。（　）
41. 不相信别人。（　）
42. 过于猜疑。（　）
43. 厌恶交往。（　）
44. 感到自卑。（　）
45. 杞人忧天。（　）
46. 身体倦乏。（　）
47. 一着急就出冷汗。（　）
48. 站起来就头晕。（　）
49. 有过昏迷或抽风。（　）
50. 人缘好受欢迎。（　）
51. 过于拘泥。（　）

52. 对任何事情不反复确认就不放心。（　　）
53. 对脏很在乎。（　　）
54. 摆脱不了毫无意义的想法。（　　）
55. 觉得自己有怪气味。（　　）
56. 别人在自己背后说坏话。（　　）
57. 总注意周围的人。（　　）
58. 在乎别人的视线。（　　）
59. 觉得别人轻视自己。（　　）
60. 情绪易被破坏。（　　）
61. 至今，你感到自身健康方面有问题吗？（　　）
62. 至今，你曾觉得心理卫生方面有问题吗？（　　）
63. 至今，你曾接受过心理咨询与治疗吗？（　　）
64. 你有健康或心理方面想咨询的问题吗？（　　）

【评分方法】 本量表请在老师的指导下进行评分和分析。

三、抑郁自评量表(SDS)

指导语：下面有20条题目，请仔细阅读每一条，把意思弄明白，每一条文字后有4个格，分别表示：

无/偶尔有(过去1周内，出现这类情况的日子不超过1天)；

有时有(过去1周内，有1～2天出现过这类情况)；

经常有(过去1周内，3～4天出现过这类情况)；

总是如此(过去1周内，有5～7天出现过这类情况)。

根据你最近1个星期的实际情况在适当的方格下用"√"选择。

项　目	状　态			
	无/偶尔有	有时有	经常有	总是如此
1. 我觉得闷闷不乐，情绪低落				
2. 我觉得一天之中早上最好				
3. 我一阵阵地哭出来或是想哭				
4. 我晚上睡眠不好				
5. 我吃的和平常一样多				
6. 我与异性接触时和以往一样感到愉快				
7. 我发觉我的体重在下降				
8. 我有便秘的苦恼				
9. 我心跳比平时快				
10. 我无缘无故感到疲劳				
11. 我的头脑和平时一样清楚				
12. 我觉得经常做的事情并没有困难				
13. 我觉得不安而平静不下来				
14. 我对将来抱有希望				
15. 我比平时容易激动				
16. 我觉得作出决定是容易的				

续表

项　目	状　态			
	无/偶尔有	有时有	经常有	总是如此
17. 我觉得自己是个有用的人，有人需要我				
18. 我的生活过得很有意义				
19. 我认为如果我死了别人会生活得更好些				
20. 平常感兴趣的事我仍然照样感兴趣				

【评分方法】 本量表采用四级评分，具体为：无/偶尔有为 1 分；有时有为 2 分；经常有为 3 分；总是如此为 4 分。第 2 项、第 5 项、第 6 项、第 11 项、第 12 项、第 14 项、第 16 项、第 17 项、第 18 项和第 20 项共 10 项的计分，必须反向计算，反向计算即按与其相反的频度计分，即无/偶尔有为 4 分，有时有为 3 分，经常有为 2 分，总是如此为 1 分。把 20 题的得分相加为粗分，粗分乘以 1.25，四舍五入取整数，即得到标准分。抑郁评定的分界值为 50 分，分数越高，抑郁倾向越明显。50—60 分为轻度抑郁，61—70 分为中度抑郁，70 分以上者为重度抑郁。测试仅代表近期状况，仅作为参考，不能诊断。

四、焦虑自评量表(SAS)

指导语：下面有 20 条题目，请仔细阅读每一条，把意思弄明白，每一条文字后有四个格，分别表示：

无/偶尔有(过去一周内，出现这类情况的日子不超过一天)；

有时有(过去一周内，有 1～2 天出现过这类情况)；

经常有(过去一周内，3～4 天出现过这类情况)；

总是如此(过去一周内，有 5～7 天出现过这类情况)。

根据你最近一个星期的实际情况在适当的方格下用“√”选择。

项　目	状　态			
	无/偶尔有	有时有	经常有	总是如此
1. 我觉得比平时容易紧张或着急				
2. 我无缘无故地感到害怕				
3. 我容易心里烦乱或觉得惊恐				
4. 我觉得我可能将要发疯				
5. 我觉得一切都很好，也不会发生什么不幸				
6. 我手脚发抖打战				
7. 我因为头痛、颈痛和背痛而苦恼				
8. 我感觉容易衰弱和疲乏				
9. 我觉得心平气和，并且容易安静坐着				
10. 我觉得心跳得很快				
11. 我因为一阵阵头晕而苦恼				
12. 我要晕倒发作，或觉得要晕倒似的				
13. 我吸气呼气都感到很容易				
14. 我的手脚麻木和刺痛				
15. 我因为胃痛和消化不良而苦恼				

续表

项　目	状　态			
	无/偶尔有	有时有	经常有	总是如此
16. 我常常要小便				
17. 我的手脚常常是干燥温暖的				
18. 我脸红发热				
19. 我容易入睡并且一夜睡得很好				
20. 我做噩梦				

【评分方法】 本量表采用四级评分,具体为:无/偶尔有为1分;有时有为2分;经常有为3分;总是如此为4分。第5项、第9项、第13项和第19项共4项的计分,必须反向计算,反向计算即按与其相反的频度计分,即无/偶尔有为4分,有时有为3分,经常有为2分,总是如此为1分。把20题的得分相加为粗分,粗分乘以1.25,四舍五入取整数,即得到标准分。抑郁评定的分界值为50分,分数越高,抑郁倾向越明显。50—60分为轻度焦虑,61—70分中度焦虑,70分以上者为重度焦虑。测试仅代表近期状况,仅作为参考,不能诊断。

五、强迫症的自测量表

指导语:下面有18条题目,请仔细阅读每一条,把意思弄明白,符合自己情况的请在括号内画"√",不符合的请画"×"。

1. 我常产生对病菌和疾病毫无必要的担心。（　）
2. 我常反复洗手而且洗手的时间很长,超过正常所必需。（　）
3. 我有时不得不毫无量由地重复相同的内容、句子或数字好几次。（　）
4. 我觉得自己穿衣、脱衣、清洗、走路时要遵循特殊的顺序。（　）
5. 我常常没有必要地对东西进行过多地检查,如检查门窗、开关、煤气、钱物、文件、表格、信件等。（　）
6. 我不得不反复好几次做某些事情直到我认为自己已经做好了为止。（　）
7. 我对自己做的大多数事情都要产生怀疑。（　）
8. 一些不愉快的想法常违背我的意愿进入我的头脑,使我不能摆脱。（　）
9. 我常常设想自己粗心大意或细小的差错会引起灾难性的后果。（　）
10. 我时常无原因地担心自己患了某种疾病。（　）
11. 我时常无原因地计数。（　）
12. 在某些场合,我很害怕失去控制而作出尴尬的事。（　）
13. 我经常迟到,因为我没有必要地花了很多时间重复做某些事情。（　）
14. 当我看到刀、匕首和其他尖锐物品时我会感到心烦意乱。（　）
15. 我为要完全记住一些不重要的事情而困扰。（　）
16. 有时我有毫无原因地想要破坏某些物品,或有想伤害他人的冲动。（　）
17. 在某些场合,即使当时我生病了,我也想暴食一顿。（　）
18. 当我听到自杀、犯罪或生病时,我会心烦意乱很长时间,很难不去想它。（　）

【评分方法】 您可以根据自己的情况进行评定,当上面一条或一条以上的症状持续存在影响正常生活时,您有必要找专科医生咨询。

主题三

环境适应心理训练

篇首语

你还记得小时候对大学的那份真切无比的憧憬吗？仿佛进入大学就是步入一个新的人生，从此脱胎换骨可以过上神仙般的日子了，而所有我们一直想做又不允许的事都可以恣情而为了。但是，当所有那些因为在困境中被想象的分外美好的事物真正撤去它神秘的面纱时，我们就会理所当然感到一丝的失望和不满足。“大学是什么”“我的大学应该是怎样的呢”很多大学生都处在迷茫之中。

大学生活确实是美丽的，但唯有真正用心去体验才可以适应它，才能发掘出其独特的韵味。希望等到你毕业时，你会说：“蓦然回首，光阴已不在，但没有遗憾的青春是最美的……”

训练目标

1. 了解大学新生面临的新变化。
2. 了解有关环境适应的基础知识。
3. 了解大学生存在的环境适应问题及其原因。
4. 学习提升环境适应能力的方法和途径。
5. 了解自我心理适应的基本状况。

单元1　我们面临的新变化

心理故事：成长

小李来自某县城，毕业于重点中学，在家里是独生女儿，父母的掌上明珠。小李一直是妈妈心中的乖女儿，老师眼里的好学生，高中的学习目标是考取某名牌重点大学。由于高考没有发挥好，小李只考上了一所普通高等院校。九月，在父母的陪同下，小李闷闷不乐来到学校报到，由于对大学的生活很不适应，她常常感到压抑、烦恼、悔恨，学习没有目标，生活没有兴趣，是应该继续读下去还是回到父母的身边去生活的问题反复困扰着她。一天在QQ上聊天，她向心理咨询老师倾诉了心中的烦恼与困惑，在老师的建议下，她勇敢地走进了学生心理辅导中心，接受了心理咨询。此后小李又参加了学校举办的心理健康教育培训班，慢慢的，小李有了变化，不但打消了退学的念头，而且成为了一名乐观、自信、开朗的学生干部。

【感悟与思考】 对于环境的适应问题不只是大学新生必须面临的问题，其实每个人，当面对或进入一个陌生环境，都会有一个适应的过程。一个人从呱呱坠地的婴儿到耄耋老人不知要经历多少次面对新环境的过程。然而，人就是在这种适应新环境的过程中不断地调节自己、发展自己和完善自己的。

心理知识：我们面临的新变化

大学环境对大学生尤其是新生有重要影响，由于生活环境、生活方式、学习内容以及人际关系等的变化，每个大学新生都会经历一个适应阶段，所不同的是有的人适应期长，有的人适应期短，有的人适应能力强，有的人适应能力差。如果个体自身与环境变化相脱节，就容易出现适应上的问题，从而影响正常的生活和学习。因而缩短适应期，克服适应阶段出现的种种心理问题，是每一位大学新生都要面临的重要课题。

事实上，新生从到大学的那一天起就面临着许多方面的变化。

一、角色的变化

中学生在人们眼中是半独立的未成年人，在家长面前更是掌上明珠。进入大学后，我们发现校园中、班级内高手云集，不仅文化成绩上与自己不相上下，而且文学修养、体育特长、文艺才干、交往能力等各有千秋，有许多同学胜过自己。于是乎有的同学感到心理失去了平衡，自己在集体中的地位似乎一下子一落千丈。

二、学习内容与学习方法的变化

中学是基础教育，目前大多是应试教学。而大学以培养高级专门人才为教学目标，无论在教学内容上、方法上都与中学有很大的不同。大学教师授课时对教材有取舍和补充，只是指导性地讲解和释疑，或提供解决问题的方法和思路，大学生有更多的自习和自由支配的时间。有许多问题要大学生自己去探索、去解决。这种变化要求大学生从教师灌输的教学方式到学生的自主自学，从态度上由被动学习到主动学习的转变。初到大学的学生会感到有些难以适应。

三、追求目标的变化

考上大学是大部分中学生追求的近期目标，而进入大学后，就业、创业或者继续深造成为了大部分大学生新的目标。如何做好职业生涯规划以实现这些目标，大学新生会存在不小的茫然。还有一小部分大学新生发现自己的专业不如别人的好，认为自己走错专业之门，看不到专业的发展方向，找不到个人选择与社会需要的结合点，感到失落，缺乏学习的动力，表现出难以适应大学的学习生活。

四、生活习惯和生活方式的变化

离开了悉心照料的父母，离开了朝夕相处的中学同学，来到新的城市，新的学校，原有的生活习惯和生活方式改变了，出现了诸多的不适应。例如，有的大学生刚到新的环境中，对于学校的饮食、住宿条件、人际关系都很不适应，老是留恋在过去的环境和条件里，这也看不惯，那也不如意，抱怨这个，抱怨那个，无所适从，又苦于无法改变环境，备感无奈与痛苦。

心理训练：充满自信

“有信心的人，可以化渺小为伟大，化平庸为神奇。”希望你能通过外表和行为的一些练习，给别人一种自信的感觉，进而增加你的自信。希望你能充满信心地去适应新的学习生活中的种种变化。问问自己：你自信吗？你能确定一个身边激励你的自信的榜样吗？如果你希望像他(她)一样自信，那么就请做一做吧！

1. 活动步骤

把全班同学分成若干小组，设定情境，每位同学在小组内进行如下练习。

(1) 行走时抬头、挺胸，步子迈得有弹性。懒惰的姿势和缓慢的步伐能滋长人的消极思想，而改变走路的姿势和速度可以改变人的心态。平时你从未意识到这一点吧？从现在你就试试看！

(2) 抬起双眼，目视前方，眼神要正视别人。不正视别人，意味着自卑；正视别人则表露出的是诚实和自信。同时，与人讲话看着别人的眼睛也是一种礼貌的表现。

(3) 当众发言。当众发言是克服羞怯心理、增强人的自信心、提升热忱的有效突破口。你应明白，当众讲话，谁都会害怕，只是程度不同而已。所以，你不要放过每次当众发言的机会，每位同学尝试进行 1 分钟即兴演讲。

(4) 众人面前显显眼。试着在你乘坐地铁或公共汽车时，在较空的车厢来回走走，或是当步入教室、会场时有意从前排穿过，并选前排的座位坐下。

2. 讨论与分享

小组派一名代表与全班同学分享本小组讨论以下问题的结果和收获。

(1) 当你试着改变自己的时候，你在行动前后的心态发生了什么样的变化？

(2) 当你做到了自己以前因为缺乏信心而没有去做的事情(例如当众发言)时，跟你比较熟悉的同学是如何评价你的？

单元 2　环境适应知识 ABC

心理故事：“缩小”的美洲鹰

一名美洲鹰的研究者阿·史蒂文在南印第安斯山脉中的一个岩洞里发现了被世人认为已经绝迹的美洲鹰。美洲鹰是一种巨鸟，一只美洲鹰的两翼自然伸展开后长达 3 米，体重达 20 千克，它锋利的爪子可以抓住一只小海豹飞上高空。令人奇怪的是，这样一种驰骋在海洋上的庞然大物，竟然能生活在狭小而拥挤的岩洞里。岩石之间的空隙仅约 15 厘米。为了揭开谜底，生物科学家阿·史蒂文利用现代科技在岩洞中捕捉到了一只美洲鹰。用铁蒺藜做成了一个直径 15 厘米的小洞让它飞出来，结果发现它在钻出小洞时，双翅紧紧地贴在肚皮上，双腿却直直地伸到了尾部，同样伸直的头颈对称起来，就像一截细小而柔软的面粉条，它是用以柔克刚的方式轻松了穿越了蒺藜洞。显然，在长期的岩洞生活中，它们练就了能缩小自己身体的本领。研究还发现，美洲鹰的身上都结满了坚硬的大小不一的痂，这是因为美洲鹰在学习穿越岩洞的时候受过很多伤。在一次又一次的疼痛中，它们锻炼出了特殊的本

领，最终适应了狭小而恶劣的环境，获得了生存的空间。

【感悟与思考】 美洲鹰历经了千难万险，不怕流血受伤，以“缩小”自己、改变自己的方式，最终适应了变化的环境，获得了生存的空间。人又何尝不是如此呢？人类只有以自己的智慧去顺应和应对环境，生命的价值才能够实现。

心理知识：适应与心理健康

没有人能够在同一种境遇中生存到老，现实总是让人们去面对一次又一次的陌生。“物竞生存，适者生存”。社会适应能力良好是心理健康的主要特征。适应大学生活是大学生适应社会的前奏曲。人生的每一个阶段，都是一道独特的风景，需要充当不同的角色，完成不同的任务，并获得人生的不同体验。当我们以风华正茂的青春，走进五彩缤纷的大学时代，如何调整自己的心态，转换个人的角色，适应新环境，把这一段路走的充实而美丽，是大学生要思考的重要问题。

一、关于适应

心理学范畴里使用适应概念时通常有三个角度，一是生物学意义上的适应，即生理适应，如感官对声、光、味等刺激物的适应；二是心理上的适应，通常是指遭受挫折后借助心理防御机制来使人减轻压力、恢复平衡的自我调节过程，这是一种狭义的适应概念；三是对社会生活环境的适应，包括为了生存而使自己的行为符合社会要求的适应和努力改变环境以使自己能够获得更好发展的适应，这是社会适应的概念。

适应现象是伴随着环境的变化而出现的，没有环境的变化也就无所谓适应或不适应。但是由于人们生活的环境（包括自然环境和社会环境）实际上是处在不间断的变化中的，因此每个人每时每刻都存在着适应的问题，都会产生不断适应新环境的需要。从这个意义上说，适应是人的一种基本需要，是人的一生中随时都要面临的任务，也是人应当具备的一种基本素质。适应能力是个体生存与发展的必备能力，对不同的个体来说，由于适应水平不同，最终会导致其发展水平上的差异。

二、社会适应

社会适应是指个体对社会生活环境的适应。社会适应的内容包括以下三个方面。

(1) 对社会生活环境的适应，包括对不同生活条件与生活方式的适应；

(2) 对各种社会角色的适应，包括各种角色意识的形成以及对不同角色行为规范的掌握；

(3) 对社会活动的适应，包括各种活动规则的掌握和活动能力的形成，如学习、交往、工作、休闲等能力的形成与发展。联合国教科文组织提出的关于现代教育的四大支柱，即学会做事、学会求知、学会与人共处、学会生存所反映的都是社会适应方面的基本要求。

心理适应与社会适应的关系十分密切。心理适应作为一种综合性的心理功能，是社会适应的心理基础。离开以同化、顺应以及其他一系列复杂的心理活动为基础的内化过程，个体社会化的实现是不可能的。反之，如果脱离开对社会环境的良好适应，那么心理适应本身也就失去了实际的意义。

三、主动适应：心理健康的重要标志

我们每个人都追求健康的人生，包括健康的身体、心理、道德和社会适应。心理健康的

本质问题是与周围环境的适应问题。一个心理健康的人常常表现出与环境的适应与协调，如人际关系环境的协调，对学习、工作环境的适应以及对社会规范的适应与遵从等。所以，主动适应是心理健康的重要标志，它可以具体化为以下四点：能正确地认识和判断现实环境；有主动接受生活锻炼的积极心态；会面对现实并积极寻求社会的支持；掌握自我调节的方法；自觉能动地提高适应能力。

总之，环境是客观存在的现实，适应是人生必须面对的永恒课题，是终生学习和发展的任务。大学生要以积极的人生态度、饱满的热情、坚强的意志去面对环境、适应环境、改造环境，并在这一过程中实现自我提升。

心理训练："滚雪球"

1. 活动步骤

全体同学分成若干个 8 人小组。每个小组从其中一人开始，每人用一句话介绍自己，一句话中必须包含三项内容：姓名；所在班级；自己的一项喜好。规则是：当第一个人说完后，第 2 个人至最后的人都必须从第一个人开始介绍自己，介绍过程中，如果想不起来前面人的情况，可以请求同组其他同学的帮助。活动结束后，请每位同学在组内谈谈在短短十几分钟内，认识其他同学的感想。

2. 讨论与分享

小组派一名代表与全班同学分享本小组讨论以下问题的结果和收获。

（1）活动后你收获了什么？

（2）活动中你碰到了什么困难，是怎样解决的？

（3）结合活动的感受，谈谈你对环境适应的理解和认识。

单元 3　适应中存在的问题

心理故事：大学里的杨柳

杨柳是一名大一的女生，刚进大学时的新鲜与兴奋已慢慢褪去，竞争压力令她无所适从。中学时杨柳学习一直不错，性格也很好强。进入现在的学校，杨柳并不是很满意，觉得多年的努力没有得到回报。在大学里她感到烦恼不少：她的成绩在系里只是中等；上课回答问题时，很多同学大胆又颇有见地，而她却没有勇气举手回答问题；第一学期期末考试，除了英语成绩比较突出外，其他科目都很一般。临近评奖学金了，杨柳缺乏拿到奖学金的自信，她为此感到很丢人，内心充满了失落和压抑。

【感悟与思考】 伴随着高考结束的轻松，新入学的同学怀着激动、兴奋的心情走进大学校门。然而，当梦中的宿舍、教学楼、实验室、运动场一一呈现在眼前的时候，一切都是那么新奇，一切都显得耳目一新，新的环境在吸引着我们的同时，也会带给我们或多或少的烦恼、困扰。这是必然的，当然也是我们通过努力可以改变和适应的。

心理知识：环境适应中存在的心理问题及其产生的原因

一、环境适应中存在的心理问题

（一）难以适应生活新环境的焦虑心理

新生入学首先面临的就是生活环境的变化。进入大学后，失去了往日家庭的特殊照顾，有的大学生因缺乏独立生活的能力，一时生活上不能自理。有的大学生开支无计划，时常出现“经济危机”。有的大学生每天循环往复于宿舍、教室、食堂，三点一线，面对丰富多彩、目不暇接的校园文化生活无所适从。有的大学生因缺乏集体生活的习惯，总希望得到他人的照顾和帮助而不知道也不会关心他人。还有的大学生因为来到新的城市而“水土不服”，不适应学校的饮食，对气候、语言环境与作息时间也有诸多的不适应等。一些大学新生在遇到这些问题时，常常束手无策，郁郁寡欢，致使他们出现烦躁、痛苦、紧张不安等焦虑情绪以及疲倦、睡眠、注意力不集中等神经衰弱症状。

（二）理想与现实的落差形成的失落心理

在进入大学前，许多大学生想象的大学都是校园风景如画，教室宽敞明亮，处处欢歌笑语，充满诗情画意。然而，进入大学，经过短暂的兴奋期之后，却发现现实中的大学并非自己想象的那么完美。有的大学生感到自己所考上的大学与自己梦想的大学相去甚远，有的大学生因为自己高考失利或是填报志愿时受到老师、家长的左右，所上的大学并非自己所愿。还有的大学生对自己所学的专业不了解或者根本就不是自己的选择，因而缺乏学习兴趣。这些理想与现实的落差，致使一些大学生常常怅然若失、忧心忡忡、情绪低落，感到前途渺茫、困惑失望，从而形成失落心理。

（三）人际关系难以适应的抑郁心理

大学新生在中学阶段一般都有自己稳定的交际圈。上了大学后，同学们来自五湖四海，初来乍到，彼此陌生，加之一些大学生还保留有青春期“闭锁性”心理特点，自我保护意识比较强，同学之间交往较谨慎。不少的大学生涉世不深，生活阅历浅，不是交往范围狭窄，就是不能与人坦诚相待、开诚布公地交流思想。由于不愿意主动接近别人，思想感情得不到及时沟通和表达，很多大学新生出现人际关系不协调的现象，感到“知音难觅”，产生了压抑、孤寂和烦闷的抑郁心理。

（四）自我评价失调导致的自卑心理

大学是人才荟萃之地。从中学进入大学，面对新的环境和新的挑战，很多大学新生原有的优势和平衡被打破，不少人从“鹤立鸡群”变成了“平庸之辈”。其中，多数大学生满怀信心和希望，开始新的拼搏。而有些大学生却因原有的优势被削弱甚至丧失，自尊心受到严重挫伤，导致自我评价失调，由强烈的自尊心转变为自卑心理。

（五）收费和就业制度改革带来的“经济危机”心理

高校收费制度改革后，许多同学尤其是家庭条件较差的大学生，时感囊中羞涩。另外，随着高校扩招，大学生的就业竞争加剧，使不少大学生在经济和就业的双重压力下普遍产生一种危机心理。大多数大学生能逐步认识到只有具备真才实学，才能在未来社会中立于不败之地，把经济上的压力变为学习的动力，刻苦学习，努力提升竞争能力。但也有少数大学生难以摆脱危机心理的支配，常感到心理压抑，甚至自暴自弃。

（六）失去奋斗目标的迷茫心理

经过高考的激烈竞争，很多大学生感到筋疲力尽，在饱尝了成功喜悦的同时，认为进入大学可以好好放松一下，以补偿十几年的寒窗苦读。可到了大学，仍然要面临繁重的功课，这让他们不知所措。十几年的苦读，目的是为了考取大学，但大多数大学生是在家人和老师的双重推动下向这一目标冲刺的，学习上带有很大的被动性。进入大学后，这个目标已经实现，许多大学生失去了奋斗目标和外界的推力，他们以往学习上的被动心理明显表现出来，出现了徘徊和迷茫心理。

心理训练1：主动适应

1. 活动步骤

全班同学分成若干小组，围绕以下问题进行讨论，每位成员都要发言，说出自己的想法：当你不适应新环境时你会怎么办？是改变环境、改变他人，还是改变自己？怎样做更合理、更容易做到？

2. 讨论与分享

各小组派代表发言，与全班同学分享本小组的思考和讨论成果。

心理训练2：应对变化

1. 活动步骤

全班同学分成若干小组，围绕以下问题进行讨论，每位成员都要发言，说出自己的想法：(1) 大学时代你的生活发生了哪些变化，你是否接受了这些变化，你如何采取行动应对这些变化；(2) 列举妨碍你适应的各种习惯，这些习惯给你的心理带来怎样的感受，对你的生活产生了什么影响，你准备采取哪些改变的措施？

2. 讨论与分享

各小组派代表发言，与全班同学分享本小组的思考和讨论成果。

单元4　改善和提升自我的适应能力

心理故事：相信自己是一只雄鹰

一个人在高山之巅的鹰巢里，抓到了一只幼鹰，他把幼鹰带回家，养在鸡笼里。这只幼鹰和鸡一起啄食、嬉闹和休息。它以为自己是一只鸡。这只鹰渐渐长大，羽翼丰满了，主人想把它训练成猎鹰，可是由于终日和鸡混在一起，它已经变得和鸡完全一样，根本没有飞的愿望了。主人试了各种办法，都毫无效果，最后把它带到山顶上，一把将它扔了出去。这只鹰像块石头似的，直掉下去，慌乱之中它拼命地扑打翅膀，就这样，它终于飞了起来！

【感悟与思考】 幼鹰习惯了跟鸡一起生活，没有了飞起来的愿望和能力。从某种意义上讲习惯是一种阻碍，一种惰性。其实，改变习惯，适应一种新的生活也并不是那么艰难的，只有你勇敢的跨出去，经历种种磨炼，成功就在不远处向你招手！

心理知识：提升自我适应大学环境的能力

大学新生刚入学时产生一些失落心理，出现一些不适应的情况是正常的，关键是应该及时进行调整，缩短适应期，尽快完成角色转变。大学新生要尽快实现心理适应，可以从以下七点做起。

一、提高生活技能和独立能力

掌握必要的生活技能，不仅是适应环境的需要，也是个人成长的必要条件。进入大学后，大学生要学会自己照顾自己，独立处理生活中的问题，过好生活关。有的大学生害怕失败，遇到问题不是躲避，就是依靠能力比自己强的人，于是就总也独立不了。其实，只要尝试着独立去解决，无论结果是成功还是失败，自己都会得到锻炼。勇敢地去尝试、去实践，大学生就会拥有应变各种环境和变化的能力。这种能力会使大学生拥有自信和勇气，可以从点滴小事做起，在反复实践中成长。

二、尽快适应大学学习的特点

学习是大学生活中最重要的一部分，能否尽快适应全新的大学学习生活，直接影响大学生的学业，并间接影响其以后的生活、学习。大学与高中相比，教学体制、学习内容和学习方式显著不同。中学是基础教育，学生对老师的依赖性强，教师的管理非常直接和严格。而大学是专业性、技能性、素质性教育，学生学习的自主性、选择性、探索性特点突出，自学能力和创新能力已成为影响大学生学习效果的重要心理品质。如何端正学习态度，培养学习兴趣，摸索学习方法，合理安排学习时间，发展自己的兴趣，挖掘个人潜力，进行科学创造，这是每个大学新生需要认真面对的问题。

三、重新确立目标

据哈佛大学商学院20世纪60年代对哈佛大学学生的调查，10%的大学生具有详细的职业生涯规划，70%～80%的大学生只有简单的规划，而10%～20%的大学生则没有规划。而在20世纪90年代的追踪反馈调查中发现，具有详细规划的大学生大部分成为美国社会各行业的精英，只有简单规划的大部分大学生成为中等阶层，而没有规划的大学生有76%依靠领取救济金生活。这一例子说明了规划与目标的重要性。英国著名的哲学家怀特海说："在中学阶段，学生伏案学习；在大学里，他需要站起来，四面观望。"高尔基说："一个人追求的目标越高，他的才能就发展得越快。"所以，对于大学新生而言，尽早制定一份符合自身特点的生涯发展规划，为自己确立人生发展的目标至关重要。大学生如果能对自己的未来及时做好规划，有所设计，现实的学习和生活就会指向这一目标，每一天就会过得很有意义，就会成为对未来已经有所准备的人。大学生应在老师的指导下科学地进行职业生涯规划：目标的设计应科学合理；目标应具体，是可以衡量的；目标应适当，既不好高骛远，不切实际，又不因循保守，影响发挥，应该是蹦一蹦能够得着的；目标应体现阶段性，既有短期目标和中期目标，又有长期目标。

四、尽快完成角色调整

一部分大学生一味地沉浸在对理想大学生活的幻想中，拒绝面对自己的现实处境，从主观上拒绝适应这种变化。进入大学后，大学生必须清楚自己目前所面临的问题，调整自我认知的偏差，降低"期望值"，缩小"现实自我"与"理想自我"的差距，以一种平视的目光看待自己目前的处境，接受"不完美"的自己，放松捆绑自己精神的绳索，以开朗的心情投入大学生活。

五、主动交往，完善个性

大学生应学习如何与人交往，以积极的态度去适应人际环境，使自己融于集体中。有了良好的人际关系，才会有安全感、归属感和幸福感，心情才能愉快充实。同时，在主动交往协调人际关系中，大学生还可以加强修养，完善个性。

六、学会调节，合理宣泄

在适应社会环境中，大学生难免有不适应或暂时不适应的时候，有压抑、孤独、痛苦、迷茫、紧张、焦虑等适应不良心理状态。这个时候，大学生必须学会调节，在调节中学会适应，提高适应能力。调节方法如下。

（一）合理宣泄

大学生可以向亲人、朋友、同学和自己认为可信的人倾诉心中的烦恼，也可以参加体育文娱活动或参加户外活动宣泄自己的不良情绪。

（二）转移和升华

把消极的情绪转移到积极方面，从不适应的失败、挫折中吸取教训，把时间和精力升华到学习、工作和有社会意义的活动中去，既转移了痛苦的感受，又可能得到成就感的体验。

（三）积极暗示

自我积极暗示是指在特定条件下，通过内部语言、表情及体语、信念、预期等对自己的心理活动和行为施加积极影响，按所暗示的方式去活动。在适应过程中，大学新生时常要面对各种陌生的事情、场景、人物等，因此，要学会运用自我积极暗示法，如在第一次参加学校学生会干部招聘面试前，可反复暗示自己："我的准备已经很充分了，我是个比较优秀的新生，我肯定会成功"等。通过自我内部语言或问题的形式来激励自己，调节自己的情绪，增加自信心。

（四）学会遗忘

克服恋旧心理，要面对现实，积极参加到现实的群体当中去，学会忘掉不愉快的体验。

（五）充分利用各种资源

多与人交往和沟通，争取更多的信息。多向师长请教，向别人学习。在自我调节不奏效时，可以到学校的心理咨询机构进行咨询，请心理咨询专业人员帮助自己进行心理疏导，从中学习到一些自我调适的知识和方法。

七、积极行动

有的大学生觉得不快乐或生活质量不高，一个很重要的原因就是其缺乏积极主动的行动。一切的幸福、充实与美好都与积极的行动有关。戴尔·卡耐基说得好："如果想要快乐，就为自己立一个目标，让它支配自己的思想，释放出自己的活力，并激发自己的希望。"去做具体而明确的事，把自己全部的心思和活力都放在其中，这就叫做积极行动。积极行动可以帮助大学生摆脱由于环境不适应带来的孤独、苦闷、烦躁、恐惧和空虚。当大学生对环境不满意、不熟悉时，只要积极行动，为集体、为他人多做些事情，就会逐渐熟悉环境，别人也会从你的行动中了解你，你就会逐渐融于新的环境之中。当你全身心地投入到学习中去的时候，你就不会像往日那样去琢磨自己的心境。其实，很多烦恼都来自于自己的"冥思"。那些专心于自己事业的人们，那些辛勤劳动着的人们，根本没有工夫去"空虚"、"烦恼"和"失落"，这样那样的不适和疾病往往与他们无缘。即使面对严重的生活事件或心理应激，只要不放

弃积极行动，必能以积极的态度去处理和应对，把损失或伤害降到最低限度。如有一位失去爱女的父亲，在极度悲痛时接受心理医生的劝告，尽快去投入工作，在充实的生活中缓解严重的不良情绪，最终保持了身心的健康。而他的妻子则在持续而极度的痛苦中患上了癌症。所以那些为活得太累而经常烦恼的人应赶快行动起来，行动会带给你生存的价值，行动会带给你心理的健康与欢乐。

作为大学生，积极行动就是积极投入到学习和学校各项文化或实践活动中去，在这些活动中提高自我选择、自我决断、自我管理的能力，提高处理各种复杂事务的工作能力，同时也提升自己的自信心，完善自己的人格。

心理训练1：快乐适应

1. 活动步骤

10～15人一组围坐一圈，从第一位开始向对面一位用快乐的语句、祝贺之词或幽默等方式表达自己的意愿，目的是使对方快乐。不乐，再来，直到对方展开笑容为止。

2. 讨论与分享

活动完成后全班同学共同评出最佳快乐语，在今后的学习生活中不妨经常使用这些使人快乐的语言，它会给你带来意想不到的结果！

最佳快乐语：

(1) ____________________

(2) ____________________

(3) ____________________

心理训练2：职业研究报告

1. 活动步骤

全班同学分成若干小组，围绕以下问题进行讨论，每个成员都要发言，说出自己的想法。

(1) 你希望未来从事的职业：____________________

(2) 该职业的工作特点：____________________

(3) 工作内容：____________________

(4) 社会价值和地位：____________________

(5) 薪酬：____________________

(6) 该职业的就业趋势展望：____________________

(7) 该职业对从业者的要求：____________________

(8) 我从事该职业的最大优势：____________________

(9) 我从事该职业的最大劣势：____________________

2. 讨论与分享

各小组整理本组成员的看法和观点，并派代表发言，与全班同学分享本小组的讨论结果和收获。

心理训练 3：确定你的目标

1. 活动步骤

（1）请每位同学认真思考并填写下表。

我的人生目标表

我的人生目标是：
达到的时限：　　年　　月　　日
签名　　　　　　　时间：　　年　　月　　日
一定要实现人生目标的五大理由： ① ② ③ ④ ⑤
10 年内我的核心目标是：
达到的时限：　　年　　月　　日
签名　　　　　　　时间：　　年　　月　　日
一定要实现 10 年内核心目标的五大理由： ① ② ③ ④ ⑤
5 年内我的核心目标是：
达到的时限：　　年　　月　　日
签名　　　　　　　时间：　　年　　月　　日
一定要实现 5 年内核心目标的五大理由： ① ② ③ ④ ⑤
3 年内我的核心目标是：
达到的时限：　　年　　月　　日
签名　　　　　　　时间：　　年　　月　　日
一定要实现 3 年内核心目标的五大理由： ① ② ③ ④ ⑤

续表

2年内我的核心目标是：
达到的时限：　　年　　月　　日
签名　　　　　　时间：　　年　　月　　日
一定要实现2年内核心目标的五大理由： ① ② ③ ④ ⑤
今年内我的核心目标是：
达到的时限：　　年　　月　　日
签名　　　　　　时间：　　年　　月　　日
一定要实现今年内核心目标的五大理由： ① ② ③ ④ ⑤

(2) 请你按以下步骤检查自己的目标。

① 阅：认真仔细地审阅自己制定的目标。

② 读：大声地朗读目标体系。

③ 说：将自己的目标与他人交流，听取意见。

④ 想：进行目标全景和具体想象。

⑤ 评：结合实践感受和变化的环境对目标进行评估修正。

(3) 为了实现目标，天天自我激励。

① 早晨，找到空旷的地方，对着镜子，大声说出自己想要说的话和想要做的事。

② 日常生活中：a. 对见到的每一个人微笑；b. 和别人说话时注视对方；c. 上课挑前面的位置坐，不回避老师的目光；d. 改变懒惰的坐姿，使自己看起来有精神；e. 课堂上当众大声发言。

③ 临睡前，默默地对自己说："今天做得很好，努力，继续努力。"

④ 回顾与体会自己充满激情的一天。

2. 讨论与分享

(1) 在寝室内部分享自己的体验和感受。

(2) 在下次课上每个寝室派代表发言，说说大家的改变。

单元5 心理自测

一、心理应对能力测验

指导语：本问卷有30题，请你根据自己的实际情况，选择合适的答案。由于本问卷是以西方生活为背景，故有些内容可能不一定符合我国的实际，请你回答时酌情考虑，设想如果你处在这样的情况下，你会如何。

1. 本来是一个平安无事的周末，你正在家里休息，突然接到消息说你有一位亲人被紧急送往医院，你必须去医院照顾该病人，这时你会(　　)。

A. 觉得完全无法应付那些要求

B. 尽力而为，但是期望每件事早日恢复正常

C. 有充沛的精力去应付那种情况

2. 如果你突然之间无事一身轻，你会做什么？(　　)

A. 去喝酒，喝得一醉方休

B. 觉得有了自己的空余时间，高兴极了

C. 立刻开始计划另外一项工作

3. 如果你有完全属于自己的一个夜晚，没有任何事情要做，你会(　　)。

A. 轻松地享受独处的滋味

B. 打一些电话给朋友聊天

C. 为自己找一些事情来做

4. 有个比你小的朋友请你去参加他们的假日野营，你可能会(　　)。

A. 去参加，假若你没有更好的事情可做的话

B. 很喜欢去，因而把其他的约会取消

C. 加以拒绝，因为你比较喜欢过一种让自己满意的假日

5. 假设有医生对你说，你只有六个月的时间生存，你会(　　)。

A. 尽量去做很多你经常想做的事情

B. 花时间把你的事情安排就绪，并且让你的家人和朋友有个心理准备

C. 尽量寻访各地名医，力图挽回你的健康和生命

6. 当你有轻微的头疼时，你会(　　)。

A. 上床睡觉或者至少不和别人在一起

B. 不去管它，行为和平常一样

C. 吃一粒止痛药

7. 你已经躺在床上，准备要早点睡觉，忽然有位朋友打来电话，邀请你参加一个宴会，这时你会(　　)。

A. 告诉他你想睡觉

B. 起床，和他一道去

C. 委婉地辞谢

8. 你的牙齿有时出现疼痛，你会（　　）。

A. 约定时间去看牙科医生

B. 认为应该去看牙医，但却一直等到恶化了才会去

C. 设法假定像没事一样

9. 当你遇到麻烦时，你是否想过用自杀来解决你的问题？（　　）

A. 从来没想过

B. 偶尔想过

C. 经常会想

10. 你已经存够了买一套住房的钱，忽然听说有房子优惠出售，但是你还没有足够的钱来买家具，这时你会（　　）。

A. 先把房买了搬进去，住空房子，等到有钱再买家具

B. 想其他办法添置或者翻新一些必要的家具

C. 暂时不买房子，直到有了足够的钱买家具时再买

11. 如果你是世界末日后的幸存者，你认为你会有下列何种反应？（　　）

A. 宁愿去死

B. 充分利用新的机会

C. 你不知道

12. 下列话中哪一句对你更适用？（　　）

A. 在我的生命中，最重要的是我的工作

B. 家庭是我一生中最重要的

C. 每一分钟都过得充实，是我一生中最重要的事

13. 你感到焦虑的时候，是（　　）。

A. 只有在真正麻烦的事情发生时才会有

B. 在没有明显的理由之下，经常出现

C. 当情况确实难以避免时，偶尔出现

14. 如果你在街上看到有人受到攻击，你会（　　）。

A. 设法帮助他

B. 立刻躲避

C. 报警求援

15. 下列哪一种情况对你最合适？（　　）

A. 我有点像“梦想家”，而且在需要采取行动时总是瞻前顾后

B. 当我不得不做决定时，我先是有点犹豫不决，然后就会行动

C. 我比较容易采取行动，不会坐着空想

16. 如果你们家外面发生一件严重的意外事故，你比较可能会（　　）。

A. 帮助解决困难，因为你有实际的急救常识

B. 在别人指挥之下帮忙，因为你不知道该怎么办

C. 顶多只能帮忙打电话叫救护车来

17. 如果你家被偷了，你会（　　）。

A. 感到震惊和难过

B. 立即打电话给你的保险公司或公安部门

C. 感到十分生气,并想对那些窃贼采取某种报复行为

18. 如果你的伴侣威胁说要离家出走,你会(　　)。

A. 建议他(她)叫出租车,把钱带够

B. 尽量与其讲道理

C. 请求他(她)留下来

19. 你觉得缺少下列哪一件东西时,对你生活的影响最小?(　　)

A. 电话

B. 汽车

C. 方便食品

20. 突然停电时,你会作何反应?(　　)

A. 使用蜡烛

B. 后悔没有预先做准备

C. 上床去,一直到来电为止

21. 一般来说,你要走多远的路才会开始觉得疲劳?(　　)

A. 半里路

B. 两里路

C. 六里以上的路

22. 在感到疲劳之后,你还可以再走多远?(　　)

A. 几里路

B. 一步也走不动

C. 需要走多远就走多远

23. 你最怕下列哪种情况?(　　)

A. 全部的钱和工作都丢掉了

B. 失去你的家庭和朋友

C. 精神崩溃

24. 下列三件事情,你懂哪些?(可选多项)(　　)

A. 食物的种植和烹饪

B. 医药

C. 建筑

25. 当你需要钱的时候,你就(　　)。

A. 尽量存钱

B. 动脑筋想赚钱的办法

C. 如果借得到,就去向人借钱

26. 下列哪一句话对你来说是最确切的?(　　)

A. 我为生活制订了具有弹性的计划,如果遇到合适的机会,我会马上加以改变

B. 我对于生活中的每一件事情,几乎都计划好了,而且一定贯彻始终

C. 我对于生活的态度是顺其自然

27. 假设你在一个荒岛上,你会选择把下列哪一样东西扔掉?(　　)

A. 一箱罐头食品

B. 一箱书籍

C. 一箱工具

28. 如果有人攻击你，想置你于死地，你比较可能会（　　）。

A. 投降，而不是杀害那个攻击你的人

B. 把攻击你的人给杀了，如果有机会的话

C. 尽量逃跑

29. 你是否需要让周围的人觉得你是有用的人？（　　）

A. 是

B. 否

C. 偶尔需要

30. 下列这些情况，你最不能忍受哪一个？（　　）

A. 身体上的疼痛

B. 来自社会的非难

C. 沮丧

【评分方法】 将选定答案与所附表格内的分数对照，各项得分相加即为你的总分。总分越高，表明心理应对能力越强；反之，则越差。总分在 80 分以下，你的心理应对能力很低，面对外界的各种变化、挑战和困难，你可能会陷入茫然、束手无策之中；总分在 81—100 分，你的心理应对能力偏低，应付内外刺激的水平有限；总分在 101—135 分，你的心理应对能力在正常范围内；总分在 136—165 分，你的心理应对能力较强，你能较好地适应外界的变化和各种压力，你知道如何对待出现的问题，并能较好地做出调整；总分在 165 分以上，你的心理应对能力很强。

附：心理应付能力答案表

题　号	答　案			题　号	答　案		
	A	B	C		A	B	C
1	2	4	6	16	6	4	2
2	2	4	6	17	2	6	4
3	6	2	4	18	6	4	2
4	4	6	2	19	2	4	6
5	6	4	2	20	6	4	2
6	2	6	4	21	2	4	6
7	2	6	4	22	4	2	6
8	6	4	2	23	4	6	2
9	6	4	2	24*			
10	4	6	2	25	4	6	2
11	2	6	4	26	6	2	4
12	2	4	6	27	2	4	6
13	6	2	4	28	2	6	4
14	6	2	4	29	2	6	4
15	2	4	6	30	4	2	6

24* 题记分如下：在答案 A、B、C 中，若答“是”则记 6 分；反之则记 0 分。

二、学习动力自我诊断测试

指导语：这是一份关于大学生学习动力的自我诊断量表，一共有20个问题，请你根据自己的实际情况，逐一对每个问题做“是”或“否”的回答，并填写在括号内。为了保证测验的准确性，请你认真作答。

1. 如果别人不督促你，你极少主动地学习。 （ ）
2. 你一读书就觉得疲劳与厌烦，只想睡觉。 （ ）
3. 当你读书时，需要很长的时间才能提起精神。 （ ）
4. 除了老师指定的作业外，你不想再多看书。 （ ）
5. 在学习中遇到不懂的知识，你根本不想设法弄懂它。 （ ）
6. 你常想：自己不用花太多的时间，成绩也会超过别人。 （ ）
7. 你迫切希望自己在短时间内就能大幅度提高自己的学习成绩。 （ ）
8. 你常为短时间内成绩没能提高而烦恼不已。 （ ）
9. 为了及时完成某项作业，你宁愿废寝忘食、通宵达旦。 （ ）
10. 为了把功课学好，你放弃了许多你感兴趣的活动，如体育锻炼、看电影与郊游等。 （ ）
11. 你觉得读书没意思，想去找个工作做。 （ ）
12. 你常认为课本上的基础知识没啥好学的，只有看高深的理论、读大部头作品才带劲。 （ ）
13. 你平时只在喜欢的科目上狠下功夫，对不喜欢的科目则放任自流。 （ ）
14. 你花在课外读物上的时间比花在教科书上的时间要多得多。 （ ）
15. 你把自己的时间平均分配在各科上。 （ ）
16. 你给自己定下的学习目标，多数因做不到而不得不放弃。 （ ）
17. 你几乎毫不费力就实现了你的学习目标。 （ ）
18. 你总是同时为实现好几个学习目标而忙得焦头烂额。 （ ）
19. 为了应付每天的学习任务，你已经感到力不从心。 （ ）
20. 为了实现一个大目标，你不再给自己制定循序渐进的小目标。 （ ）

【评分方法】 上述20个问题可分成4组，分别测查你在四个方面的困扰程度：1—5题测查你的学习动机是不是太弱；6—10题测查你的学习动机是不是太强；11—15题测查你的学习兴趣是否存在困扰；16—20题测查你在学习目标上是否存在困扰。

假如你对某组（每组5题）中大多数题目持认同的态度，则一般说明你在相应的学习欲望上存在一些不够正确的认识，或存在一定程度的困扰。

从总体上讲，假设选“是”记1分，选“否”记0分，将各题得分相加，算出总分。

总分在0—5分，说明你在学习动机上有少许问题，必要时可调整。

总分在6—10分，说明你在学习动机上有一定的问题和困扰，可调整。

总分在14—20分，说明你在学习动机上有严重的问题和困扰，需调整。

主题四

自我意识心理训练

篇首语

有人很喜欢自己，但别人说他自负；有人很讨厌自己，但别人说他自卑。关于自己，关于“我”，几乎每个人都有很多的疑问：“我是谁”；“我是怎样一个人”；“别人怎么看我”；“他们为什么都不了解我”；“我怎么会是这个样子的”。

虽然作为人类当中的一分子，每个人都具有人类共同的普遍性和一般性，但是每个人又具有有别于他人的性格和经历，具有与他人不同的自我意识，这就使每个人成为一个拥有与众不同的个别性和特殊性的“我”，每个人都是一个独一无二的“我”。

学会认识自己，科学地把握自我，是每个人适应社会、成长成才的重要心理基础。

训练目标

1. 了解自我意识的有关知识。
2. 了解大学生自我意识的特点。
3. 了解大学生常见的自我意识问题。
4. 掌握自我意识完善的途径和方法。

单元1　自我意识心理知识ABC

心理故事：跳蚤试验

科学家曾做过一个有趣的心理试验。他们把跳蚤放在桌子上，一拍桌子，跳蚤迅速跳起，跳起的高度均在身长的一百倍以上，是自然界当之无愧的跳高冠军。科学家接下来在跳蚤的头上罩上一个玻璃罩，再让跳蚤跳，这一次跳蚤碰到了玻璃罩。连续多次后，跳蚤改变了跳高高度以适应环境，每次跳跃总保持在罩顶以下的高度。此后，科学家逐渐降低玻璃罩的高度，跳蚤总是在碰壁后主动改变自己的起跳高度。最终玻璃罩贴近了桌面，这时跳蚤已没有了跳跃的空间，即使猛拍桌子，跳蚤连动都不动。试验持续一段时间后，科学家打开了玻璃罩。这时无论怎样刺激，跳蚤也不会跳了。

【感悟与思考】　其实，我们缺乏的往往并不是跳出“瓶子”的能力，而是跳出“瓶子”的信心和勇气。你是一个什么样的人？你的信心和勇气是否来自你对自我的正确认知？失败会不会让你丧失自我？你是否有勇气打破心理定势对自己的限制？

心理知识：自我意识

我们总是希望能一眼看穿别人的性格，因为这样就可以理解对方的行为与感受，更好地和对方相处，对自我的认识往往显得不那么“迫切”和自觉。实际上，认识别人总比认识自己来得容易，一个人最美好的品质之一是能够认识自我，并纠正自己的弱点，做到在由内及外与由外及内之间相辅相成，更好地适应社会。在对自我意识状况进行评估和讨论“如何完善自我意识”之前，我们先来学习掌握一些基本的相关知识。

一、自我意识的概念

自我意识是对自己身心活动的觉察，即自己对自己的认识，具体包括认识自己的生理状况（如身高、体重、体态等）、心理特征（如兴趣、能力、气质、性格等）以及自己与他人的关系（如自己与周围人们相处的关系、自己在集体中的位置与作用等）。

自我意识是个体对自己的认识。具体地说，自我意识就是个体对自身的认识和对自身周围世界关系的认识，就是对自己存在的觉察。认识自己的一切，大致包括以下三方面的内容：一是个体对自身生理状态的认识和评价，主要包括对自己的体重、身高、身材、容貌等体像和性别方面的认识，以及对身体的痛苦、饥饿、疲倦等感觉；二是对自身心理状态的认识和评价，主要包括对自己的能力、知识、情绪、气质、性格、理想、信念、兴趣、爱好等方面的认识和评价；三是对自己与周围关系的认识和评价，主要包括对自己在一定社会关系中的地位、作用以及对自己与他人关系的认识和评价。

二、自我意识的内容

（一）从结构上看，自我意识可分为自我认知、自我体验、自我调控

1. 自我认知

自我认识是认知的一种形式，主要包括个体的自我感觉、自我观察、自我分析和自我评价等方面内容。如“我是什么类型的人”、“我的言行举止是否落落大方”、“我的进取心是否很强”等，这些都是自我认识的内涵。

2. 自我体验

自我体验属于情绪、情感的范畴，主要包括自尊、自信、自卑、自负、自责、自豪感等方面的内容。如“我对自己的学习成绩很满意”、“我对自己的社交能力弱而感到失望”等，反映了个体的情绪体验。自我体验往往与自我认知、自我评价有关，也和自己对社会的规范、价值标准的认识有关，良好的自我体验有助于自我监控的发展。对我们进行自我体验训练，就是让我们有自尊感、自信感和自豪感，不自卑，不自傲，不自满，随着年龄增长让我们懂得做错事感到内疚，做坏事感到羞耻。

3. 自我调控

自我调控是指个体对自己的心理、行为和态度等方面的调节，主要包括自主、自立、自律、自我教育、自我控制等方面。如“我如何控制自己的不良情绪”、“怎样才能成为一个受人欢迎的人”等。进行自我认知、自我体验的训练目的是进行自我调控，调节自己的行为，使行为符合群体规范，符合社会道德要求，通过自我调控调节自己的认识活动，提高学习效率。心理学研究表明，每个人的自我意识是由自我认识、自我体验和自我调控三个部分有机组合而成的。三者之间的和谐程度以及与客观现实的吻合程度，决定了个体自我意识的健康状况。

（二）从内容上看，自我意识可分为生理自我、社会自我和心理自我

所谓生理自我，是指个体对自己的身体、性别、年龄、容貌、仪表、健康状况以及所有物等方面的认识。在自我体验上表现为自豪或自卑，在行为上表现为追求外表美，对所有物的占用、支配与爱护等。随着个体的社会化程度的加深，个体获得了一定的社会经验，逐步意识到自己在社会中要担任一定的角色，在组织中要有自己的地位和作用，这就产生了社会自我。简而言之，社会自我就是个体对自己在一定的社会关系和人际关系中的角色、地位、名望等方面的认识。在自我体验上，也表现出自豪或自卑，在行为上追求个人的名誉、地位，和他人进行激烈竞争等。与社会自我相伴而生的是心理自我，它是指个体对自己的能力、性格、气质、兴趣、信念、世界观等个性特征的认识。在自我体验上，常表现为自豪、自尊、自信或自卑，在行为上追求个人能力的提升、品格的完善等。

从层次来看，上述的生理自我、社会自我和心理自我是一个由低到高的发展序列，而且三者之间是密切联系的。其中每个层次都有不同的自我认识、自我体验和自我控制，由于这些要素不同的组合，形成了不同个体不同的自我意识。

（三）从存在方式看，自我意识可分为现实自我、投射自我和理想自我

所谓现实自我，就是个体从自己的立场出发对自己当前总体实际状况的基本看法。

投射自我也称镜中自我，是指个体想象自己在他人心目中的形象或他人对自己的基本看法。

理想自我则是指个体想要达到的比较完美的形象。

从自我观念存在的形式来看，现实自我是一种能被人感知到的客观存在，而投射自我和理想自我是在个体大脑中的一种客观存在，容易受到个体的主观因素影响，往往不稳定、易变化。研究表明，当现实自我和投射自我相一致时，个体会产生加快自我发展的倾向，反之，个体会感到别人不理解自己或试图改变现实自我。当理想自我建立在个体的实际情况基础之上，且符合社会要求和期望时，它就会指导现实自我积极适应并作用于内外环境，从而使自我意识获得快速发展。反之，如果理想自我、现实自我和社会要求三者之间有矛盾，就会引起个体内心的混乱，严重时甚至会引起心理疾病。

三、自我意识的功能

个体的自我意识与个体的成长发展息息相关。自我意识在个体成长和发展中具有导向激励、自我控制、内省调节等功能。

（一）导向激励功能

目标是人才发展的导航机制。一个人要想成就一番事业，就必须从自身的实际出发，制定明确的目标，只有如此才会调动自身的潜能，激发强大的动力。人通过正确的自我认识，确立较为合理的“理想自我”，就为个人将来的发展确定了目标，对个人的认知、情感、意志、行动会产生很大影响，是个体活动的动力。自我意识健全的个体，在从事一项活动之前，活动的目的和结果就以观念的形式存在于头脑之中，并依此作出计划，指导自己的活动，从而激发起强大的动力，从而达到预期的目标。

（二）自我控制功能

人们常常说：“心动不如行动”，其实一个人心动是件很容易的事，但如果不付之于行动，其结果仍然是一无所获。个体要想将来有所建树，首先要有科学的目标，同时还要有自

立、自主、自信、自制的意识,并对自己偏离目标的情感和行动加以调节和控制。在通往成功的大道上,很多人与成功失之交臂,并不是因为缺乏机会和才华,而是因为缺乏自我控制的意识和能力。自我控制是自我意识发挥能动作用的一个重要表现,它是目标的保护神,是成功的卫士,是自我意识的一项很重要的功能。缺乏自我控制的意识和能力的人,也是缺乏恒心与毅力的人,终将难成一事。

(三)内省调节功能

自我意识健全的个体不仅能够合理定位"理想自我",而且能够通过自我控制来实现预期目标。而由于主客观条件的制约,"理想自我"的实现常常会遇到各种障碍,致使个体产生不同程度的挫折感。这时,自我意识就会对自己的认识、情感、意志、行为等进行反省,找到受挫折的主客观原因,并重新调整认识,形成新的"理想自我",使其与"现实自我"趋于统一。内省和调节就是个体成长中所进行的自我监督和自我教育,每个人要想使自己成为自我实现的人,就需要有积极的自我意识,随时对自我的认识、情感、意志和行为加以反省和调节。

心理训练1:猜猜我是谁

1. 活动步骤

请每位同学写50字左右的自我介绍,然后随机抽取一份读给全班同学听,让大家猜猜这是谁的自我介绍。

如描写个性的词或句子有:

(1) 活泼开朗、爱说爱笑;
(2) 嗓门特大;
(3) 感情丰富、文文静静、秀气;
(4) 度量大、大方、不拘小节;
(5) 深沉、有内涵;
(6) 爱动、闲不住;
(7) 求胜心强,易冲动,心中容不下事,好"放炮",事后常后悔;
(8) 工作、学习任劳任怨,有"黄牛"精神,有时显得"窝囊";
(9) 沉默寡言、谨慎、孤独。

2. 讨论与分享

(1) 为什么有的同学很容易被猜出来,而有的同学很难被猜出来?

(2) 他对自己的描述和你印象中的一样吗?

(3) 为什么你对自己的描述和同学对你的印象会出现矛盾?

心理训练2:生命曲线

1. 活动步骤

目的:协助你回顾"过去的我",总结"现在的我",展望"未来的我",对自己的人生作出评估。

(1) 在一张纸的中央画一个坐标,横坐标表示年龄,纵坐标表示生活的满意程度,如下图所示。

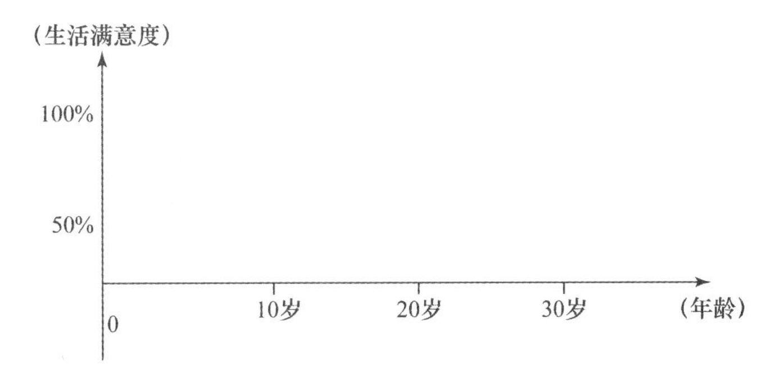

(2) 闭目安静地思考一下，找出自己生活中的一些重要的转折点以及对当前的人生仍具影响力的重要经历，并评价一下自己对这些重要事件的感受，按照发生的时间和对此事件的满意度在坐标上用一个点表示，并简要地把事件标注在点的旁边。

(3) 将不同的点连成线，边看着线边反省，并对未来人生的趋向用虚线表示。

2. 讨论与分享

(1) 你对过往的人生历程满意吗？

(2) 人活着，有什么意义？

(3) 你认为自己生命的质量如何？价值和意义在哪里？

(4) 请你仔细地再看看这简单而很有意思的生命曲线，并留心内心的反应，与别人分享。

心理训练3：20个我是谁

1. 活动步骤

(1) 写出20句"我是怎样的人"，要求尽量选择一些能反映个人风格的语句，避免出现类似"我是一个男生"这样的句子：

我是一个____的人。

我是一个____的人。

…………

(2) 将陈述的20项内容作下列归类。

① 身体状况(你的体貌特征，如年龄、身高、体形、是否健康等)。

编号：

② 情绪状况(你常持有的情绪情感，如乐观开朗、振奋人心、烦恼沮丧等)。

编号：

③ 才智状况(你的智力、能力情况，如聪明、灵活、迟钝、能干等)。

编号：

④ 社会关系状况(与他人的关系，如何和别人应对进退，对他人常持有的态度、原则，如乐于助人的、爱交朋友的、坦诚的、孤独的等)。

编号：

⑤ 其他

编号：

分类是为了了解自己对自己各方面的关注和了解程度，某一类项目多，说明你对这方面关注和了解多；某一类项目少或没有，说明你对这方面关注和了解少或根本就没关注、不了解。健全的自我意识应能较为全面地关注和了解自己。

(3) 评估你对自己的陈述是积极的还是消极的。在你列出的每句话的后面加上正号(+)或负号(—)。正号表示“这句话表达了你对自己肯定满意的态度”，负号的意义则相反，表示“这句话表达了你对自己不满意、否定的态度”。看看你的正号与负号的数量各是多少。

评估参考：如果你正号的数量大于负号的，说明你的自我接纳状况良好。相反，你的负号将近一半甚至超过一半，这显示你不能很好地接纳自己，你的自尊程度较低。

2. 讨论与分享

(1) 分组交流

将团体成员分成4～6人的小组，在组内进行交流，交流对自己的认识以及对活动的感受。

(2) 团体内分享

每组派一名代表在团体内进行小组情况交流或个人体会发言，供大家分享。

(3) 自我体验

你能够迅速写出你自己是一个什么样的人吗？如果你不能很好地接纳自己，那么你需要内省一番，寻找问题的根源，比如是否过低地评价了自己？是什么原因使你成为这样？有没有改善的可能？

心理训练4：360度自我认知

1. 活动步骤

收集老师、父母家人、同学朋友等与你密切关系的、来自不同层面的人员对你的评估信息。通过评估反馈，获得来自多层面人员对你的素质、能力等的评估意见，比较全面、客观地了解有关个人特质、优缺点等信息，以此达到自我认知的目的。

2. 讨论与分享

围绕以下问题进行自我评估，并与本小组同学分享。

(1) 你收集到的信息与小组成员对你的评价及你对自己的评价是否一致？

(2) 如果不一致，是什么原因造成的？如果一致，那你对自己的不足之处打算如何改进？

单元2 自我意识的特点

心理故事：斯芬克斯之谜

古希腊有个传说，传说在一个王国城堡的附近有个女魔，叫斯芬克斯。她整天守着那条过往行人必经的路，让人猜一个谜：“什么东西早上是四条腿，中午是两条腿，傍晚是三条腿。”如果行人不能答对谜底，她就会把他吃掉；如果猜出来了，她自己就会死去。无数的人都不能猜出谜底，于是王国中死去了许多的人，外面的人也不敢来这里了，王国内外充满了

恐惧。终于有一天，一个叫俄狄浦斯的年轻人来到了斯芬克斯的面前，说出了这个神奇“东西”的谜底——“人”！于是，斯芬克斯死了，而这个谜语最终流传了下来。

【感悟与思考】 到了青年期，尤其是进入大学以后，我们每一个人可能都会不由自主地产生许多关于我们自身的问题，诸如：“我”究竟是个怎样的我？为什么我总是离那个完美的“我”相距遥遥？为什么我总会为将来感到迷惑？为什么我总不能确定未来？为什么人与人会有很大的不同？为什么一个人会有大相径庭的表现？为什么我越读书越觉得不知为什么而读？为什么我似乎根本不了解自己？

心理知识：大学生自我意识的特点

在古希腊阿波罗神庙的神墙上曾镌刻着这么一句话：“认识你自己。”法国文艺复兴时期怀疑论思想家蒙田说：“世界上最重要的事情就是认识自我。”自我意识也叫自我认知，或叫自我，是个体对自我的洞察和理解，包括自我观察和自我评价。自我意识的内容包括三个方面：一是对物质的自我，即自我的身体、生理、仪表等要素的认知；二是对社会的自我，即自己在社会生活中的名誉、地位、人际关系、处境以及自我在群体中的价值和作用等方面的认知；三是对精神的自我，即对自己智慧（能力）、道德标准、心理素质、个性的认识。对于大学生来说，完善自我意识，恰当地认识自我，实事求是地评价自己，是自我调节、人格完善以及处理好自己与他人和社会关系的重要前提，其意义于作用不言而喻。

那么，大学生自我意识的特点和状况如何呢？一般而言，呈现以下特点：自我认识逐渐走向清晰，更具主动性、自觉性，自我认识内容广泛深刻，自我评价能力大大增强；自我体验更具丰富性、波动性，自我控制能力有所增强，但不稳定；自我意识的个体差异比较显著。除此之外，根据相关研究，处于大学阶段的青年学生在自我意识上还有着自身的特殊性。如从性别角度看，女生较男生更关注自身的生理表现与心理状态，而较少关注社会上“我”的存在，这说明男生更关注自己目前的社会地位以及自己将来在社会上的发展。当然，女生也在逐渐了解自己应该处于的社会地位。这也刚好符合当代社会对男女性别、外貌、性格和能力的要求。再就是从不同的学习阶段来看，大二和大三的学生较之大一的新生更关注“理想自我”，这说明大二和大三的学生经过在校的学习更清楚地认识到自己将来是要进入社会的，更会把自己与今后的职业目标和职业理想联系起来。这一点在大学毕业班学生的身上更加明显，他们最关注的是社会自我，较少关心自己的身心，其主要原因是就业的压力使他们不得不花更多的心思来考虑自己的社会存在价值。

心理训练1：这就是我

1. 活动步骤

（1）我是____________________。

（2）我的同学认为我____________________。

（3）那些真正了解我的人认为我____________________。

（4）我最大的财富是____________________。

（5）我很遗憾____________________。

(6) 我最大的成就是________________。
(7) 与他人相比,我认为我是________________。
(8) 我要用我的大部分生命________________。
(9) 我的最大恐惧是________________。
(10) 在群体中,我最怕________________。
(11) 今天,我觉得非常________________。
(12) 当________________的时候,我不快乐。
(13) 当________________的时候,我觉得很好。
(14) 我喜欢________________。
(15) 我不喜欢________________。
(16) 我相信________________。
(17) 我觉得学校是________________。
(18) 我喜欢阅读的书是有关________________。
(19) 明天,我想________________。
(20) 我希望老师________________。
(21) 我常有的表情是________________。
(22) 我不喜欢的一部分外表是________________。
(23) 我喜欢别人形容我________________。
(24) 我讨厌别人说我________________。
(25) 对于未来,我最大的希望是________________。

2. 讨论与分享

向团队成员表达你的想法,能互相理解彼此的不同想法。你的想法和你的性格及环境是否有一定的联系?不同的人会有不同的想法,性格接近与性格截然相反的人,你觉得他们的想法有什么差异和相同之处吗?

心理训练2:是谁塑造了我

1. 活动步骤

(1) 在每个人的成长历程中,其塑造与成形,往往是有根可寻的。请你按照要求填写下面的表格。请在各方格中简单描述不同人物对你的看法、评价以及任何难忘的正面和负面的经历。

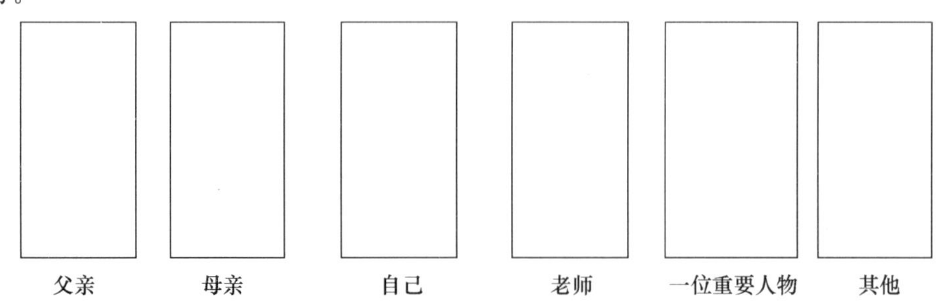

(2) 在填写过程中,请你重点作如下自我探索。

第一,你对哪一个人的看法最为重视?原因是什么?

第二,最难填写的或资料最少的是哪一部分?原因是什么?

第三,假设你很努力填写,却始终出现资料贫乏的现象时,你应当反省一下自己整体性人际关系到底如何?

第四,除非有充分理由,对于全栏出现空白的情况时,应作出探索。

(3) 各栏所填写的,若是和谐又具正面取向时,反映你有着完整健康的自我;若不幸各栏资料出现矛盾时,或资料倾向负面取向时,你应努力面对自我。这项练习往往引发出你一些长期压抑的感受,有时还可能出现父母、其他人对自己的一些恶劣评价,甚至是羞辱性的,这实在是很痛苦的。面对这些情况,你要设法作有效的处理,必要时,一定要寻求老师的帮助。

2. 讨论与分享

你对这个训练的意义有什么看法?

单元3　常见的自我意识问题

心理故事:他为何不断跳槽

大学生方华毕业后分配到单位工作,可没干上一年他就和单位的领导闹矛盾,无奈之下只好调动工作。到了另一个单位后,他工作还是不到一年,又觉得自己和领导同事的关系无法相处,只好又一次离开单位。就这样,毕业5年的他已经换了4个单位。为此,他十分苦恼,决定去看心理医生。经心理医生帮他做心理分析,方华明白了自己的症结所在:他没有正确地认识和接纳自己,这导致他一直生活在痛苦和自卑中。原来,方华总是认为自己不会说话,没有灵巧的嘴巴,不会迎合领导和同事,肯定不能与别人关系和谐,而且,他走路的姿势有些“内八字”,在大学时班里的同学曾经笑话过他,这更让他觉得自己不如人。每到一个单位,他都小心谨慎,不敢说话,也不敢与别人的眼光相对。如果同事们聚集在一起说话,他就会觉得别人肯定是在议论他。在这样的心态下,他越发自卑,几乎不与同事交往,下班就躲在自己的小屋里。在心里,他对领导很仇视,认为单位里的人都很坏。

心理医生为他做了测试,发现他很聪明,对事物有自己的独特看法,心思细腻,在与人沟通时也懂得尊重他人。这些长处其实都很有利于方华和同事交往,如果他不是如此自卑地看不起自己,他一定会有很多的知心朋友。不仅如此,医生还了解了他的同事们的看法,这使他很吃惊,原来同事们对他印象都挺好的,领导也说他是个能力很强的工作人员,不知为什么偏要调走。

【感悟与思考】 方华的经历给我们很多的启示。他缘何不能正确处理好这些社会关系呢?主要就是他没有很好地接纳自己,没有正确认识地自己,瞧不起自己,进而怨恨身边的人,怨恨自己,试想,这样的人能和自己和谐相处吗?能与他人和谐相处吗?一个人能够正确认识自己的长处和短处,能够坦然地接纳自己,是心理健康的表现。认识和悦纳自己的人才能相信自己,根据自己的能力去做想做的事情。认识和悦纳自己才能使自己变得轻松愉快。生活中每个人都会遇到不如意的事情，如果总是自以为是、自高自大或者怨天尤人，就会在不如意中自卑。而接纳了自己，坦然接受一些不称心的事情，并不断进取，不断完善，这样才能看到差距和希望，才能放下心灵的包袱轻装前进。这样的人才更有活力。

心理知识：常见的自我意识问题

世上没有两片完全相同的树叶，每个人只能做最好的自己，而不要去想做最好的别人。做最好的自己，最重要的一个基础就是首先对自己要有个正确的自我认识，在现实生活中，不少人对自身认识不足，不客观或不科学，导致对自己过于肯定或过于否定，或者也知道自身自我认识上的一些不足，却无从下手改善或改善的效果不理想，导致在自我意识心理上出现一些问题。

一、自我认识的偏差：自我中心、从众

（一）自我中心

不少大学生未能处理好主观的我与客观的我这对矛盾，常出现两种自我意识的偏差。一种是只看重“自身”而发展为“自我中心”。以自我为中心的人，往往想问题和做事都从“我”出发，不能进行客观的思考和分析，盛气凌人，凡事都只希望满足自己的欲望，要求人人为己，却置别人的需求于度外，不愿为别人做半点牺牲，不关心他人痛痒，表现为自私自利、损人利己。他们在交往中为了满足自己，处处维护自己的自尊，与其他人造成对立，最终只能将自己封闭起来，将自己与外界隔离开来，处于自我封闭和自我隔绝的状态，常不能赢得别人的好感与信任，人际关系大多不和谐。自我中心是一种人格缺陷，在社会交往中碰壁后会陷入懊恼和痛苦之中，从而诱发抑郁症、焦虑症等心理疾病。

来看这样一个案例：自从进入大学以来，小龙觉得周围的人都不喜欢他，都对他不满，交友困难，更是与同学鲜有来往。客观上，小龙在内心中感觉需要朋友，而且他并没有交往恐怖症，在和别人交流时他能从容不迫、侃侃而谈。但是小龙抱怨说现在的大学生思想不成熟，行为举止幼稚，特别是自己身边的同学，俨然就是中学生的生活状态，这让他非常看不惯。如室友抱怨课堂枯燥无味，小龙打断大家，说：“学习靠自己，你们这样是给自己的懒惰找借口。”当时寝室氛围立刻改变。全班去郊游，班委提前商量方案，大家想去风景区，可小龙认为那个季节风景区没有风景，要把活动安排在儿童福利院，结果讨论会不欢而散，郊游还是去了风景区，却无人通知小龙。小龙觉得很委屈，自己说的是真话、实话，为什么却无人理解？他还说，如果坚持真理就注定孤独的话，他要坚持下去，走自己的路让别人说去吧。

乍一看，觉得小龙确实挺委屈，但仔细分析就会发现小龙的主要问题是在人际关系交往上有以自我为中心的倾向。他的思考方向都是从自我的角度思考其行为的合理性，明显缺乏换位思考。这就导致小龙在思考和解决问题时不能正确归因，更不能从他人的角度去反思其行为的不合理性。这样的大学生为数不少，他们为人处世都以自己的兴趣和需要为中心，只关心自己的想法和感受，不考虑他人的感受，完全从自己的角度、自己的经验去认识和解决问题，似乎自己的态度就是他人的态度。

（二）从众

从众是在日常生活和工作中常见的社会心理现象，个体在群体中生活，会不知不觉地遵从群体压力，在知觉、判断、信仰以及行为上，放弃自己的主张，趋向于与群体中多数人一致。

通常所说的“随大流”即是一种较为普遍的从众行为。大学生处于人格逐渐完善和成熟的阶段，对自己认识不清，受社会思潮和社会观念的影响，更容易陷入“从众”心理的怪圈，被外界评价所左右，常常会“人云亦云”，即大家都这么认为，我也就这么认为；大家都这么做，我也就跟着这么做。在大学校园里常见的从众现象有学习从众、消费从众、恋爱从众、作弊从众、入党从众、择业从众等。从众心理人皆有之，但从众心理过强，凡事从众，就会导致独立性差，缺乏个体倾向性的世界观、人生观、价值观，自我意识薄弱，有碍于心理发展。

大学新生从众于老生、老乡是较为普遍的现象。新生涉世不深、情况不熟，易简单模仿和随从于他人的行为，把“信得过”的老生、老乡作为他们学习的“楷模”，在学习上表现为“老生（乡）怎么干我就怎么干”，在遵守校规校纪方面表现为“向老生（乡）看齐”，如此，很容易导致“从良则良，随莠则莠”结局。

大学毕业生在择业过程中也容易受从众心理的影响，主要表现为：宁愿放弃所学专业，留在经济发达地区和中心城市打工，也不愿去经济落后但有发展潜力、急需专业人才的地方发展；一味追求所谓的热门单位、热门职业，没有从职业发展、自身特点、能力和社会需要去考虑等。对于每一位大学生来说，应该克服“从众”心理，在决定从事什么职业时，不要盲目随大流，乱“扎堆”，更不能老用别人的眼光定位自己要找的工作。因为工作要靠自己去干，自己的路要自己把握。

二、消极的自我体验：孤独感、自负、自卑

孤独感是由于主观的我与客观的我不一致，得不到他人思想上的理解与情感上的共鸣而产生的一种自我体验。大学生由于年龄的增长和“代沟”的形成，同长辈之间的交流日益减少。而且由于思想的深化、个性的分化，他们已不满足于同一般朋友交往，要求在更深层次上同知心的朋友互诉心声，情感共鸣，这时就往往产生缺乏知音的孤独感。自负与自卑产生于“现实自我”与“理想自我”的矛盾中，同属于自信的误区。一般来讲，“现实自我”与“理想自我”总是不一致的，两者之间总是有着距离，如何看待这两者的距离直接关系着自我体验。当对缩短距离充满信心时，正处于积极体验，也就是“自信”，认为自己可以努力提高“现实自我”以实现“理想自我”。自信是大学生较为普遍的优秀品质，但有些大学生自信过度，自我感觉太好，骄傲、自大，听不进师长的教诲，听不进同龄人的意见，一意孤行，这种自我膨胀过度的自信是“自负”。自负的人缺乏自知之明，容易失败，也容易受伤。相反，有的大学生在将“现实自我”与“理想自我”作比较中，体验到的是“失望”，认为“现实自我”与“理想自我”的差距太大对自己缺乏信心，把目光总盯着自己的缺点、不足，从而逃避退缩，这就是“自卑”。自负与自卑都会影响大学生的心理发展和人格成熟，是不容忽视的自我意识偏差。

如小芳总觉得自己太胖，就算穿得再漂亮，也不好看。一到大庭广众面前她就浑身发僵，脸红心跳。新学年第一节课，老师要求每人上台作自我介绍，轮到她时，她往讲台跨去的每一步都感到极其难受，以为大家像是在看稀有动物一样，看到了她的丑陋。

小芳的主要问题就在于自卑心理。要改变一这点，就必须正确地表现自己，积极与人交往，认识到自己的长处，就要大胆地表现，扬己长，避己短，在人群中树立一个新形象。要相信自己的能力与价值，如一次发言、一次竞赛、一次属于你的机会，要积极自信地去做、去尝试，因为只有行动才是达到成功的唯一途径，退缩与回避只能带来自责、懊悔与失意。要注意循序渐进，先表现自己最拿手、最容易取得成功的。有了一次成功，我们会惊异地发现自己也行，这样自信心就随之增强。再去尝试稍难一点的事，以积累第二次成功，接着争取更多的成功。不要总认为别人看不起自己而离群索居。我们自己瞧得起自己，别人也不会轻易小看我们。要有意识地在与周围人的交往中学习别人的长处，发挥自己的优点，多从群体活动中培养自己的能力，这样可预防因孤陋寡闻而产生的畏缩躲闪的自卑感。

三、消极的自我控制：自我放弃、懒惰、逆反

大学生在自我控制上开始有了明显的自觉性、主动性，但在追求上进的同时，由于困难、挫折在所难免，因而不少大学生常常情绪波动，在困难面前望而生畏、自我放弃。还有一些大学生认为中小学寒窗苦读十余载，如今考上大学，总算解放了，再不愿意埋头苦读，只要求"60分万岁"，甚至面临数门功课不及格仍然无动于衷，消极懒惰。另外，大学生随着自我控制独立性的增强，常表现出力图摆脱社会传统的约束，按照自己的意志行事。绝大多数大学生自认为自己已达到法定的公民年龄，强烈要求像成年人那样独立自主地行事，不愿受父母的约束和教师的训诫。独立意向是大学生自我意识发展中最显著的标志之一，然而大学生在摆脱依赖、走向独立的过程中，有时会矫枉过正，表现出过分的独立意向，导致产生逆反心理，其表现为不分正确与否，一概排斥，情绪成分很大，有时只是为了反抗而反抗。逆反的对象主要是家长、老师以及社会宣传的观念和典型人物等，其结果是阻碍了他们自己学习新的或正确的经验。

著名主持人何炅是一位多才多艺的主持人，但很多人并不了解在鲜花和掌声的背后，何炅也有自己的辛酸往事。他曾经是个自卑的"小个子"。在大三之前，何炅称自己极度普通，又非常自卑，从没想过自己与主持人或者公众人物有什么联系，唯一能给自己带来一点自信的是普通话很好。因为自己个子小，还戴了个大眼镜，又不会穿衣服，实际上是班里很难看的一个。大学报到的时候很多人就问他："你是谁的弟弟啊？"何炅无奈地回答："我们是同学。"大学二年级下半学期，何炅编了一个小品去参加学校的毕业晚会，后来这个小品被学校推荐，参加北京市高校学生的文艺调演，还得了个一等奖。因为这个小品，何炅被中央电视台的一个导演看中，要他去中央电视台的一个晚会担任直播主持人。当时何炅还不知道把握机会，因为那个晚会的时间与期末考试相冲突而要拒绝，但何炅的导师让他一定要去，就这样何炅被人推着走进了这一行。在中央电视台客串主持人时，何炅曾与刘纯燕演了一个小品，这次合作给刘纯燕留下非常深刻的印象，后来《大风车》要改版，刘纯燕就邀请何炅一起加入，就这样何炅正式走进了主持这一行。如果当时何炅沉浸在他自认的某种缺陷或短处上自惭形秽，进而自我放弃，他将由此陷入不可自拔的境地。幸运的是，他做到了接纳自己，正视现实，另辟蹊径，从而走上了一条提升自信、通向成功的道路。

心理训练1：萱萱想要整容

1. 活动步骤

阅读故事，全班同学分成若干小组，讨论案例后的问题，每位小组成员都要发言。

"有没有人想和我一起整容呢？我总的来说还算是个小脸，但我一直对自己的单眼皮、矮鼻梁不满意。但是夏天去容易感染，想在寒假做，谁要去的举手，大家组团去还能有优惠。"这是在上大一的女孩萱萱（化名）在某论坛上发帖，邀约网友一起做整容。

在帖子中，萱萱写道“我今年20岁，上大一。独自生活的第一个学期，就了解了在这个竞争激烈的社会长相的重要性。漂亮开朗的同寝室女生就被推举为班长，这让从小学到高中一直担任班长的我很受挫败。军训以来，漂亮的女生总有男生帮忙打水、搬东西。甚至在校内各种社团活动中，因为长相的关系，漂亮的女生就很受到学长学姐的关照。经过一个学期的生活，我感觉到拥有姣好的面容和身材，不论在学习生活还是在人际交往上都有着很大的优势。一位刚毕业的学姐告诉我，现在的社会很现实，帅哥美女是第一生产力，特别是今后踏入社会，外貌好点找工作都容易点，于是产生了整容的念头。我在网上看到很多外貌一般的女孩子，整容后都变得很漂亮，真希望自己能够有所改变，隆隆鼻子，割一下双眼皮，变身美丽。”

问题：结合本单元所学的知识进行思考讨论，为什么萱萱想要整容，这反映出她什么样的心理状态？

2. 讨论与分享

各小组派代表发言，与全班同学分享本小组的讨论结果和收获。

心理训练2：我的长处与不足

1. 活动步骤

请你认真地自行填写下表。

我的长处		我的限制	
当我看清楚我的长处和限制之后，我感到：			

2. 讨论与分享

如何改善你的限制？对别人的限制你能否提出有效的意见？

心理训练3：三个“我”

1. 活动步骤

(1) 请先预备3张纸，首先在第一张纸上描述“理想自我”，时间约为10分钟。然后将已写好的第一张纸搁置一旁，暂时不准再观看。接着照此类推，在第二张和第三张纸上分别具体描述“别人眼中的我”和“真正的我”，每一次大概10分钟时间。

(2) 完成后，将所有3张纸放置在桌上，对3张纸上的3个“我”作出检核，主要是看看3个“我”是否协调和谐。若否，则差异何在，并尝试找出原因何在。请你留意另外一个重点：

“理想自我”和“真正的我”是否协调一致？透过此重点，你往往可以发现两者之间的差异，甚至矛盾之点。同时，往往会发觉自己一些对人生所产生的深层感受和渴求。

(3) 为了达到更积极的效果，你应当努力探索，看看如何可以使3个“我”更加协调一致，制订促进3个“我”协调统一的方案。有了具体的计划，你会比较容易地在生活中落实并作出改进。一个心理健康的人，3个“我”是协调和谐的。当一个人自己和他人眼中的“我”没有太大的差距，个人理想也没有脱离现实时，就是一个自我形象明确而健康的人。但当3个“我”不协调时，我们就该问自己：别人为何不了解我？我是否不能表里一致？不过，我们不必期望自己的3个“我”百分之百协调一致，因为那是不实际的期望，只会导致负面的影响。

(4) 进行上述思考后，请你填写以下汇总表。

3个“我”协调一致吗？(汇总表)

3个“我”	开始时	调整后
理想自我		
别人眼中的我		
真正的我		

2. 讨论与分享

请最有感受的成员在团体内交流自己的体会，大家分享。

心理训练4：我最欣赏的自己

1. 活动步骤

请你填写这个练习表。

(1) 我最欣赏自己的外表是____________________。

(2) 我最欣赏自己对家人的态度是____________________。

(3) 我最欣赏自己对朋友的态度是____________________。

(4) 我最欣赏自己对求学的态度是____________________。

(5) 我最欣赏自己对做事的态度是____________________。

(6) 我最欣赏自己的性格是____________________。

(7) 我最欣赏自己的一次往事是____________________。

(8) 如果别人正在谈论你，而他们十分了解你，那么他们最有可能选用的一些词是____________________。

2. 讨论与分享

全班同学分成若干小组，讨论下面的问题，每位小组成员都要发言。讨论结束后，各小组派代表发言，与全班同学分享本小组的讨论结果和收获。

(1) 你最欣赏的是否也是别人对你欣赏的地方？

(2) 你能够顺利地做完这个练习吗？如果不能，原因在哪里？应该从哪些方面调整、锻炼自己？

心理训练5：个人盾牌

1. 活动步骤

(1) 阅读故事《生命的价值》。

有一个生长在孤儿院中的小男孩，常常悲观地问院长："像我这样没人要的孩子，活着究竟有什么意思呢？"

院长总笑而不答。

有一天，院长交给男孩一块石头，说："明天早上，你拿这块石头到市场上去卖，但不是'真卖'，记住，无论别人出多少钱，绝对不能卖。"

第二天，男孩拿着石头蹲在市场的角落，意外地发现有不少人对他的石头感兴趣，而且价钱愈出愈高。回到院内，男孩兴奋地向院长报告，院长笑笑，要他明天拿到黄金市场去卖。在黄金市场上，有人出比昨天高10倍的价钱来买这块石头。

最后，院长叫孩子把石头拿到宝石市场上去展示，结果，石头的身价又长了10倍，更由于男孩怎么都不卖，竟被传扬为"稀世珍宝"。

男孩兴冲冲地捧着石头回到孤儿院，把这一切告诉给院长，并问为什么会这样。

院长没有笑，望着孩子慢慢说道：

"生命的价值就像这块石头一样，在不同的环境下就会有不同的意义。一块不起眼的石头，由于你的珍惜、惜售而提升了它的价值，竟被传为稀世珍宝。你不就像这块石头一样？只要自己看重自己，自我珍惜，生命就有意义，有价值。"

如果你自己把自己不当回事，那别人更瞧不起你，生命的价值首先取决于你自己的态度。"每个人应当从小就看重自己，在别人肯定你之前，你先得肯定你自己。"珍惜独一无二的你自己，珍惜这短暂的几十年光阴，然后再去不断充实自己，最后世界才会认同你的价值。

(2) 根据下列问题的答案，每个人做个自己的盾牌。答案有时是文字，有时是图案，在盾牌上可以按自己的喜好安排位置与顺序。

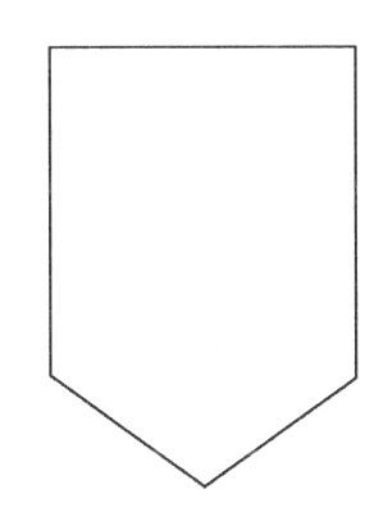

① 画出出生到14岁中最重要的一件事。

② 画出14岁到现在中最重要的一件事。

③ 画出你以前最成功的事项。

④ 画出你过去最快乐的时刻。

⑤ 画出你的一项专长。

⑥ 画出你想要加强的技能。

⑦ 你希望将来是什么样子？

⑧ 如果你一向无往不胜，但目前只有一年可活，你将会做什么？

⑨ 如果你现在死了，你喜欢别人用哪3个字来形容你？

2. 讨论与分享

与小组同学或者全班同学分享你的答案。

单元4　完善自我意识

心理故事：靠自己

小蜗牛问妈妈：为什么我们从生下来，就要背负这个又硬又重的壳呢？

妈妈：因为我们的身体没有骨骼的支撑，只能爬，又爬不快，所以要这个壳的保护！

小蜗牛：毛虫妹妹没有骨头，也爬不快，为什么她却不用背这个又硬又重的壳呢？

妈妈：因为毛虫妹妹能变成蝴蝶，天空会保护她啊。

小蜗牛：可是蚯蚓弟弟也没骨头，也爬不快，也不会变成蝴蝶，为什么不背这个又硬又重的壳呢？

妈妈：因为蚯蚓弟弟会钻土，大地会保护他啊。

小蜗牛哭了起来：我们好可怜，天空不保护，大地也不保护。

蜗牛妈妈安慰他：所以我们有壳啊！我们不靠天，也不靠地，我们靠自己。

【感悟与思考】 要靠自己，要努力地完善自我，这种心态会促使我们成长，会让我们明白自己的责任。

心理知识：自我意识的完善

自我意识是一个动态的不断发展的过程，在人生中的不同时期，仅仅学会辨识自我意识的特点状态还远远不够，我们还必须掌握科学的方法，善于发现偏差，经过实实在在的实践，甚至是参加专门的自我意识心理训练，努力完善不足，匡正偏差，从而塑造的健全自我意识。

一、健全的自我意识的评价标准

衡量大学生的自我意识虽否健全，樊富珉教授提出了以下标准：

(1) 自我意识健全的人是一个自我肯定、自我统合的人；

(2) 自我意识健全的人是一个自我认知、自我体验、自我调节、协调一致的人；

(3) 自我意识健全的人是一个独立的，同时又与外界保持协调的人；

(4) 自我意识健全的人是一个主动发展自我、自我具有灵活性的人；

(5) 自我意识健全的人是一个不仅自己能健康发展，而且能促进社会文明和进步的人。

二、自我意识完善的途径和方法

(一) 适时正确认识自我，评价自我

影响大学生自我意识发展的因素有很多，如个人的因素、家庭的因素、老师的教育、榜样的力量、同伴的关系以及文化、社会实践的推动等。但对于大学生自身来说，应侧重于从自身的角度多做努力，首先是要掌握科学认识自我的途径和方法。

1. 从“我”与“人”的关系认识自我

人在社会，人与人交往，他人就是反映自我的镜子，与他人交往是个人获得自我认识的重要来源。一个人对自己价值的认识，是通过与他人的能力和条件的比较而获得的。但是在比较中要注意的比较的参照系和立足点。

(1) 跟别人比较的应该是行动后的结果，而不是行动前的条件。如大学生来大学学习，如果认为自己来自农村，条件不如别人开始就置自己于次等地位，自然会影响心态和情结，其实大学毕业后看行动后的成绩才有意义。

(2) 和别人比较要有标准，而且是相对标准而非绝对标准，是可变的标准而不是不可变的标准。有些人认为自己不如他人，其实他们关注的可能是身材、家世等不能改变的条件。一个人的容貌与出身是不可更改的，如果以此为标准同别人进行比较是没有意义的。

(3) 比较的对象应该是和自己条件相类似的人，而不是拿自己和心目中的偶像、明星、伟人或极不如自己的人相比。确立一个合理的参照体系，明确一个合理的立足点，对于自我的认识尤为重要。

2. 从“我”与“事”的关系认识自我

(1) 通过自己的成就经验了解自己

通过自己所取得的成果、成就，从做事的经验中了解自己，也是一种学习。不经一事，不长一智。成败得失，其经验的价值也因人而异。

(2) 通过自己的失败经历认识自我

对聪明又善用智慧的人来说，成功和失败的经验都可以促他再成功，因为他们了解自己，有坚强的人格特征，善于学习，因而可以避免重蹈失败的覆辙。

(3) 在自己的成败经验中增强自我意识

对于某些自我比较脆弱的人来说，失败的经验更使其失败。他们往往不能从失败中学到教训，改变策略追求成功，而且挫败后形成怕败心理，不敢面对现实去应付困境或挑战，导致失去许多良机。而对一些自我狂大的人而言，成功反可能成为失败之源。他们可能侥幸成功后便骄傲自大，以后做事便自不量力，这样的人往往多遭失败。或成长过于顺利，又有家世关系，然而一旦失去“保护源”，便一蹶不振，不能支撑起独立的自我。因此一个能够在自己的成败经验中增强自我意识的人，他才有成功的希望。

3. 从“我”与“己”的关系中认识自我

(1) 认识在自己眼中的“我”

个人实际观察到客观的“我”，包括身体、容貌、性别、年龄、职业、性格、气质和能力等。

(2) 认识在别人眼中的“我”

与别人交往时，由别人对自己的态度、情感反映而觉知的“我”。不同关系的人对自己的反应和评价不同，它是个人从多数人对自己的反应中归纳出的统觉。我们还可以通过分析他人对自己的评价来认识自己。有的时候，别人就像一面镜子，反照出自己的形象，从他人的态度和情感中可以感知自己、明确自己。一个人对自己的认识难免有偏差，因此有必要根据他人的评价、他人对自己表现出的言行态度来认识自己。但是，就像镜子不一定能反映事物的本来面目一样，别人对我们的评价，由于受到多种因素的影响，不一定是完全正确的，所以，也不能把别人的评价和态度作为唯一的衡量标准，过于在意别人的意见和看法。当然，最好能从多个不同的人、不同的时间、不同的场合去了解评价信息，其中重复次数越多的信息可信度也越大。

(3) 通过和自己的比较来认识自己

通过和自己的比较来认识自己，就是说把当前的我与过去的我、"现实自我"与"理想自我"进行比较。与过去相比自己是进步了、成熟了还是退步了，与"理想自我"比较自己还有哪些差距等。前者可以发现自己的成绩和进步，提高自信心；后者可以明确努力的方向，进一步完善自我。但是要注意"理想自我"不能是不切实际的幻想。

(4) 通过内省来认识自己

在认识自己的过中，要注意客观、全面、辩证地看待自身，形成正确的自我意识，真正地了解自己，并以此来选择适合自己的发展道路。

(5) 通过自己的活动表现和成果来认识自我

如学习、文学、艺术、体育、人际交往等，可以从中获得关于自己能力、意志、兴趣等多方面的信息，进而对自己加以评价。但注意不要把成就和成绩作为评价自己价值的唯一尺度。

(二) 发展健康自我体验，悦纳自我

一个人的心理健康与否，有一个重要的指标，那就是他能不能接受自我，这叫悦纳自我。悦纳自我包括三方面：第一，接受自己的全部，无论优点还是缺点，无论成功还是失败；第二，无条件地接受自己，接受自己的程度不因自己是否做错事有所改变；第三，喜欢自己，肯定自己的价值，有愉快感和满足感。只有能够真正地做到如此，我们才能真正地悦纳、认识自我。

悦纳自我是一个心理适应的过程，个体当自我意识尚未形成时是混沌一团的。随着年龄的增长，其自我便逐步分化为"主观的我"与"客观的我"两个方面：既有自己观察自己的一面，也有作为被观察者的一面，也就是"理想自我"形象和"现实生活中的我"形象。若"主观的我"与"客观的我"、"理想自我"与"现实自我"之间发生了差距和矛盾，就会产生复杂的自我情绪体验。例如，青少年由于第二性征的出现，加上认知上的片面，对自己身体方面出现的新现象会感到困惑，出现许多的情绪问题。但随着年龄的增长和知识的积累，到了高中时期一般就可以接受自己的形象了。这是一个不断适应的过程。

创造机会获得成功体验，及时调整自己的期望值，是对自我的悦纳心理得以保持的重要途径。自信出水平，自信源于点滴的成功体验。成功的体验可以消除自卑、树立自尊，可以使人奋发向上。成功的喜悦将成为个人强大的内在动力，推动个人去争取更大的成功。自我期望是指个人在进行某项活动、工作之前估计自己所能达到的成绩目标，通俗地说法是"抱负"。自我期望值是自我成功感和自我失败感的个人标准。自我期望值与实际成就之间的差距导致产生成功和失败两种情绪体验。自我期望值小于实际成就能体验成功的喜悦，自我期望值大于实际成就可体验失败的痛苦。大学生充满着幻想，为自己的未来规划美好的蓝图，其中一些人对自己的期望过高，以至于脱离现实。大学生应注意调整自己既不要过分追求完美，也不要期望太低，只要学会调整控制自己的期望值，建立适中的理想目标，包括长期目标和短期目标，把自我期望和自己的实际情况紧密结合起来，才能适应现状、适应社会和发展自己，最终实现自己的理想。

积极、理智、乐观地对待自己。理智、冷静地对待自我是要求大学生用全面、发展的眼光来分析自我，平静而又理智地看待自己的长处和短处，辩证地看待生活中的矛盾，冷静地对

待自己的得与失，在消极不利的情况下，不妨进行积极的自我暗示，这会起到平静心情、遏制愤怒的强度的作用。每个人都有优点和不足，关键在于自己如何看待。既要看到自己的优势，树立信心，避免骄傲自大，还要了解自身的弱点，认识到没有人是完美的或是万能的，坦然地承认自己的不足之处。一个悦纳自己的人，并不意味着他的一切都是完美的，而是说他在接受自己优点的同时，也了解自己的缺点，而后不断克服缺点，注意自我形象塑造，把握自己做人的准则，不断完善自己，更加自信地面对生活，走向成功。这是一种修养，也是一种难能可贵的品质。自我悦纳是指带有一种愉悦的心情接纳自己，容纳自己。能接受自己的优点和缺点，明白自己到底应该做什么，不应该做什么，从而达到调节自己行为愉悦身心的目的。

下面是一张接纳自我的清单，我们可以从中对照一下自己可以如何做。

(1) 爱自己的身体。要劳逸结合，如紧张学习之余到户外去散步，享受一下美丽的自然风光和清新的空气。要爱惜身体，多选择营养食物，不为了苗条而强行节食。

(2) 别人对你表示友好和接纳，不要采取怀疑的态度，而以“谢谢”来表示接受。

(3) 不要不承认自己的缺点，也不要过于自责。

(4) 明确自己的爱好，选择自己喜欢的事和行为方式。

(5) 不要逃避失败，失败是成功之母，失败并不证明你没有价值。

(6) 谨防嫉妒。别人称赞他人并不一定在贬低你，也并不说明别人比你更重要。你的价值并不取决于别人的选择，尤其是某个人的选择，再说别人的选择也不是完全正确的。

(三) 增强自我控制能力，完善自我

1. 积极的自我提升

提高自我效能感是个体在一定情境下对自我完成某项工作的期望与预期。当人们期望自己成功时，他必然会尽自己最大的努力并且当面临挑战性任务时会表现出更强的坚持力，从而增加了成功的可能性。自我效能感高的人一般学业期望较高，也就是说，自我效能感与成就动机呈正相关性。

2. 克服自我障碍

我们经常会有这样的感觉：体验对自己能力程度的焦虑带来的不安全感，这便是一种自我障碍。我们听说了太多的这样的故事：某同学考试前由于身体不好，所以在考试中没有取得好成绩。这便是典型的自我障碍，为自己的考学不成功找到了适当的借口。一个渴望自我发展的人必须主动克服自我障碍，进行积极的自我提升与自我尝试。积极的自我在尝试中会发现自己的新的支点。

3. 关注自我成长

自我的发展需要不断的自我反思、自我监控。将成长作为一条线索贯穿于人的始终时，整理自己成长的轨迹显得尤为重要。依照过去、现在、未来进行清理，深刻了解与把握自己。要记住：自我体验永远是个体的，当我们在分享他人自我成长的硕果时，也在促进我们自己的成长。

4. 养成良好习惯

在心理学中，有一个“鸟笼逻辑”。

挂一个漂亮的鸟笼在房间里最显眼的地方，过不了几天，主人一定会作出下面两个选择之一，把鸟笼扔掉，或者买一只鸟回来放在鸟笼里。

这就是“鸟笼逻辑”。

过程很简单，设想你是这房间的主人，只要有人走进房间，看到鸟笼，就会忍不住问你：“鸟呢？是不是死了？”当你回答：“我从来都没有养过鸟。”人们会继续问：“那么，你要一个鸟笼干什么？”最后你不得不在两个选择中二选一，因为这比无休止的解释要容易得多。

“鸟笼逻辑”的原因很简单：人们绝大部分的时候是采取惯性思维。

这个故事告诉我们，习惯的力量是多么的巨大，从思想到行为，想一想我们身上所具备的能力吧！小到走路、骑车、写字，大到观察、思维的方式，不都是由习惯所造成的吗？任何行为的不断重复，都会变成一种习惯，人的意志也就逐渐遵循了这个习惯。习惯一旦养成，就会自动驱使一个人采取行动。因此，拥有什么样的习惯，就会塑造什么样的性格。要完善自己，首先要做的就是性格优化。我们会发现：心若改变，你的态度会跟着改变；态度改变，你的行为会跟着改变；行为改变，你的习惯会跟着改变；习惯改变，你的性格会跟着改变；性格改变，你的人生就会改变。

5. 进行积极调控

完善自己还要对自我进行有效调控，在自我认识的基础上，自觉控制自我，主动协调个体与他人、个体与环境的关系，并争取在这些关系中更主动积极地、更有效地激发自己的潜能。进行积极调控主要涉及“我怎样控制自己”、“如何改变自己，成为自我理想中的那种人”等问题。要有效调节自我就应该做到以下四个方面。

(1) 建立合乎自身实际情况的抱负水平，确立适宜的“理想自我”。也就是面对现实，确立自己具体的奋斗目标，把远大的理想分解成一个个远近高低不同的子目标，从而由近到远、由低到高，循序渐进，逐步加以实现。关键是每个子目标都应该适当、合理、切合实际，是经过努力可能达到的。

(2) 把奋斗的中心放在自己最大的长处和优势上。每个人的精力都是有限的，所以精力应放在自己最擅长的地方。坚持不懈地在自己已有所成就的或者自己最有优势的领域努力学习或工作，有利于不断地取得成功，获得自我实现。

(3) 增强自尊和自信，使自己有为实现“理想自我”而努力的更强大的动力，激励自己不断奋进。

(4) 培养顽强的意志和坚强的性格，发展坚持性和自制力，增强挫折耐受力，使自己自觉主动地认清目标，为实现目标而努力排除干扰、克服困难，能正确地面对成功。

最后，请记住，重要的是正确地认识自我，接受不完美的自己和不完善的生活，积极悦纳自我，有效调节自我，提升自我，完善自我，最大限度地把自身的潜能转化为现实。

(四) 积极主动参与提高自我认识能力的心理训练

专门的心理训练可以帮助我们较快地掌握自我认识的方式方法，形成自我认识的能力。以下几个心理训练活动可以帮助我们进行自我认知。

心理训练1：超级比一比

1. 活动步骤

第一步：每位同学在班级内任意寻找比较对象，填好下面的表格。

与________相比较，我们两个人的相同之处在于：________________________________。

与________相比较，我们两个人的不同之处在于：________________________________。

注意在比较的过程中，要客观地、全面地进行比较，不能只看到他人的优点或缺点，也不能只看到自己的优点或缺点。要优点和缺点同时看，通过客观的对比，寻找差距，找到提高自己的办法。

第二步：在对比的基础上，总结自己的优点和缺点，找到完善自己的办法。

第三步：交流对自己的评价。交流时，要说出对自己作出评价的依据，即具体地说说自己是如何与他人进行对比的，与哪几个人进行对比，通过哪几个方面的对比得出这样的结论。

2. 讨论与分享

与小组成员或者全班同学分享以下问题。

（1）通过这个活动，你是否重新认识了自己与他人？

（2）你能针对自己或他人的缺点提出改善意见吗？

心理训练2：做最好的自己

1. 活动步骤

请你认真回答下列问题，完成后与你的朋友或者团队分享。

（1）我是不是常把想法误为事实？（如我认为同学都不喜欢我，而事实上只是有几个同学对我不友好。）

（2）我对自己的看法有什么偏差？（如我觉得自己的组织能力很一般，但好多同学和老师却认为我很有魄力。）

（3）我是否往往以单一事件来责备自己是怎样的人？（如只要今天没有给朋友在图书馆占位子，就会觉得自己是个对朋友不负责的人。）

（4）我是否总是将注意力集中在自己的弱点中？（如经常责怪自己成绩不突出，家境不富裕，老师不重视，反应不如别人快，英语口语不如别人棒等。）

（5）你有过什么成就，不管它们多么微不足道？（如在幼儿园时一次手工物品制作活动中获得了嘉奖。）

（6）你有什么技能？（如我的蛋炒饭做得很拿手。）

（7）你曾经面对过什么挑战，不论大小？（如我终于站到讲台上发言了。）

（8）你到目前为止感到最得意的一件事是什么？（如我用自己第一次打工的钱买了一条围巾，给了外婆一个惊喜。）

2. 讨论与分享

你现在能客观地分析自己的优点和缺点了吗？

心理训练3：假如

1. 活动步骤

请你完成下列句子。

假如我是一朵花，我希望是____________，因为________________________________。

假如我是一棵树，我希望是____________，因为________________________________。

假如我是一种动物,我希望是__________,因为______________________________。
假如我是一种昆虫,我希望是__________,因为______________________________。
假如我是一种食物,我希望是__________,因为______________________________。
假如我是一种家具,我希望是__________,因为______________________________。
假如我是一种乐器,我希望是__________,因为______________________________。
假如我是一种游戏,我希望是__________,因为______________________________。
假如我是一项纪录,我希望是__________,因为______________________________。

2. 讨论与分享

你对自己满意吗?你打算怎样完善自我?

心理训练4:戴高帽

1. 活动步骤

以5～6人组成一个小组,让一位成员坐在团体中央,请他把纸糊的帽子戴在头上,向大家介绍自己的姓名、所学专业和个性方面的优点和缺点,然后其他人轮流根据自己对他的了解及观察说出他的优点及欣赏之处(如性格、相貌、待人接物……),然后被欣赏的成员说出哪些优点是自己以前所观察到的,哪些优点是自己以前没有观察到的。每个成员轮流到团体中央戴一次高帽。从他人的评价中,获得自我肯定,从而认同自己,接纳自己。

规则:(1) 必须说优点;(2) 夸别人的优点时态度要真诚,不能毫无根据地吹捧,这样反而会伤害别人;(3) 参加者要体验被别人称赞时的感受如何,怎样用心去发现别人的优点,怎样做一个乐于欣赏别人的人。

2. 讨论与分享

与小组成员或全班同学分享下面的问题:

(1) 你听到别人对你的称赞时有什么感想;

(2) 当你称赞别人时心里在想什么?

单元5 心理自测

一、气质测试

指导语:请认真阅读下列各题,对于每一题,你认为非常符合自己情况的,在后面的括号里填“+2”,比较符合的填“+1”,拿不准的填“0”,比较不符合的填“-1”,完全不符合的填“-2”。

1. 做事力求稳妥,不做无把握的事。 (　　)
2. 遇到可气的事就怒不可遏,想把心里的话全说出来才痛快。 (　　)
3. 宁肯一个人做事,不愿很多人一起做。 (　　)
4. 到一个新环境很快就能适应。 (　　)
5. 厌恶那些强烈的刺激,如尖叫、噪声、危险的镜头等。 (　　)
6. 和人争吵时,总是先发制人,喜欢挑衅。 (　　)

7. 喜欢安静的环境。（　　）
8. 喜欢和人交往。（　　）
9. 羡慕那种能克制自己感情的人。（　　）
10. 生活有规律，很少违反作息制度。（　　）
11. 在多数情况下情绪是乐观的。（　　）
12. 碰到陌生人觉得很拘束。（　　）
13. 遇到令人气愤的事，能很好地自我克制。（　　）
14. 做事总是有旺盛的精力。（　　）
15. 遇到问题常常举棋不定，优柔寡断。（　　）
16. 在人群中从不觉得过分拘束。（　　）
17. 情绪高昂时，觉得干什么都有趣。（　　）
18. 当注意力集中于一件事时，别的事很难使我分心。（　　）
19. 理解问题总比别人快。（　　）
20. 碰到危险情境，常有一种极度恐怖感。（　　）
21. 对学习、工作、事业怀有很高的热情。（　　）
22. 能够长时间做枯燥、单调的工作。（　　）
23. 符合兴趣的事情，干起来劲头十足，否则就不想干。（　　）
24. 一点小事就能引起情绪波动。（　　）
25. 讨厌做那种需要耐心、细致的工作。（　　）
26. 与人交往不卑不亢。（　　）
27. 喜欢参加热烈的活动。（　　）
28. 爱看情感细腻、描写人物内心活动的文学作品。（　　）
29. 工作、学习时间长了，常感到厌倦。（　　）
30. 不喜欢长时间谈论一个问题，愿意实际动手干。（　　）
31. 宁愿侃侃而谈，不愿窃窃私语。（　　）
32. 别人说我总是闷闷不乐。（　　）
33. 理解问题常比别人慢些。（　　）
34. 疲倦时只要短暂的休息就能精神抖擞，重新投入工作。（　　）
35. 心里有话宁愿自己想，不愿说出来。（　　）
36. 认准一个目标就希望忙实现，不达目的，誓不罢休。（　　）
37. 学习、工作同样一段时间之后，常比别人更疲倦。（　　）
38. 做事有些莽撞，常常不考虑后果。（　　）
39. 老师或师傅讲授新知识、新技术时，总希望他讲慢些，多重复几遍。（　　）
40. 能够很快地忘记那些不愉快的事情。（　　）
41. 做作业或完成一件工作总比别人花的时间多。（　　）
42. 喜欢运动量大的剧烈体育活动或参加各种文娱活动。（　　）
43. 不能很快地把注意力从一件事转移到另一件事上去。（　　）
44. 接受一个任务后，希望把它迅速完成。（　　）

45. 认为墨守成规比冒风险强些。（ ）
46. 能够同时注意几件事物。（ ）
47. 当我烦闷的时候，别人很难使我高兴起来。（ ）
48. 爱看情节起伏跌宕、激动人心的小说。（ ）
49. 对工作抱认真严谨、始终如一的态度。（ ）
50. 和周围人们的关系总是相处不好。（ ）
51. 喜欢复习学过的知识，重复做已经掌握的工作。（ ）
52. 喜欢做变化大、花样多的工作。（ ）
53. 小时候会背的诗歌，我似乎比别人记得清楚。（ ）
54. 别人说我"出语伤人"，可我并不觉得这样。（ ）
55. 在体育活动中，常因反应慢而落后。（ ）
56. 反应敏捷，头脑机智。（ ）
57. 喜欢有条理而不甚麻烦的工作。（ ）
58. 兴奋的事常使我失眠。（ ）
59. 老师讲新概念，常常听不懂，但是弄懂以后就很难忘记。（ ）
60. 假如工作枯燥无味，马上就会情绪低落。（ ）

【评分方法】 每一种气质类型各包括15道题目，请按照题目序号把每题的得分填入下表，并计算出每种典型气质的总分。

胆汁质		多血质		黏液质		抑郁质	
题目序号	得　分	题目序号	得　分	题目序号	得　分	题目序号	得　分
2		4		1		3	
6		8		7		5	
9		11		10		12	
14		16		13		15	
17		19		18		20	
21		23		22		24	
27		25		26		28	
31		29		30		32	
36		34		33		35	
38		40		39		37	
42		44		43		41	
48		46		45		47	
50		52		49		51	
54		56		55		53	
58		60		57		59	
总分：		总分：		总分：		总分：	

如果某种气质的得分明显高出其他三种（均高出4分以上），则可确定为该种气质；如果两种气质得分接近（差异低于3分）而又明显高于其他两种（高出4分以上），则可确定为两种气质的混合型；如果三种气质的得分相接近且均高于第四种，则为三种气质的混合型。

二、自我认同感测试

指导语：请根据下列标准给自己打分，并填写在括号内。

1＝完全不适用

2＝偶尔适用，或者基本不适用

3＝常常适用

4＝非常适用

1. 我不知道自己是怎样的人。（ ）
2. 别人总是改变他们对我的看法。（ ）
3. 我知道自己应该怎样生活。（ ）
4. 我不能肯定某些东西在道义上是否正确。（ ）
5. 大多数人对我是哪类人的看法一致。（ ）
6. 我感到自己的生活方式很适合我。（ ）
7. 我的价值为他人所承认。（ ）
8. 当周围没有熟人时，我感到能更自由地成为真正的我自己。（ ）
9. 我感到自己为生活所做的事情并不真正值得。（ ）
10. 我感到我对我生活的集体适应良好。（ ）
11. 我为自己成为这样的人感到骄傲。（ ）
12. 人们对我的看法与我对自己的看法差别很大。（ ）
13. 我感到被忽略。（ ）
14. 人们好像不接纳我。（ ）
15. 我改变了自己想要从生活中得到什么的想法。（ ）
16. 我不太清楚别人怎么看我。（ ）
17. 我对自己的感觉改变了。（ ）
18. 我感到自己是为了功利的考虑而行动或做事。（ ）
19. 我为自己是我生活于其中的社会一分子感到骄傲。（ ）

【评分方法】 记分时，先把1、2、4、8、9、12、13、14、15、16、17、18题的回答结果转换一下，如选择的是1，打4分；选择2，打3分；选择3，打2分；选择4，打1分。其他问题则保持不变。然后把19个问题回答的得分相加。如果你的得分明显低于56分，则表明你的自我认同感还处于发展和形成阶段；如果你的得分明显高于58分，则表明你的自我认同感发展良好。

主题五

人际交往心理训练

篇首语

一位哲人说过："没有交际能力的人，就像陆地上的船，永远到不了人生的大海。"大学时代是人际关系走向社会化的一个重要转折时期。踏入大学校门，我们就会遇到各方面的人际关系：师生之间、同学之间、同乡之间等。面对如此众多的人际关系，有的同学因为处理不当，整日郁郁寡欢，心情沮丧；有的同学因为人际关系紧张，精神压力很大，导致程度不同的心理病症；而更多的同学则由于不知如何处理复杂的人际关系，经常被苦闷、烦恼的情绪所困扰。那么，我们怎么才能拥有和谐的人际关系呢？

好好学习人际关系吧，那会对你的人生大有益处！

训练目标

1. 了解人际交往的一般知识。
2. 了解大学生常见的人际交往问题及其原因。
3. 掌握提高人际交往能力的途径和方法。
4. 了解自我人际交往的水平及状况。

单元1　人际交往心理知识 ABC

心理故事：天堂与地狱的区别

一位一生行善无数的基督徒，他临终前有一位天使特地下凡来接引他上天堂。天使说："大善人，由于你一生行善，成就很大的功德，因此在你临终前我可以答应你实现一个你最想实现的愿望。"

大善人说："谢谢你这么仁慈，我一生当中最大的遗憾就是我信奉主一生，却从来没见过天堂与地狱究竟长得什么样子？在我死之前，您可不可以带我到这两个地方参观参观？"天使说："没问题，因为你即将上天堂，因此我先带你到地狱去吧。"大善人跟随天使来到了地狱。

他们的面前有一张很大的餐桌，桌上摆满了丰盛佳肴。

"地狱的生活看起来还不错嘛！没有想象中的悲惨嘛！"大善人很疑惑地问天使。"不用急，你再继续看下去。"过了一会，用餐的时间到了，只见一群骨瘦如柴的饿鬼鱼贯地入座。

每个人手上拿着一双长十几尺的筷子。每个人用尽了各种方法，尝试用他们手中的筷子去夹菜吃。可是由于筷子实在是太长了，最后每个人都吃不到东西。“实在是太悲惨了，他们怎么可以这样对待这些人呢？给他们食物的诱惑，却又不给他们吃。”

“你真觉得很悲惨吗？我再带你到天堂看看。”

到了天堂，同样的情景，同样的满桌佳肴，每个人也都同样手持一双长十几尺的长筷子。不同的是，围着餐桌吃饭的是一群洋溢欢笑，长得白白胖胖的可爱的人们。他们用筷子夹菜，不同的是，他们喂对面的人吃菜，而对方也喂他吃。因此每个人都吃得很愉快。

【感悟与思考】 天堂与地狱的区别在于人与人相处的态度。你会和别人合作与相处，就可以生活得很愉快；不会和别人合作，只想着自己和自己想要的东西，就会生活得痛苦。

心理知识：人际交往

一位心理学家说：从某种意义上来说，人类的心理适应，最主要的就是对于人际关系的适应。从我们走进大学的那一天起，人际关系的种种问题就摆在每个人面前。人际关系紧张、敏感已经成为大学生一个不容忽视的问题。很多大学生感叹：人际关系怎么这样难处？为此，学习人际交往、提高交往中的心理素质已成为大学生的人生必修课。

一、人际交往

人际交往亦指社会交往，是指人与人之间通过一定方式进行接触，从而在心理上和行为上发生相互影响的过程。人际交往状况可大致分为三种，即人际吸引、人际排斥、人际冲突。人际吸引是人与人之间的相互接纳和相互喜欢，是人际交往中的肯定形式，按吸引的程度可分为亲和、喜欢和爱。人际排斥是指人与人之间的相互讨厌、相互回避、相互拒绝、不相容。人际冲突是指人与人之间由于生活背景、教育、年龄和文化等的差异，导致彼此互不相容、互不合作，造成双方关系紧张、对立。

人际关系是人际交往的结果，反映了人与人之间相互影响作用的具体状态，由人际交往形成的人际关系对进一步的交往产生促进或阻碍作用，成为人际交往的起点与依据。人际关系是一把双刃剑，当人际关系和谐、融洽时，它会给人以愉快、充实、幸福、成功、欢乐，而当人际关系紧张、失调时，它又会给人带来烦恼、痛苦、失望、忧伤和阴影。

二、人际交往与心理健康

人的成长、发展、成功、幸福都与人际关系密切相关。没有人与人之间的关系，就没有生活基础。对任何人而言，正常的人际交往和良好的人际关系都是其心理正常发展、个性保持健康和生活具有幸福感的必要前提。我们这里着重讨论人际交往与心理健康的关系。

研究表明，如果一个人长期缺乏与别人的积极交往，缺乏稳定的良好人际关系，那么这个人往往有明显的性格缺陷。在心理健康教育实践中，我们也注意到，绝大多数大学生的心理危机与缺乏正常的人际交往和良好的人际关系是相联系的。在同宿舍里，同伴之间的心理交往状况往往决定了一个大学生是否对大学生活感到满意。那些生活在没有形成友好、合作、融洽的人际关系的宿舍中的大学生，常常显示压抑、敏感、自我防卫、难于合作的特点，情绪的满意程度低。在融洽的宿舍里生活的大学生，则以欢乐、注重学习与成就、乐于与人交往和帮助别人为主流，可见，人的心态与性格状况直接受到与别人交往和关系状况的影响。

心理学家曾从不同的角度做过大量的研究结果表明：健康的个性总是与健康的人际交往相伴随的。心理健康水平越高，与别人的交往就越积极，越符合社会的期望，与别人的关系也越深刻。心理学家奥尔波特发现个性成熟的人都同别人有良好的交往与融洽的关系，他们可以很好地理解别人，容忍别人的不足和缺陷，能够对别人表示同情，具有给人以温暖、关怀、亲密和爱的能力。人本主义心理学家亚伯拉罕·马斯洛发现高水平的“自我实现者”，对别人有更强烈、更深刻的友谊与更崇高的爱。

还有的研究结果表明，那些高心理健康水平的优秀者，往往来自于人际关系良好的家庭，这也从一个侧面提供了人际交往状况影响个体心理健康的佐证。

三、人际交往的心理效应

在人际交往中有不少有趣的心理现象，如果能懂得并正确掌握这些心理现象对我们日后的人际交往将产生巨大的帮助。

（一）首因效应

首因效应在人际交往中对人的影响较大，在人际交往中，人们往往注意开始接触到的细节，如对方的表情、身材、容貌等，而对后来接触到的细节不太注意。人与人第一次交往中给人留下的印象，在对方的头脑中形成并占据着主导地位，这种效应即为首因效应。我们常说的“给人留下一个好印象”一般就是指的第一印象，这里就存在着首因效应的作用。因此，在交友、招聘、求职等社交活动中，我们可以利用这种效应，展示给人一种极好的形象，为以后的交流打下良好的基础。当然，这在社交活动中只是一种暂时的行为，更深层次的交往还需要加强在知识、能力、修养以及谈吐、举止、礼节等各方面的素质。

（二）近因效应

近因效应与首因效应相反，是指在交往中最后一次见面给人留下的印象，这个印象在对方的脑海中也会存留很长的时间。如多年不见的朋友，在自己的脑海中的印象最深的，其实就是临别时的情景；一个朋友总是让你生气，可是谈起生气的原因，大概只能说上两三条，这也是一种近因效应的表现。利用近因效应，我们在与朋友分别时，给予他良好的祝福，自己的形象会在他的心中美化起来。

（三）光环效应

当我们对某个人有好感后就会很难感觉到他的缺点存在，就像有一种光环在围绕着他，这种心理就是光环效应。“情人眼里出西施”说的是情人在相恋的时候很难找到对方的缺点，认为他的一切都是好的，做的事都是对的，就连别人认为是缺点的地方也觉得无所谓，这就是光环效应的表现。光环效应有一定的负面影响，在这种心理作用下，我们很难分辨出好与坏、真与伪，容易被人利用。所以，我们在社交过程中，“害人之心不可有，防人之心不可无”，具备一定的设防意识，即人的设防心理。

（四）定势效应

定势效应是指由于在人们的头脑中存在着某种想法而影响对他人的认知和评价。在人际交往活动中，当我们认知他人时，常常会不自觉地产生一种有准备的心理状态（出现原有的某种想法），并从这种心理状态出发，按照事物的一定的外部联系进行认知和评价，于是也就产生了定势效应。我们对陌生人人际交往的开始，往往要借助于定势效应，将我们准备的心理状态用于对待人与事上。定势效应在某种条件下有助于我们对他人作概括的了解，但

往往会产生认知的偏差。如成语“邻人偷斧”就是定势效应的例子。再如，农村来的同学认为城市来的同学见多识广，但狡猾、小气；城市来的同学则认为农村来的同学孤陋寡闻，但忠厚、老实。

（五）投射效应

投射效应是指在人际交往中，形成对别人的印象时总是假设他人与自己有相同的倾向，即把自己的特性投射到其他人身上。所谓“以小人之心，度君子之腹”，反映的就是投射效应的一个侧面。投射可分为两种类型：一种是指个人没有意识到自己具有某些特性，而把这些特性加到了他人的身上。如一个对他人有敌意的同学，总感觉对方对自己怀有仇恨，似乎对方的一举一动都有挑衅的色彩。另一种是这个人意识到自己的某些不称心的特性，而把这些特性加到他人的身上。如在考场上，想作弊的人总感觉别的同学也在作弊，倘若自己不作弊就吃亏了。其目的是通过这种投射重新评价自己的不称心的特性，以求得心理上的暂时平衡。

（六）刻板效应

刻板效应是指人们用刻印在自己头脑中的关于某人、某一类人的固定印象，以此固定印象作为判断和评价他人依据的心理现象。刻板效应是一种偏见，人们不仅对接触过的人会产生刻板印象，还会根据一些不是十分真实的间接资料对未接触过的人产生刻板印象，都认为他是该类人的代表，而总是将对该类人的评价强加于他，从而影响正确认知，特别是当这类评价带有偏见时会损害人际关系。如有的大学生认为家庭社会地位高的学生傲气、不好相处等，这种刻板印象容易造成先入为主，妨碍大学生正常人际关系的形成。

心理训练1：找朋友

1. 活动步骤

在教室里找到符合每个条件的人，请他们签名。

每人只能在一个人的表格上签一次。

抽查不符，无效。

特　征	签　名	特　征	签　名
微笑迷人		用手语说“我爱你”	
会折纸飞机		会跳舞	
会抛媚眼		会唱周华健的歌	
能唱外语歌		会弹奏一种乐器	
能模仿周星驰		会甜言蜜语	
会做鬼脸		会画动物卡通画	
去过桂林		能说三种语言	
运动会获过奖		喜欢蓝色	
会做菜		会游泳	

2. 讨论与分享

游戏结束后，将全班同学分成若干组，每组6～8个人，围绕以下问题进行讨论与分享。

（1）请用3个关键词形容此刻你的心情。

（2）在游戏中，你的请求有被他人拒绝吗？

（3）在游戏中，你是否得到他人的帮助？你是主动寻求，还是被动接受？

（4）如果重来一次，你会作出改变吗？你该如何进行改变呢？

心理训练2：找变化

1. 活动步骤

（1）用连续报数的方法，确定实际参与游戏的人数，要求为偶数。如出现奇数时，主持人也作为一员参与活动。

（2）如以50个学生为例，1—25号学生排成一排，26—50号学生在1—25号学生中寻找一个“中意者”，两两成对。

（3）“成对”的两个学生面对面站立，相互关注对方1分钟。1分钟后，1—25号学生留在原地，26—50号学生离开原地，走到1—25号学生看不到的另一空间，所有的学生在2分钟内对自己的外形做3个改变。

（4）“成对”学生分别找出对方的3处改变。完成后，请26—50号学生留在原地，1—25号学生离开到另一空间，所有的学生在现在的基础上分别做5个改变，5分钟完成。

（5）“成对”学生分别找出对方的5处改变。

2. 讨论与分享

通过“找变化”游戏，在自己变化的同时学会欣赏他人的变化，并在变化中成长和完善自己。

单元2　大学生人际交往心理问题

心理故事：不要让杂草长过鲜花

一个人在花园里栽种了各色鲜花，每天浇水、翻地、施肥、裁剪。经过精心培植，花长得非常美丽、鲜艳。后来，因为生意繁忙，早出晚归，他很少再打理花园，偶尔也会想起该给花园清理杂草了，但只是这样想着。不知不觉，很多日子逝去了。某天朋友拜访他，他突然发现，花园里几乎见不到鲜花——一簇簇又高又壮的杂草把它们都遮盖住了……

【感悟与思考】 其实，我们的心也是一座花园，里面原本也长着许多美丽的东西：爱、真、同情、善良和乐观等。随着成长的脚步，在不同阶段、不同空间里，我们遇到各式各样的烦恼，学业、考试、成绩、竞争常使我们无暇顾及自己的心灵成长，许多杂草开始滋长或侵入：嫉妒；猜疑；恨；愤怒；消极等。年复一年，日复一日，终于有一天杂草长过了鲜花：与同学相处受了委屈，便挥拳相向；和父母拌嘴，遂离家出走；被老师批评，就选择死亡……我们的心灵终于不堪重负。此时，你想过整理自己的心灵空间吗？

心理知识：大学生人际交往中常见的心理问题及原因

在大学生的交往过程中，常常因为一些客观的因素以及主观认知、情绪、人格等心理因素的偏差而走入了心理误区，以至于出现各种交际障碍。这些心理因素表现如下。

一、自卑心理

[案例 5-1] 购物狂

小菲是一名大二女生，家庭条件较差，但同宿舍的几位室友的家庭条件较好，在与同伴交往的过程中，她产生了强烈的心理落差与嫉妒感，为了能像别的同学一样吃好、穿好、玩好，她疯狂地打工、做家教，挣来的钱全部用来买名牌衣服和生活用品，而且经常借债买这些物品，一度被同学们誉为“购物狂”。频繁的打工影响了学业，期末考试她有两门挂科。她在自己的日记中写道自己根本控制不了买东西的欲望，每当看到别人穿着高档的衣服，生活幸福的样子，她就感到心理不平衡，怀疑别人都看不起她。

自卑是人际交往的大敌。自卑的人悲观、忧郁、孤僻、不敢与人交往，认为自己处处不如别人，性格内向，总觉得别人瞧不起自己。这类人主要是由以下四种原因引起：过多的自我否定；消极的自我暗示；挫折的影响和心理或生理等方面的不足。如有的学生身材矮小、相貌丑陋、出身低微、学习差等。

自卑心理对大学生有较大的消极影响。长期自卑的人容易变得多疑、敏感，神经过敏，自我防御心理特强，总担心别人在背后说自己或嘲笑自己，胆小怕事，怯懦感特强，不敢在集体活动中表现自己，也不敢竞争和主动发展自己，甚至瞧不起自己，只知己短不知己长，甘居人下，缺乏应有的自信心，无法发挥自己的优势和特长。自卑的人心理脆弱，不能承受挫折，心理适应能力差，性格逐渐变得抑郁、沉闷、孤独，经常主动攻击或贬低别人，人际关系敏感而紧张，有时用虚荣的假象欺骗自己和别人或者对他人表现出强烈的嫉妒心，以错误的方式或者消极的形式寻求暂时的心理平衡，从而使自己的心理变更扭曲。自卑心理如不改变，久而久之，有可能逐渐磨损人的胆识、魄力和独特个性。

二、孤独心理

[案例 5-2] 莫菲为什么感到孤独

莫菲是一名即将毕业的大学生。从小他一直成绩很优秀，但是也从小一直很悲观。到了大学更甚，莫菲害怕和人接触，总是有着强烈的孤独感。平日里他和人在一起的时候还好，但只要剩下自己一个人的时候就会很消极很悲观，甚至觉得活着没有意义。大学一直没有花心思在学习上，虽然该拿的证书都拿了，却总是对其他事物提不起兴趣，一直在竞技游戏里寻找寄托。现在面临着找工作的压力向，莫菲却觉得前途很迷茫，因为自己的性格，也因为觉得自己其实根本没有真正学到过什么，总觉得会找不到一份满意的工作，因而感到很绝望，与此同时，学校里过去的人际关系也几乎完全断了，他的孤独感更甚。

孤独是一种感到与世隔绝、无人与之进行情感或思想交流、孤单寂寞的心理状态。正常人有时也会产生孤独感，但通常稍纵即逝，很快就能排遣，一般不会有伤感、抑郁、烦恼等明显的消极情绪体验，不会有孤家寡人的感觉。有孤独心理问题的人，深沉的孤独会使其产生挫折感、狂躁感，令人心灰意冷，严重的还会厌世轻生。

当生活模式突然改变时，如生活环境或家庭环境发生了重大变故，就会因失落和不习惯而感到异常孤独，大有"无可奈何花落去"的伤感，似乎自己已被社会抛弃，被他人遗忘。

有自卑、胆怯等心理问题的人，因缺乏交往的勇气而容易把自己封闭起来，从而使自己更加孤独而难以自拔。内向型性格的人也容易产生孤独感。这是因为他们的自我中心观念比较强，内心深处有比较强烈的抗拒感，往往对外界事物和周围人群表现得淡漠寡趣，难于合群，喜欢把自己封闭在一个狭小的天地里，因而深感孤寂。

孤独与孤僻不同。孤僻的人尽管也有孤单寂寞的感觉，但举止常较怪僻，使人难以接受，也不愿与人交际，喜欢自我禁锢和单独活动；孤独的人不像孤僻的人那样属于人格表现缺陷，而只是一种无助的异常的心理体验，一般渴望人际交往，在交际中行为正常，不会给人一种怪异的感觉。

三、嫉妒心理

[案例 5-3] 嫉妒是把双刃剑

小梅与小丽是某艺术院校大三的学生，同在一个宿舍生活。入学不久，两个人成了形影不离的好朋友。小梅活泼开朗，小丽性格内向，沉默寡言，小丽逐渐觉得自己像一只丑小鸭，而小梅却像一位美丽的公主，心里很不是滋味，她认为小梅处处都比自己强，把风头占尽，时常以冷眼对小梅。大学三年级，小梅参加了学院组织的服装设计大赛，并得了一等奖，小丽得知这一消息先是痛不欲生，而后妒火中烧，趁小梅不在宿舍之机将小梅的参赛作品撕成碎片，扔在小梅的床上。小梅发现后，不知道怎样对待小丽，更想不通为什么她要遭受这样的对待？

嫉妒是在人际交往中，因与他人比较发现自己在才能、学习、名誉等方面不如对方而产生的一种不悦、自惭、怨恨甚至带有破坏性的行为。嫉妒的人特点是：对他人的长处、成绩心怀不满，抱以嫉妒；看到别人冒尖、出头不甘心，总希望别人落后于自己。嫉妒的人还有一个特点：就是没有竞争的勇气，往往采取挖苦、讥讽、打击甚至采取不合法的行动给他人造成危害。这种情况严重阻碍了大学生的心理健康和交际能力，给大学生成人和成才带来了莫大的困难，因为嫉妒会吞噬人的理智和灵魂，影响正常思维，造成人格扭曲。

嫉妒产生的原因很多。在人与人之间公正、平等的原则尚未确立起来的地方，由于经常存在着社会不公的现象，很容易产生嫉妒的心理——许多人的利益并不是通过公平的机会和诚实的劳动获得的，而是通过对机会的独占和损害别人的利益获得的；许多人的升迁并不是凭借自己的真才实学和勤勉肯干获得的，而是依靠自己所拥有的种种不正当的社会关系以及精心钻营、溜须拍马取得的，也会加剧这种社会心理。人与人之间过多的对比也容易产生嫉妒心理。嫉妒的产生往往是与炫耀、摆阔联系在一起的，有人在那里炫耀自己的财富或者什么，就容易引起别人对他的嫉妒。

四、异性交往困惑

[案例 5-4] 好想谈恋爱

贺某，大三男生，自动化专业，来自贫困农村家庭，父母文化不高，父亲管教极为严厉粗暴，动不动就用棍子打人，而且还不准哭，他非常害怕父亲。贺某自诉性格内向，不善表达，平时在班上默默无闻。大学三年级了，还没有与本班女生说过几句话，甚至与有的女同学入学后从来没说过一句话。每次见到女同学贺某就低下头，不知说什么，看到许多人有女朋友，也想谈一个，可就是不知和她们说什么，有点像老鼠见到猫的感觉。和男同学可以打打闹闹，可就是不知道如何与女生交往。

异性交往本来是很正常的社交活动，同时也是一个一直令大学生感到棘手的社交障碍。有一些大学生在不良心理因素的作用下，与异性交往时总感到要比与同性交往困难得多，以至于不敢、不愿甚至不能和异性交往。

在异性交往中产生困惑的原因，往往是因为大学生不能正确区别和处理友谊与爱情的关系，部分大学生划不清友情与爱情的界限，从而把友情幻成爱情。大学生的年龄本来就是一个情愫迸发的年龄，对异性的渴望本是正常的事。但由于一些大学生受传统观念的影响，特别是封建社会"男女授受不亲"的文化传统，认为男女之间除了爱情就没有其他什么了，使得他们还没有树立起正确的"异性朋友观"。这必然会对大学生异性间交往带来一定的消极影响。再一个是舆论的影响，有的学校、老师、家长对男女同学之间正常的交往横加干涉，这势必加重了异性之间交往的困难。

五、自我中心人格

[案例 5-5] 如何融入集体生活

小王，18 岁，大一女生，面容清秀，来自一个生活优越的家庭，从小得到父母的宠爱，自我感觉良好。过去因为家庭条件较好，小王有一单独卧室，喜欢把自己的房间布置得整洁而有条理，但现在与来自不同地方的同学居住在一起，有的同学不讲卫生，有的同学很晚不睡，打电话、听收音机影响他人，有的同学翻来覆去睡不着影响自己的睡眠，开始她还能容忍这些情况，但久而久之，实在感到难以忍受，主动表达自己的不满，但也得不到回应，还被认为是娇小姐，所以小王很不喜欢这样的寝室生活，可也没有办法，其他人并不受她的影响，依然我行我素，所以与寝室同学的关系紧张，现在都严重影响自己的睡眠了。

每个人心中都或多或少地有一点自我的私心，只不过有些人只有自我，没有他人，处处以自我为中心。自我中心是人的一种个性特征，在交往中是一种严重的心理障碍。自我中心者为人处世以自己的需要和兴趣为中心，只关心自己的利益得失，而不考虑别人的兴趣或利益，完全从自己的角度、从自己的经验去认识和解决问题，似乎自己的认识和态度就是他人的认识和态度，盲目地坚持自己的意见，很少关心别人，与他人关系疏远，固执己见唯我独尊，自尊心过强，过度防卫，有明显的嫉妒心。

家庭环境是自我中心心理问题形成的重要原因。在独生子女越来越多的社会，不少青年学生自小享受长辈的过分保护、娇宠溺爱，甚至于自己力所能及的事情，家长都一一代劳，使他们从小就认为别人为他们做的一切事情都是理所应当的。天长日久，自然就形成了“唯我独尊、唯我独好”的心理。家长教育方法不当也是自我中心不良心理形成的重要原因，甚至有些家长自我素质不高，处理问题处处以自我为出发点，为孩子树立了不好的榜样。此外，社会环境复杂化也对青年学生自我中心倾向的形成起着推波助澜的作用。

学校应试教育也在客观上造成了重智育、轻德育的局面，对于学生身上出现的各种道德、心理问题，学校、教师明显关心不够。另外，在社会转型期的今天，社会对学校教育的认识存在偏差，学校出于保护自身的需要，对教师制定了极其严格的要求，“严禁体罚”的范围被无限扩大，不但打不得，而且训不得，客观上把学生以自我为中心的行为庇护的十分周全，助长了学生以自我为中心的心理。社会环境复杂化也对青年学生自我中心心理的形成起着推波助澜的作用。

心理训练1：盲行——信任之旅

1. 活动步骤

(1) 准备：指导者要事先准备好盲行路线，若在室外设定有障碍的路线，如上楼、拐弯等；在室内设置桌、椅等障碍物；准备好蒙眼睛用的头巾。

(2) 过程：团体成员按照随机抽取的扑克牌确定盲人的扮演者，盲人被蒙住眼睛，在原地转3圈，暂时失去方向感。其余的成员继续抽签，抽到与盲人牌面相同的成员扮演该盲人的向导，协助盲人。然后，盲人在向导的搀扶下，沿着指导者指定的路线，带领盲人沿室内外行走。

(3) 要求：活动中向导不能暴露自己的身份，不能讲话，大家都要保持安静，向导只能用非语言的方式引导盲人走完全程，让盲人自己体验各种感觉。

2. 讨论与分享

该活动结束后将全班同学分成若干小组进行讨论，每位扮演盲人或向导的成员说出活动中遇到的困难；扮演盲人与向导的角色时心里各有什么不同的感受？扮演盲人角色时，开始对向导有信心吗？整个活动过程你的信心是恢复了，还是丧失了？扮演向导角色时，你是如何传递信息的？盲人收到没有？后来如何进行调整？你是否是一个成功的带领者？本次活动你得到哪些有益的启示？分享活动中间的体验和感悟。再由每个小组的小组长代表发言，小组间交换心声。

心理训练2：爱在指间

1. 活动步骤

将团体成员分成相等的两组，一组成员围成一个内圆，再让另一组成员站在内圈成员的身后，围成一个外圆，内外圈成员相视而站。

当指导者发出“手势”的口令时，每个成员向对方伸出1～4个手指：伸出1个手指表示“我现在还不想认识你”，伸出2个手指表示“我愿意初步认识你，并和你做个点头之交的朋友”，伸出3个手指表示“我很高兴认识你，并想对你有进一步的了解”，伸出4个手指表示

“我很喜欢你，很想和你做好朋友，与你一起分享快乐和痛苦”。

当指导者发出“动作”口令，成员就作出相应动作：如果两人伸出的手指不一样，就站在原地不动；如果两人都伸出的是1个手指，就各自把脸转向自己的右边，并重重地跺一下；如果两人都伸出2个手指，那么就微笑着向对方点点头；如果两人都伸出3个手指，那么就主动热情地握住对方的双手；如果两人都伸出的是4个手指，则热情地拥抱住对方。

每做完一组“动作—手势”，外圈成员分别向右跨一步，和下一个成员相视而站，再跟随指导者的口令作出相应的动作，以此类推，直到外圈成员和内圈每个成员都完成了一组“动作—手势”为止。

2. 讨论与分享

对于人际交往的对象，我们应首先主动敞开心扉，接纳、肯定、支持、喜欢他们，保持在人际交往关系中的主动地位，这样别人才会接纳、肯定、支持、喜欢我们。

单元3　提高人际交往能力

心理故事：智者的四句箴言

一位少年去拜访一位年长的智者。他问：“我如何才能变成一个自己愉快也能给别人愉快的人呢?”智者望着他说：“孩子，在你这个年龄有这样的愿望已经很难得了。我送给你四句话。第一句话是：把自己当成别人。你能说说这句话的含义吗?”少年回答说：“是不是说，在我感到痛苦忧伤的时候，就把自己当成是别人，这样痛苦就自然减轻了；当我欣喜若狂之时，把自己当成别人，那些狂喜也会变得平和中正一些。”智者微微点头，接着说：“第二句话，把别人当成自己。”少年沉思一会儿，说：“这样就可以真正同情别人的不幸，理解别人的需求，并且在别人需要的时候给予恰当的帮助?”智者两眼发光，继续说道：“第三句话，把别人当成别人。”少年说：“这句话的意思是不是说，要充分地尊重每个人的核心领地?”智者哈哈大笑说：“很好，很好。第四句话，把自己当成自己。这第四句话理解起来太难了，留着你以后慢慢品味吧。”少年说：“这四句话之间有许多自相矛盾之处，我用什么才能把它们统一起来呢?”智者说：“很简单，用一生的时间的经历(第四句话是总结上面的)。”少年沉默了很久，然后叩首告别。后来少年变成了壮年人，又变成了老人。再后来在他离开这个世界很久以后，人们都还时时提到他的名字。人们都说他是一位智者，因为他是一个愉快的人，而且也给每一个见到过他的人带来了愉快。

【感悟与思考】 智者的四句箴言好比一帖快乐处方——把自己当成别人，受到挫折、屈辱时，便能置身事外，不快自然减轻；功成名就、取得成绩时，把自己当成别人，就不至于得意忘形，让胜利冲昏头脑。把别人当成自己，与人交往，遇事设身处地为别人着想，这事碰到自己的头上，我会怎样想，该怎么办？对别人多点同情心，多给点帮助。把别人当成别人，做人不要自以为是，要学会尊重别人，任何时候都不应怠慢别人，不能强求别人怎样做，怎样做是别人的自由，你无权干涉。把自己当成自己，任何人都有自己的独立性、个性，你就是你自己，不是别人，但有时你又是别人。把自己当成自己时，就得承担起自己的责任；该把自己当成别人时，就得站在别人的角度看自己，这样就不至于自我封闭，作茧自缚。

生存在这个社会，我们就离不开社交，但是迫于生存压力，我们往往看中自己所追求的终极目标，却忘记了交往过程中让彼此愉快的基本原则，其实我们稍微注意一下，就能做得很好。

心理知识：人际交往从心开始

对于大学生而言，人际交往对学习、生活和心理健康都有很大的意义。每个成长中的大学生都希望自己生活在良好的人际关系的气氛中，应该如何改善人际关系，如何加强人际交往，大概是每个大学生迫切希望解决的问题。

一、把握人际交往的原则

在人际交往的过程中我们必须遵守一定的原则，这样才能拥有和谐、友爱、互助的人际关系，才能尽可能避免不良心理问题的出现。人际交往的原则可以归纳为以下四个方面。

（一）充满自信，平等待人

平等原则就意味着在交往中互相尊重，一视同仁，这是和谐交往的基本前提。平等在一定程度上可以说是交往的最重要原则。

大文豪萧伯纳有一次写作休息时和邻居的小女孩一起玩耍。当送小女孩回家时，他对小女孩说："知道我是谁吗？回家告诉你妈妈，就说和你一起玩的是萧伯纳。"小女孩天真地回应说："知道我是谁吗？回家告诉你妈妈，就说和你一起玩的是克里·佩丝莱娅。"大文豪不禁惭然。后来萧伯纳对朋友谈起此事，感慨一个7岁的小女孩给他上了人生中最好最重要的一课，一个人不论有多大的成就，他在人格上与任何人都是平等的，这个教训他一辈子也忘不了。由此可见，平等不仅仅指经济、社会地位的平等，更是双方人格的平等。

交往是平等的，尊重他人，才能尊重自己。我们在与他人进行交往时，要把双方放在平等的位置上，既不能觉得低人一头，也不能高高在上。一个人只有充满自信，才会走出自我的圈子与人交往。一个人也只有平等待人，才会被人接纳。因此，我们在交往中要记住鲁迅的话："不要把自己看成别人的阿斗，也不要把别人看成自己的阿斗。"只有尊重自己的人，才可能会得到别人的尊重；只有尊重他人的人，才能得到别人的尊重，从而真正实现自我的尊严。

一个人如果自视特殊，居高临下，傲视他人，就会脱离群体，成为孤家寡人，造成心理上的孤独感。调查表明，那些优越感很强，喜欢显示个人特长或家庭背景的大学生多数人缘关系较差，即使能力很强，也无法发挥，因为不坚持交往平等原则的人是不会被他人欢迎和接纳。大学生的年龄、经历、文化水平等都大体相似，无论来自城市、农村，无论学文学理，并无尊卑贵贱之别。大学生在与他人进行交往时，要学会正确评估自己，不能只看到自己的优点而高高在上、盛气凌人，也不能只见自身的缺点而低人一头、盲目自卑，要尊重他人的自尊心和感情。

（二）诚实守信，言行一致

这是人际关系的基石，是深化友谊的保证。待人接物要以诚为本，能否以诚待人是衡量朋友质量的一个主要标准。朋友之交，言而有信，许诺别人的事就要履行，即"言必信，行必果"。这是信用原则的重要表现。轻易许诺但却失信于人，会给人一种极强的不信任感，感觉你习惯于开“空头支票”，缺乏交往的诚意，这是人际交往的大忌。我国古人历来把守信作为一个人立身处世之本，如孔子说：“人而无信，不知其可也。”因此，大学生要认识到，许诺是非常郑重的行为，对不应办或办不到的事情，不能轻易许诺，不要碍于面子答应，之后又无法兑现承诺。只有诚心才可以使我们在人际交往中随时获得别人的信任，并把那些具有同样优秀品质的人吸引到自己的身边，建立无须伪装自己的轻松、愉快的社交圈。

（三）互帮互助，互利互惠

这是人际交往的润滑剂。人与人之间的交往本质上是一种社会交换过程。这种交换虽不等同于市场上买卖关系的交换，但所遵循的原则都是一样的。即人们希望交换对自己来说是值得的，希望在交换中得大于或等于失。交往的双方应相互获得满足。当各自的需求与对方所具备的条件正好成为互补关系时，就会产生强烈的吸引。互助原则要求我们在别人遇到困难时伸出热情之手，像雪中送炭一样给别人以物质或精神的慰藉。互助关键要出于真诚，这是一种崇高的道德力量，是纯洁友谊的内容，不要将此曲解成斤斤计较的功利原则，如“我今天帮助你，你明天必须报答我”或“我不图别人的好处，但我也决不白施于人”。另外，互助要注重双向性、互利性，如果一方只索取不给予或只给予不索取，那就容易使另一方或者认为自己被人利用，或者误解对方的诚意，不敢再进一步向对方敞开心扉，从而中断交往。事实证明，交往中互利性越高，双方的关系越稳定和越密切，互利性越低，双方的关系越容易疏远。

（四）严于律己，宽以待人

这是人际交往的黏合剂。严于律己一方面指能严格要求自己，不损害他人的利益，另一方面指在受到别人的误解甚至责难时能驾驭自己的情感，控制自己的情绪。对朋友不可斤斤计较、求全责备。宽以待人指不计较他人的细枝末节，甚至能容人之短。因此，我们在与人交往时，既不能用一种标准去要求他人，也不能太苛求他人，要学会宽容，求同存异。宽容他人也就是在宽容自己，苛求他人也就是在苛求自己。不会宽容他人，也同样得不到他人的宽容。宽容原则非常重要，因为大学生在交往中的许多问题都是由于不宽容造成的。要能宽容别人，首先要理解别人，学会设身处地地为别人着想。而要真正理解别人，为别人着想，又要多交流，深入了解彼此的性情爱好和价值观念，这样才不至于在出现问题后无端猜疑，引发不必要的纠纷，有利于形成宽容和谐的交往气氛。宿舍交往中生活小事的磕磕碰碰更是难免，这个时候就更需要每个同学以宽容的心态对待问题，否则，小的摩擦就可能酿成严重的后果。

二、学习掌握人际交往基本技能

（一）主动而热情地待人

心理学家发现，“热情”是最能打动人、对人最具有吸引力的个性特征之一。一个充满热情的人很容易得到大家的欢迎，进而拥有良好的人际关系。在这里，我们首先让自己变得愉快起来是必要的。一个面带微笑、充满热情的人很容易被人接纳。

有一家老式旅馆，餐厅很窄小，里面只有一张餐桌，所有就餐的客人都坐在一起，彼此陌生，都觉得不知所措。突然，一位先生拿起放在面前的盐罐微笑着递给右边的女士：“我觉得青豆有点淡，您或者右边的客人需要盐吗?”女士愣了一下，但马上露出笑容，向他轻声道谢。她给自己的青豆加完盐后便把盐罐传给了下一位客人。不知什么时候，胡椒罐和糖罐也加入了“公关”行列，餐厅里的气氛渐渐活跃起来，饭还没吃完，全桌人已经像朋友一样谈笑风生了，他们中间的冰被一只盐罐轻而易举地打破了。第二天分手的时候，他们热情地互相道别，这时，有人说：“其实昨天的青豆一点也不淡。”大家会心地笑了。有人曾慨叹人与人之间的隔膜太厚，这隔膜其实很脆弱，问题是敢于先打破它的人太少。只要每人都迈出一小步，你就会发现，一个微笑，一句问候，就会化解这层隔膜，容易被人接纳。人与人的交往需要积极的行动，热情参与。

（二）开放自我，对别人真诚地感兴趣

不少人都错误地想方设法使别人对自己感兴趣，而不明白要使别人对自己感兴趣，首先自己应对别人感兴趣。只要你对别人真心地感兴趣，在两个月之内，你所得到的朋友会比一个要别人对他感兴趣的人在两年之内所交的朋友还要多。事实上，人们更喜欢那些对自己感兴趣的人。

对他人感兴趣就是要了解对方。在交往活动中，有些大学生不一定对他人不感兴趣，不想了解别人，而是不愿意开放自我，不想让别人了解自己。因此不敢过分地表现出自己对他人感兴趣，害怕对方也对自己感兴趣，想要了解自己，总是担心别人了解自己后会看不起自己。这种担心很消极。了解是双向的，别人只会因为了解你而尊重你。对一个不了解的人，我们是不可能发自内心的尊重。由此可见，我们要想拥有良好的人际关系，就要勇于开放自己，愿意让别人了解自己，同时也努力去了解他人，真诚地对待他人。

（三）发现和赞扬别人的优点

威廉·詹姆斯说：“人生中最深切的禀赋，是被人赏识的渴望。”我们应努力发现别人的长处，赞赏别人的优点。有效的赞赏是赞扬他人身上不显而易见的长处，如赞扬一位漂亮女孩聪明或会干家务，而不是只夸她很美丽，这种善于发现他人长处的能力会帮助我们在短时间内赢得他人。再者，我们可采取间接赞美的方式，百无一失的赞美应该是间接的。一般来说，背着当事人在其他人的面前赞扬其优点，当事人得知后，会觉得你的赞美是真诚的，因此会感到十分高兴。直接赞美别人会怀疑我们的动机，而间接赞美则很容易被人接受。

（四）注意人际交往中的语言技巧

语言艺术主要指要把握说和听的分寸。人际交往中的大部分信息是通过口头语言或书面语言来交流的，其中最常用的方式是交谈。交谈的方式和语言的效果息息相关，有四种通病在交谈中必须避免：一忌不理会对方的意见和反馈，只喋喋不休地发表自己的意见；二忌不能专注地听别人讲话，交谈中总是频频打岔或不停地左顾右盼；三忌交谈中总是质问对方，让对方感到自己像被审问的罪犯一样；四忌过于亲善或急于巴结对方，语气措辞肉麻不堪让人难以忍受。交谈是一门大有学问的艺术，谈话者一定要有备而来，交谈前要了解清楚交谈的对象、交谈的环境以及交谈的内容。

同时，善于聆听也是交往言语技巧的一个重要组成部分。交往是双向的，讲与听是一次交谈中必不可少的两个方面。一位当代伟人说过：“上天给我们两个耳朵，一张嘴，很明显的，就是要我们听比说要两倍以上。”还有人说：“很少有人能够经得起别人专心听讲给予的暗示性赞美。”大学生在谈话时更喜欢陈述己见，以引起别人的注意。事实上，倾听别人的讲话会有助于深入的了解。做一个好听众，往往更能引起别人的喜欢。因为与我们谈话的人对他自己需求更感兴趣。

（五）行为规范和体态语言的恰当运用

我们要站有站相，坐有坐相，所谓“站如松，坐如钟”。站立时不要来回晃动身体或手总是无处可放，坐时一般不要跷二郎腿，礼节性行为（如点头、握手等）要适当，不要过于献媚、讨好，也不要自以为是、居高临下，微笑和专注的神情在交往中很重要，我们要学会控制自己的情绪，而不是鲁莽、任性，让别人很尴尬，切忌眼光游移不定，左顾右盼或死盯住对方的眼睛，要与对方的视线保持一种若即若离的自然状态，行为和体态语言的运用要给人一种自然得体、富有涵养的印象。总之，友善的言行，得体的举止，优雅的风度，这些都是走近他人心灵的通行证。

（六）恰当的角色扮演

在人际交往过程中，角色变换频繁，如果我们不能对和他人的关系有明确的认识，就容易产生角色的困惑心理。如亲属关系中的言行不适用于师生的交往，一般朋友关系中的言行不适用于恋人关系的交往……我们在交往中不必一定要把这些关系作机械的、刻板的分类，但是也应当在和他人来往时，明确地认识和对方的关系，因为这样才使自己确知本身所在。

（七）讲求批评的艺术

人人都有毛病和缺点，但经常被他人指出不足是我们大多数人所反感的。因此，我们在批评他人时要讲究技巧。首先，不要当众批评他人，批评应尽量在单独的场合进行。其次，批评要对事不对人。比起一些具体的言行来，人们对自身的人格、能力等更为看重。批评避免对他人的人格能力的否定，而应提出某个具体言行的错误。再次，批评应针对现在，而不要纠缠老账。如果习惯于用“你怎么总是……”之类的形式批评别人是不会取得好的效果的。因此，批评最好只针对当前这一件事进行。

（八）学会换位思考

换位思考，用心理专家的话来说，就是置身于别人的内心世界去体验他的思想和行为。很多时候，人际冲突的根源都是以自我为中心，不能站在对方的角度看问题。因此能够懂得换位思考对提升人际关系很有帮助。那么如何做到具备换位思考的能力呢？第一，要以沟通双方的内心世界为交往目的，尊重对方，平等交流。第二，听比说更重要。第三，要设身处地，感同身受，并善于表达自己的想法。第四，敏感接受并善于运用非言语手段。第五，注重培养自己豁达、宽容、善良的个性特征。

三、适时克服人际交往心理障碍

我们要学会与他人相处，必须克服人际交往心理障碍，调适人际关系心理。

（一）摆脱孤独感

孤独感在青年大学生心理上特别敏感。大学生随着心理日渐成熟，发现自我与他人有着心理上的差异，意识到自己与他人的不同，于是，产生了欲与他人交往，了解他人，并被他人了解接纳的需要。如果这种需要得不到满足，便容易感到空虚，产生孤独感。从心理上看，每个人都存在着自己了解、别人也了解的“开放区域”，每个人也存在着别人已了解而他自己并不了解的“盲目区域”，每个人还存在着从未向别人透露过的“秘密区域”，每个人还存在着自己和别人都不了解的“未知区域”。在正常情况下，人与人之间要进行有效的交往，就需要尽可能扩大自我的心理“开放区域”，缩小“盲目区域”、“秘密区域”和“未知区域”。表现真实的自我，让别人了解你，才能在交往中沟通与他人的心灵联系，使自己被他人所理解、所悦纳，并与别人心灵相容，才能摆脱孤独感。健康的自我应当是开放的，而不封闭的。

（二）战胜自卑和羞怯

自卑和羞怯常常使人不敢大方地与人平等交往。战胜自卑和羞怯，尤其是社交恐惧症，重要的在于树立起成功交往的信心。充满自信我们才能坦然自若而不紧张。羞怯心理是一种常见于大学生人际交往中的现象。克服这种不良情绪应从以下三个方面着手：首先要清除消极的自我暗示，克服这种不良情绪，学会肯定自己，增强信心；其次不要过于考虑别人对自己的看法，患得患失；最后要学习必要的交往技巧，进行实践锻炼和心理训练，提高交往能力。

（三）克服嫉妒和猜疑心理

在大学生中较普遍地存在着不同程度的嫉妒心理，很有必要加以纠正。克服嫉妒情绪，使其从消极情绪和行为转化为积极的心态和竞争行为，首先要认清嫉妒的危害性：既打击别人，也贻误自己。其次，应正确认识自己，摆正自己与别人的位置，应认识到任何人都有优点和缺点、长处和短处，问题是如何取长补短。猜疑心重的大学生对别人总是抱有不信任的态度，总以一种怀疑的眼光看人，对他人心存戒心，戴着假面具与人交往。消除疑心，最根本的是去掉私心，“心底无私天地宽”。我们要提醒自己，防止以小人之心度君子之腹，应经常让自己来个角色置换，即站在对方的角度思考问题。

（四）培养社会协同观念

每个人都应明白这一点，自己永远生活在社会之中，只有“同舟共济”才能共同生存和共同发展。你只有尊重帮助别人才能赢得他人的尊重与帮助。洁身自好，顾影自怜的处世态度，既违背了人的社会性，也为自己设置了孤立无援的陷阱。只有当我们不断关怀别人的时候，才能经常得到他人的慰藉。只要大学生们热爱生活，相互沟通，真诚合作，同舟共济，大学生的生活、学习本身就是人间天堂。相反，如果大学生彼此封锁，互相争斗，则把大学生活、学习变成了人间地狱。生活在天堂里还是生活在地狱里，就取决于大学生们自己是否友爱相处了。

心理训练1：李颖该怎么办

1. 活动步骤

阅读故事，全班同学分成若干小组，讨论故事后的问题，每位小组成员都要发言。

李颖是一位来自农村的大学生。走进大学校门后，她发现宿舍里农村来的同学与城市来的同学在许多方面都有明显的差异。如同宿舍的农村同学赵丽质朴善良、勤奋进取、性格倔强，而城市同学王梅活泼好动、娇气任性、性格直爽，她们之间经常发生摩擦。这不，一件不愉快的事情又发生了。王梅同学发现她的100元钱找不见了，她想起放钱的那天只有赵丽一人在场，对赵丽起了疑心，王梅在宿舍里大叫大嚷，说她的100元钱是有记号的，她一定要查出来，并且真的动手搜查起宿舍同学的衣物、书柜、抽屉，搜查的重点明显地放在了赵丽同学的身上。当搜查到李颖时，李颖觉得有损自己的人格尊严，但是如果不让查，又怕别人说自己作“贼”心虚。

问题：

(1) 请问，李颖该怎么办？并请说明你的理由(　　)。

A. 让查　　B. 坚决不让查　　C. 不让查，委婉地说出理由

李颖同学拒绝让王梅搜查，两人发生了激烈的争吵，好在王梅最后从自己的柜子里找到了她的100元钱，事情总算水落石出。赵丽对李颖心存感激，两人从此成为好友。赵丽的家庭很不幸，母亲过早病逝，父亲再婚以后家庭经济很紧张，生活比较宽裕的李颖对她甚为同情，经常借钱给她，可赵丽由于生活困难，总是无力偿还向李颖所借的钱。有一次，赵丽又向李颖借钱100元。

(2) 请问，李颖该怎么办？这么做会产生怎样的结果(　　)。

A. 不借　　B. 继续借　　C. 借一半

李颖最终没有借钱给赵丽，赵丽很失望。正好在这段时间，赵丽的父亲来信表示以后不能再供养她了，大学生活要完全靠她自己，赵丽想起与她同父异母的弟弟依然在中学读书，心中甚感不公，起了状告父亲之意，她征询好朋友李颖的意见。

(3) 请问，李颖该怎么办？不同的做法有何利弊(　　)。

A. 事不关己，高高挂起　　B. 义愤填膺，全力支持　　C. 权衡利弊，竭力劝阻

李颖支持赵丽走上了法庭，与亲生父亲对簿公堂。由于赵丽已经是成年人，大学教育又不属于义务教育的范畴，而赵丽的父亲确实是生活困难，赵丽最终败诉。无奈之下赵丽每天晚上出去打工，自谋生路，但由于她回来得很迟，严重影响了宿舍同学休息，不明真相的同学对此非常有意见，王梅趁机将晚回宿舍的赵丽关在了门外，当李颖给赵丽开门并提醒她注意时间时，心情郁闷的赵丽没好气地说："我的事你以后别管了"。而王梅则冷嘲热讽，骂李颖是"狗拿耗子，多管闲事"，李颖的心中极为委屈。

(4) 请问，李颖该怎么办？如果你选择C，你打算如何与其沟通(　　)。

A. 针锋相对，立刻还击　　B. 温良谦让，忍了算了　　C. 寻找时机，逐一沟通

2. 讨论与分享

小组派一名代表与全班同学分享本小组的讨论结果和收获。讨论的内容除了上面的四个问题以外还包括：在这四个问题中，如果你大多数选择了C，说明了什么？而如果大多数选择了B或者A那又说明了什么？应该怎么办？

心理训练2：角色对换

1. 活动步骤

阅读案例，全班同学分成若干小组，讨论案例后的问题，每位小组成员都要发言。

[案例一] 在街上碰到熟人，当你向他打招呼时他却视若无睹，这时你会怎么办？

◎"自我中心"的人这样想：

(1)"这人怎么这样傲慢，有什么了不起的，下次见面，我也不会搭理你。"

(2)"太没礼貌了，懂不懂怎么尊重人。"

结果：互相不理睬，好像陌生人一样，可心里又很别扭。

◎"将心比心"的人会这样想：

(1)"他可能忘了戴隐形眼镜，没有看清楚是我吧。"

(2)“也许他正在思考什么问题呢。”

结果：心中释然，下次见面还是朋友。

[案例二] 你有急事需打电话，但是宿舍楼的公用电话老被一位同学占着，一直在和男友煲电话粥，这时你会怎么办？

◎“自我中心”的人会这样想：

(1)“这人真讨厌，要聊天自己买个手机！”

(2)“又不是你自己家的电话，这么没公德心。”

(3)“眼睛瞎了？没看见有人等电话用！”

(4)“钱多了，花不完捐给希望工程嘛。”

结果：越想越气，越等越急，两人大吵一架。

◎“将心比心”的人会这样想：

(1)“她可能正在热恋中，很想念男友，可以理解。”

(2)“也许她并不是经常打电话，这一次有很多话想和男友聊聊。”

结果：至少可以心平气和地向对方说明自己急着用电话的原因，请她暂时挂断，等你打完后再继续；实在不行还可以谅解对方，另外找个电话打。

问题：(1) 通过两个情境，我们体会到了什么？(2) 我们应该如何尊重别人？(3) 谈谈你对以下这段文字的理解和感受：有位哲人说过：“我们每个人都是平等的，你只有用爱来交换爱，用信任来交换信任”，就是说你想获得什么就得付出什么。很多人想得到别人的微笑与关心，却从来不对别人微笑，从来不关心他人，内心却还在责怪他人的不友好。同学们来自五湖四海，生活环境风俗习惯各异，人生观、价值观多元并存。此时要做的是求同存异，尊重对方对事物的看法，尊重对方的生活习惯，尊重对方的付出，请思考为什么大家之间存在这样大的差异，这些差异造成的原因是什么？这样一来，对方故意针对自己、对方不喜欢自己等负面的想法就自动消失了。我们就会多一些宽容，多一些理解，多一些爱护，多一些体贴，多一些真诚，多一些笑容。

2. 讨论与分享

小组派一名代表，与全班同学分享本小组的讨论结果和收获。

心理训练3：直面孤独

1. 活动步骤

阅读故事，全班同学分成若干小组，讨论故事后的问题，每位小组成员都要发言。

小林是某大学一年级的学生，来自山区农村，父母均是农民，家境贫困。他是家中的老小。小林自幼性格十分内向、孤僻，不善言谈，很少与人交往，但踏实用功，成绩一向很好，从小学到高中的十几年成长还算顺利。然而，自上大学之后，小林开始感到许多事情总不顺心，尤其是如何与人交往、怎样处理人际关系的问题使他伤透了脑筋，吃尽了苦头。半年多来，小林与班上同学很不融洽，与同宿舍室友曾发生过多次冲突，关系紧张，最后搬出宿舍，与外班的同学住到一起。从此，小林基本上不和班上同学来往，集体活动也很少参加，与同学的感情淡漠，隔阂加重。他觉得自己没有一个能相互了解、相互信任、谈得来的知心朋友，常常感到特别孤独和自卑，情绪烦躁，痛苦之极，而且无处倾诉。经常的失眠和头痛使他精

神疲惫，体质下降。他曾想尽力克制自己，强打精神，力图用埋头学习的方法来减轻痛苦，冲淡烦恼。然而，事与愿违，由于他学习时精力很难集中，效果很差，成绩急剧下降。小林感到震惊和恐慌，心境和体质也越来越坏，深感自己已陷入一个怪圈而无力自拔，失去了学习和生活的乐趣。

问题：(1) 说一说小林的人际交往现状；(2) 说一说小林在人际交往中存在的问题；(3) 说一说小林人际交往问题产生的原因？

2. 讨论与分享

小组派一名代表与全班同学分享本小组的讨论结果和收获。

心理训练4：当你面临如下情境时，你会怎样处理呢

1. 活动步骤

阅读以下各情境，全班同学分成若干小组，讨论情境之后的问题，每位小组成员都要发言。

[情境一] 同宿舍的同学自己不去开水房提开水，老是喝我的开水，我很不想给他喝，但又怕这样做会伤害到两个人的关系。

你的处理方法：________________________________

[情境二] 从同学的书桌旁经过时，她的书掉在了地上，虽然不是我碰掉的，但出于礼貌，我还是说了声："对不起"，没想到她一副坦然受之的样子，好像真是我的错，这让我很不舒服。

你的处理方法：________________________________

[情境三] 在学生会干部选举中，一个综合能力不如我的同学当选为学生会主席，而我只当上了文娱部长，因为我比别人更擅长歌舞。我很不服气，觉得是同学们故意针对我，想辞去文娱部长的职务，以维护自己的尊严。

你的处理方法：________________________________

[情境四] 同宿舍有位同学来自大城市，总是瞧不起我，说我从山沟里出来，没见过世面，什么都不懂，只会死读书。我也很自卑，不知道该和他说什么，总是离他远远的。

你的处理方法：________________________________

[情境五] 都快凌晨了，谈恋爱晚归的室友"哗啦啦"地洗头洗澡后，顶着湿漉漉的头发，开着大灯，全然不顾全寝室人要不要休息看起了小说。灯光直射在我的床头，我用衣服遮住眼睛半个小时也没睡着，真想跳起来把灯关了，因为担心会引起争吵，只得算了。

你的处理方法：________________________________

[情境六] 寝室里总是有人喜欢随地乱扔纸屑，有时拿卫生纸擦下书桌凳子后就随手丢弃，不及时打扫。有些室友很长时间都不洗一次衣袜，直到发出很强烈的异味就挂出去"自然风干"或者简单地用水浸泡一下。更有甚者，有些室友嚼完口香糖、槟榔等随口就在寝室吐了，有时候进寝室还有可能不小心踩到。作为寝室长，小李曾经督促过室友，但收效甚微。

你的处理方法：________________________________

问题：(1) 谈谈你思考了这六种人际情境的处理办法之后的体会，能否试着在实际生活中去实施它；(2) 为什么说真正要提高人际交往能力，最重要的就是行动。

2. 讨论与分享

小组派一名代表与全班同学分享本小组的讨论结果和收获。

单元4 心理自测

一、人际交往状况测试

指导语：人际交往中的不良心理往往是由于人们的人际交往能力不足引起的，在人际交往中人际关系的好坏可以看出你的人际交往能力的强弱，下面的测试题是人际关系的简易自测题，请你仔细阅读《人际关系测量表》的16个问题。每一个问题后面，各有A、B、C三种答案，请你按照自己的真实情况任选其一。

1. 在人际关系中，我的信条是(　　)。

A. 大多数人是友善的，可与之为友的

B. 人群中有一半是狡诈的，一半是良善的，我将选择良善者而交友

C. 大多数人是狡诈虚伪的，不可与之交友的

2. 最近我新交了一批朋友，这是(　　)。

A. 因为我需要他们

B. 因为他们喜欢我

C. 因为我发现他们很有意思，令人感兴趣

3. 外出旅游时，我总是(　　)。

A. 很容易交上新朋友

B. 喜欢一个人独处

C. 想交朋友，但又感到很困难

4. 我已经约定要去看望一位朋友，但因为太累而失约了，在这种情况下，我感到(　　)。

A. 这是无所谓的，对方肯定会谅解我

B. 有些不安，但又总是在自我安慰

C. 很想了解对方是否对自己有不满意的情绪

5. 我结交朋友的时间通常是(　　)。

A. 数年之久

B. 不一定，合得来的朋友能长久相处

C. 时间不长，经常更换

6. 一位朋友告诉我一件极有趣的个人私事，我是(　　)。

A. 尽量为其保密，不对任何人讲

B. 根本没有考虑过要继续扩大宣传此事

C. 当朋友刚一离去随即与他从议论此事

7. 当我遇到困难时，我(　　)。

A. 通常是靠朋友解决的

B. 要找自己可信赖的朋友商量办

C. 不到万不得已时，绝不求人

8. 当朋友遇到困难时，我觉得(　　)。

A. 他们大都喜欢来找我帮忙

B. 只有那些与我关系密切的朋友才来找我商量

C. 一般都不愿意来麻烦我

9. 我交朋友的一般途径(　　)。

A. 经过熟人的介绍

B. 在各种社交场所

C. 必须经过相当长的时间，并且还相当困难

10. 我认为选择朋友的最重要的品质是(　　)。

A. 具有能吸引我的才华

B. 可以信赖

C. 对方对我感兴趣

11. 我给人们的印象是(　　)。

A. 经常会引人发笑

B. 经常在启发人们去思考

C. 和我相处时别人会感到舒服

12. 在晚会上，如果有人提议让我表演或唱歌时，我会(　　)。

A. 婉言谢绝

B. 欣然接受

C. 直截接了当拒绝

13. 对于朋友的优点和缺点，我喜欢(　　)。

A. 诚心诚意地当面赞扬他的优点

B. 会诚实地对他提出批评意见

C. 既不奉承，也不批评

14. 我所交的朋友(　　)。

A. 只能是那些与我的利益密切相关的人

B. 通常能和任何人相处

C. 有时愿与同自己相投的人和睦相处

15. 如果朋友和我开玩笑(恶作剧)，我总是(　　)。

A. 和大家一起笑

B. 很生气并有所表示

C. 有时高兴，有时生气，依自己当时的情绪和情况而定

16. 当别人依赖我的时候，我是这样想的(　　)。

A. 我不在乎，但我自己却喜欢独立于朋友之中

B. 这很好，我喜欢别人依赖于我

C. 要小心点！我愿意对一些事物的稳妥可靠持冷静、清醒的态度

【评分方法】 各题的记分标准如下：

1. A. 3；B. 2；C. 1　　2. A. 1；B. 2；C. 3
3. A. 3；B. 2；C. 1　　4. A. 1；B. 3；C. 2
5. A. 3；B. 2；C. 1　　6. A. 2；B. 3；C. 1
7. A. 1；B. 2；C. 3　　8. A. 3；B. 2；C. 1
9. A. 2；B. 3；C. 1　　10. A. 3；B. 2；C. 1
11. A. 2；B. 1；C. 3　　12. A. 2；B. 3；C. 1
13. A. 3；B. 1；C. 2　　14. A. 1；B. 3；C. 2
15. A. 3；B. 1；C. 2　　16. A. 2；B. 3；C. 1

根据你所选定的答案，找出相应的分数，将16个题的得分数累加起来。这个总分数值大致可以评定你的人际关系是否融洽。

如果你的总分在38—48分，说明你的人际关系是很融洽的，在广泛的交往中你是很受众人喜欢的。

如果你的总分在28—37分，说明你的人际关系并不稳定，有相当数量的人不喜欢你，如果你想受人爱戴，还得付出更多的努力。

如果你的总分在16—27分，说明你的人际关系是不融洽的，你的交往圈子确实是太小了，很有必要扩大你的交往范围。

二、合作能力测试

指导语：本测试由一系列陈述语句组成，用于测量人的合作能力。请你根据自己的实际状况选择最符合自己特征的描述。选择时请你根据自己的第一印象，不要思虑太多，在5分钟以内完成所有的题目。每个题目只有一个正确答案，请选择最符合自己实际状况的答案。答案选择标准如下：A. 非常符合；B. 有点符合；C. 无法确定；D. 不太符合；E. 很不符合。

1. 我喜欢在别人的领导下完成工作。（　　）
2. 我不喜欢参加小组讨论。（　　）
3. 与生人一起讨论我会放不开。（　　）
4. 我喜欢与人一起分担一项工作。（　　）
5. 我感到与周围人的关系和谐。（　　）
6. 我觉得自己要比别人缺少伙伴。（　　）
7. 很少人可以让我去真正信赖。（　　）
8. 我感到寂寞。（　　）
9. 我相信大合作大成就、小合作小成就。（　　）
10. 我感到自己不属于任何圈子中的一员。（　　）
11. 我与任何人都很难亲密起来。（　　）
12. 我的兴趣和想法与周围人不一样。（　　）
13. 我感到被人冷落。（　　）
14. 没人很了解我。（　　）
15. 在小组讨论时我感到紧张不安。（　　）

16．我善于把工作分解开寻找合适的人一起做。（　　）
17．我感到与别人隔开了。（　　）
18．我感到羞怯。（　　）
19．我的要好朋友很少。（　　）
20．我只喜欢与同我谈得拢的人接近。（　　）

【评分方法】 请参照以下答案，对自己的选择进行计分，计分方法很简单，分别计算在你答案中：

选择 A 的数目：______　　选择 B 的数目：______　　选择 C 的数目：______
选择 D 的数目：______　　选择 E 的数目：______

接着按照下面的公式计算出原分数：(R)

$$R = E\times5+D\times4+C\times3+B\times2+A$$

最后，请按照下表所列的规则，根据你的原始分数(R)，找出相应的排名值(P)。

比如你的原始分数(R)是 73，那么下表对应的 P 值就是 58。

合作能力常模对照表

R	P(%)	R	P(%)	R	P(%)	R	P(%)	R	P(%)	R	P(%)
20	0	35	1	50	11	65	38	80	73	95	94
21	0	36	2	51	12	66	40	81	75	96	95
22	0	37	2	52	14	67	42	82	77	97	95
23	0	38	2	53	14	68	45	83	79	98	96
24	0	39	3	54	16	69	48	84	81	99	96
25	0	40	3	55	17	70	50	85	83	100	97
26	0	41	4	56	19	71	52	86	84		
27	0	42	4	57	21	72	55	87	86		
28	0	43	5	58	23	73	58	88	86		
29	1	44	5	59	25	74	60	89	88		
30	1	45	6	60	27	75	62	90	89		
31	1	46	7	61	29	76	65	91	90		
32	1	47	7	62	31	77	67	92	92		
33	1	48	8	63	33	78	69	93	93		
34	1	49	10	64	35	79	71	94	93		

排名值(P)是一个百分数，对于 P 值的理解是这样的：假如你得到的 P 值是 78，那就表明你的合作能力要比 78%的人高；反过来也就是说，你的合作能力要比 22%的人低，可见你在这个方面的能力还是不错的。

主题六

人格完善心理训练

篇首语

在现实生活中，我们常常会发现性格迥异的人，比如，有的人温文尔雅，有的人活泼开朗；有的人畏惧退缩，有的人冲动鲁莽；有的人公而忘私，有的人自私自利；有的人思维活跃，有的人思维刻板……所有这些都是人格差异的表现。人格是一个人素质的重要组成部分，也是一个人心理面貌的集中表现，人格与人的心理健康及精神疾病有密切的关系。随着文明的发展和进步，社会对人格健全的要求也越来越高。

我们正处于人格发展和完善的重要时期，应关注自己的人格状况，更好地了解自己，积极主动地塑造自己的人格，为自身发展创造良好的心理条件。

训练目标

1. 了解有关人格的心理学知识。
2. 了解大学生常见的人格心理问题。
3. 了解人格心理问题及心理障碍的一般矫正方法。
4. 掌握完善人格的基本方法。
5. 了解自我的人格发展状况。

单元1　人格心理学知识 ABC

心理故事：看戏的故事

四位先生听说某一歌星要来演出，下班后他们赶到戏院，但路上耽误了点时间，到达时已经开演了。第一位先生急匆匆走到门口，就要入内，看门人拦住他说："已经开演了，根据剧场规定，为了不妨碍其他观众，开场后不得入内。"这位先生一听，立刻火冒三丈，与看门人争吵起来。正当他们吵得不可开交的时候，第二位先生看见看门人吵得连门也顾不上看了，灵机一动，立刻侧身溜了进去。第三位先生则认为再等一下，耐心地跟看门人好好说说，也许能让进。第四位先生看到如此场面，认为看戏无望了，一边叹息一边说："唉，真倒霉，我老是不走运，不看了。"说完转身回头走了。

【感悟与思考】 不同的人，在同一件事情上会表现出不同的反应，这是为什么呢？其实，这和个人的气质和性格有关。这个世界上没有完全相同的两片树叶，也没有两个完全

相同的人。就是因为气质和性格的不同才造就了我们这个丰富多彩的世界。

心理知识：人格心理

一、人格的含义

“人格”一词是从英语“Personality”翻译过来的，“Personality”一词源于拉丁文“Persona”，其意指面具、脸谱。我们在阅读小说的时候，能感受到书中人物英勇或懦弱的不同性格；在现实生活中，我们也能觉察到周围人各不相同的特征：勤奋、懒惰、热情、冷漠等，这些心理特征其实都是心理学意义上的人格。人格大概有三种解释：社会上的一般解释，人格即人品，所谓人格高尚或低微，取的就是此义；法律上的解释，人格即个体的权利义务与尊严，所谓侮辱人格，取的就是此义；心理学上的解释，人格即个体在遗传素质的基础上，通过与后天环境的相互作用而形成的相对稳定的和独特的心理行为模式。

人格的结构一般包括四个层面：第一，行为模式。这是人格的外显层，主要包括个人在不同心境下的行为模式，是感性的、外观的，人们正是借此来判定评价一个人的人格。第二，倾向性。这里指人对社会环境的态度和行为的特征，包括需要、动机、兴趣、理想、信念、世界观等，它决定人的态度和积极性。第三，心理特征，包括能力、气质、性格，是人的心理特点及其独特的结合方式。第二层和第三层是人格的内隐层，它们往往通过外显的行为表现出来。第四，自我意识。它是人格的自我调节的层面，包括自我认识、自我体验、自我监控等。

二、人格的特征

人格是一个具有丰富内涵的概念，虽然心理学家对其定义不尽相同，但大多数心理学家对人格的理解基本上都包含了以下五个特征。

（一）人格的生物性和社会性

人格的生物性是指人格是受个体的生物性的制约，在个体的遗传和生物性的基础上形成的。人格的社会性是指人格是社会的人所特有的，是在社会化的过程中形成的。人格既是社会化的对象，也是社会化的结果。从这个意义上来说，人格的形成是生物因素和社会因环境交互作用的结果。

（二）人格的独特性和共同性

人格的独特性是指人与人之间的心理和行为是各不相同的。这是由于一个人的人格是在遗传、环境、教育等因素的交互作用下形成的，不同的遗传、生存及教育环境，形成了每个人独特的人格特点。所谓“人心不同，各有其面”，这就是这个道理。但是，人格的独特性并不意味着人与人之间的个性毫无相同之处。人与人之间在心理、面貌和行为上也会存在着共同的特点。

（三）人格的整体性

人格是由多种成分和特质（如能力、气质、性格等）构成，在一个现实的人身上，这些成分和特质并不是孤立地存在的而是相互联系、交互作用组成的一个有机整体，具有内在统一性。人格的内在统一性是心理健康的重要表征。一个失去了人格的内在统一性的人，他的行为就会经常由几种相互抵触的动机支配，是一种人格分裂的现象，会形成“二重人格”或“多重人格”。

(四)人格的稳定性和可塑性

人格具有稳定性。个体在行为中偶然表现出来的心理倾向和心理特征并不能表征他的人格。俗话说:“江山易改,禀性难移”,这里的“禀性”就是指人格。当然,强调人格的稳定性并不意味着它在人的一生中是一成不变的,随着生理的成熟和生活环境的变化以及自我认识、自我调控的加强等,人格会产生或多或少的变化,这是人格可塑性的一面,正因为人格具有可塑性,才能培养和发展人格。人格是稳定性与可塑性是统一的。

(五)人格的功能性

人格对个人的行为具有调节的功能,一个人的行为总是会打上其人格的烙印。同样面对挫折,性格坚强的人不会灰心而性格怯懦的人则会一蹶不振。所以,从一定的意义上说,人格决定了一个人的生活方式,甚至决定了一个人的命运,是人生成败的根源之一,这就是人格功能性的表现。

三、当代大学生人格发展的特点

大学生正处于身心急剧发展和自我意识由分化、矛盾逐渐走向统一的特殊时期,因此大学阶段仍然是大学生人格发展的重要时期。

(一)当代大学生人格发展的优点

综合国内外心理学家关于人格素质结构的研究成果以及我国当今大学生的实际表现,当代大学生人格发展中呈现出以下五个方面的特点。

1. 能正确认知自我

首先是能自我认可,基本上能接受一切属于自我的东西,从而形成对自己积极的看法。其次是自我客体化,对自己的所有与所缺都比较清楚和明确,能理解“现实自我”与“理想自我”之间的差别。大多数人都有明确的奋斗目标和愿望,并为之而努力。

2. 智能结构健全而合理

具有良好的观察力、记忆力、思维力、注意力和想象力,没有认知障碍,各种认知能力能有机结合并发挥其应有作用。

3. 对社会环境的适应能力较强,不断地进行社会化活动

当代大学生对外部世界有着浓厚的兴趣,有着广泛的活动范围和许多爱好,人际交往范围扩大,积极参与各种形式的社会实践。同时,能容忍别人与自己在价值观与信念上存在的差别,能根据事物的实际情况看待事物,而不是根据自己的主观愿望来看待事物。

4. 富有事业心,具有一定创造性和竞争意识

能把事业看成生活的重要组成部分,有着较强的进取心和责任感,具有竞争意识和开放性的思想观念,少有保守思想. 喜欢创造,勇于创新,甘愿冒险,独立性强,富有幽默感,态度务实。

5. 情感饱满适度

情绪上稳定性与波动性、外显性与内隐性并存,情感丰富多彩,积极的情绪、情感体验在学习、生活中占主导。

(二)当代大学生人格发展的不足之处

1. 自我认知能力欠缺,易产生认知偏差

在生活中,不少大学生自我认知能力欠缺,不能对自己很好地定位。有学者在调查中发

现，超过40%的大学生具有自我中心倾向。当这种倾向与一些消极的思想意识（如个人主义、自私自利等）和心理特征（如过强的自尊心、唯我独尊等）结合时，就会表现出过分的、扭曲的以自我为中心。有些大学生对自己的评价过低，他们往往看不到自己的优点，感到事事不如人，处处低人一等，对自己缺乏信心，自我否定。过低评价自己会导致大学生对自己各种能力的怀疑，限制自己对未来事业及美好生活的憧憬。

2. 情绪不稳定，宽容意识不足

一些大学生的行为容易被不健康情绪所控制，表现出极强的不稳定性，学习和做事容易走向两个极端。这种情绪一旦得不到合理的引导和有效的控制，就会向消极的方面发展，甚至会在瞬间转化为对人对事极强的攻击性，极易违纪甚至违法。另外，有些大学生缺乏宽容的心灵，对别人的过错不能包涵、原谅，得理不饶人，为鸡毛蒜皮之事口舌相争，甚至拳脚相向。"宽容使差异成为可能，而差异使宽容成为必要"，心理健康的一个重要方面就是与人和谐相处，而宽容就是打开彼此和解之门的钥匙。

3. 没有养成良好的行为习惯

有许多大学生缺乏远大理想，社会认识能力、是非辨别能力不强，自我控制能力较差，没有端正学习态度，更没有形成良好的学习习惯，把大量的时间和金钱都花在了闲聊交友和吃喝玩乐上。据相关调查显示：56%的大学生认为旷课、迟到是正常的，属于个人的事；67%的大学生对上课讲话、听耳机、看小说表示无所谓；35%的大学生在学习的过程在从未借过有关专业知识方面的参考书；14%的大学生到学校一年多从未去过图书馆；7%的大学生经常抄袭他人作业或实验报告。

4. 心理适应能力差

有些大学生从入学开始就心态失衡，认为自己考上的大学不是理想中的，是委屈了自己，故对前途缺乏信心，对陌生的环境、对陌生的老师和同学极不适应。他们不是努力去适应环境，而是一味怨天尤人，整天懒懒散散。而另外一些大学生出身于条件较优越的家庭，过惯了养尊处优的生活，不适应群体生活，养成自我中心的个性。此外，还有少数大学生受应试教育观念的影响，重分数，轻能力，只会埋头读书，独立生活能力差等。

四、人格与心理健康

有些学者认为，健康人格就是心理健康的完满状态。它是以较高的主客观认知水准，乐观而稳定的情绪，符合社会取向的人生观、价值观为核心，以具备良好的心理调适能力，充分发挥个体内在潜能，在各种行为反应中以积极、适度的方式表达个体感受与行为的主观状态。因此，心理健康是人格健康的重要标志和主要内容，保持良好的心理状态是促进人格健康的重要途径和有效方法。

人格上人类心理行为的基础，人类的心理行为则是人格与环境交互作用的结果。因此，人格的面貌会影响一个人的心理健康、潜能的开发、活动效率和对社会的适应状况。并且，人格对心理疾病、身心疾病的患病概率、患病种类、病程长短、预后效果等均有明显的影响。如抑郁质和胆汁质的人在不良的环境作用下，容易出现神经症一类的心理障碍；还有一些人格类型的人容易引起紧张、焦虑、抑郁、暴躁等情绪障碍；而严重的人格缺陷即人格障碍本身就是一种心理疾病。身心医学的研究发现，许多身心疾病都与相应的人格特征有关，这些人格特征在疾病的发生、发展过程中起到了生成、促进、催化的作用。如哮喘病的患者多与过分依赖、幼稚、暗示性高的人格特征有关；偏头痛患者多表现出刻板、好竞争、好嫉妒、追求完美的人格特征；而具有矛盾、强迫性、吝啬、听话、抑郁特征的人容易患结肠炎、胃溃疡等疾病。

讲究人格心理卫生不仅是为了避免疾病，更重要是为了发挥积极人格的作用，以增进人和社会的文明和发展。如一个性情开朗、热情、属于交际、为人诚恳的人，往往容易得到群体和他人的接纳和帮助、欢迎和喜爱，容易建立起和谐的人际关系，不仅自己过得开心愉快，也会给周围的人带来欢乐，并使自己的才华得以施展。

心理训练：画自己

1. 活动步骤

(1) 将全班同学分成若干组(最好以宿舍为单位分组)，每组8～10人。

(2) 每组发彩色笔一套，在5分钟内，每位同学用最能代表自己的色彩和图案(人物、动物、风景或其他任意画图)画出自己，并签名。

(3) 在活动过程中播放柔美的背景音乐。

2. 讨论与分享

(1) 与组员分享自己的个性图画，解释自己的个性图画的含义，说说它是怎样体现自己的个性特点的。

(2) 组员之间可以相互提问，提出对图画的看法，以便同学之间相互了解和沟通。

单元2　大学生常见的人格问题

心理故事：马加爵的悲剧

2004年2月23日，云南省昆明市云南大学6幢317号宿舍发现4具男性尸体，经查死者是该校生化学院生物技术专业2000级的4名学生唐学礼、杨开红、邵瑞杰和龚博。云南省公安厅和昆明市公安局在之后的现场勘查和调查访问后认定，4人的同学马加爵有重大作案嫌疑。案件侦破后，马加爵对犯罪事实供认不讳。4月24日，昆明市中级人民法院一审判处马加爵死刑，剥夺政治权利终身。

马加爵杀人案件发生后，几乎所有人都不解地问：他为什么要杀人？作为一名接受了四年高等教育的大学生，怎么会因为打牌时的争执和不满，就采取了常人不可想象的极端行为？3月19日，昆明警方再次对马加爵进行了审讯，马加爵供出了他杀人的真正动机："我觉得我太失败了。"马加爵的回答令人震惊。从目前媒体披露出来的马加爵的作案动机和有悖常理的作案过程看，马加爵存在着明显的人格扭曲，或称人格障碍。

【感悟与思考】 人格障碍一旦形成后就比较恒定，不易改变。追溯一下马加爵整个成长的心路历程，可以看到，他生长在农村，家境比较贫穷，进入大学以后，他性格孤僻，还有较深的自卑情结。4年里，在生活、学业、人际交往等方面的许多不如意都导致他与同学之间的积怨一点点加深，以至于"打牌"冲突点燃了"导火线"，酿成惨剧的发生。

心理知识：大学生常见的人格问题

一、影响大学生人格发展的因素

有人说，人格是先天和后天的合金，是遗传与环境交互作用的结果。在人格的形成过程中，各种因素对人格的形成与发展起到了不同的作用。遗传因素决定了人格发展的可能性，环境因素决定了人格发展的现实性，其中教育起到了关键性作用，而自我调控因素是影响人格发展并起决定作用的内因。

遗传对人格的作用程度随人格特质的不同而异。通常在智力、气质这些与生物因素相关较大的特质上，遗传因素的作用较重要；后天环境因素多种多样，包括家庭因素、学校因素、社会文化因素、自然物理因素等。在价值观、信念、性格等与社会因素关系紧密的特质上，后天环境的作用可能更重要。人格的自我调控系统是人格发展的内部因素。具有自知的人，他能够客观地分析自己，不会把遗传方面或生理方面的局限视为阻碍个人发展的因素，而会有效地利用个人资源，发挥个人的长处，努力地改善自己和完善自我。人是在发展中求生存的。自我调控具有创造的功能，它可以变革自我、塑造自我，不断完善自己，将自我价值扩展到社会中去，并在对社会的贡献中体现自己的价值，把实现自我的个人价值变为实现自我的社会价值。人的自我塑造伴随着人的一生，需要一个人不懈地努力去完成。

正处于人格的形成、发展过程中的大学生，他们人格的形成与发展并非一帆风顺，在主客观中存在着的诸多不良因素会不同程度地影响人格的健康发展，从而导致人格发展缺陷，严重的还会引起人格障碍。

在生理因素方面，大学生处于成年初期，如果缺乏科学系统的健康教育，青春期带来的生理变化常引起他们躁动不安，会引发恐惧、抑郁、焦虑、冲动等人格发展缺陷。

在心理因素方面，大学生在认识、能力、意志、情感、性格、气质等方面的一些缺陷都会促使其形成人格缺陷。如当大学生担忧自己的前途或缺乏理想追求，或对人格发展缺陷的危害性认识不足时都会促使他们形成某些人格发展缺陷；而当大学生缺乏自理能力、人际交往能力，学习成绩不佳，或因个人的容貌不佳、生理缺陷、家庭贫困等原因而又不能正视和接受自我时，也会促使他们形成某些人格发展缺陷。一旦大学生形成了错误的人生观、世界观或悲观厌世或疾恶如仇等，就会放弃个人的道德修养，更易形成人格发展缺陷。

在社会因素方面，大学生在童年时期通过观察、模仿，习得并通过条件反射机理而巩固下来的许多情绪反应和行为方式，包括一些社会适应不良的行为，常常成为异常人格形成的关键性影响因素。行为主义心理学家认为人格障碍是社会学习的结果，我们也常会发现不良的外界环境对个体格偏离所产生的影响。

二、大学生常见的人格缺陷及调节

人格缺陷是介于正常人格与人格障碍之间的一种人格状态。常见的人格缺陷有自卑、抑郁、怯懦、孤僻、冷漠、悲观、依赖、敏感、自我中心、焦虑或对人格敌视、暴躁冲动等。它们不仅影响活动效率，妨碍正常的人际关系，同时还会给人蒙上一层消极、阴暗的色彩。下面将一些常见人格缺陷的特点及矫正方法介绍如下。

（一）悲观及其改变

有些人遇到不如意、失败的情况时便垂头丧气、怨天尤人，因而对前途失去信心而心灰意懒，如此种种都是悲观的表现。引起悲观的既有人生态度、意志品质方面的原因，也有认知错误、人格不成熟的因素。有些人则是因为理想破灭、道路坎坷而灰心丧气。

有的大学生常从消极的角度去看问题，总把眼睛盯着弱点和困难的方面，或认为失误是无法改变的。这实际上是用悲观来对待挫折，结果是"帮助"挫折来打击自己，在已有的失败感中又增添新的失败感。这种悲观心理的发展会使人浑浑噩噩、毫无生气，甚至厌世轻生。

悲观心理是一种严重的不健康心理，对人身心的危害极大。怎样才能改变悲观，走出情绪低谷，培养乐观的人生态度呢？德国心理学家皮特·劳斯特提出了一些有价值的建议。

(1) 越担惊受怕就越遭灾祸。因此，一定要懂得积极态度所带来的力量，要坚信希望和乐观能引导你走向胜利。

(2) 即使处境危难也要寻找积极因素。这样，你就不会放弃争取微小胜利转机的努力。你越乐观，你克服困难的勇气就越会倍增。

(3) 以幽默的态度来接受现实中的失败。有幽默感的人才有能力轻松地克服厄运，排除随之而来的倒霉念头。

(4) 既不要被逆境困扰，也不要幻想出现奇迹，要脚踏实地、坚持不懈，全力以赴去争取胜利。

(5) 不管多么严峻的形势向你逼来，你也要发现有利的条件。不久，你就会发现，你到处都有一些小的成功。这样，自信心自然也就增大了。

(6) 不要把悲观作为保护你失望情绪的缓冲器。乐观是希望之花，能赐给人以力量。

(7) 你失败了，但你要想到，你曾经多次获得过成功，这才是值庆幸的。如果10个问题你做对了5个，做错了5个，那么你仍然有理由庆祝一番，因为你已经成功地解决了5个问题。

(8) 在你的闲暇时间努力接近乐观的人，观察他们的行为，通过观察培养起你的乐观态度，乐观的火种会慢慢地在你内心点燃。

(9) 要知道，悲观不是天生的。像人类的其他态度一样，悲观不但可以减轻，而且通过努力还能转变成一种新的态度，这就是乐观。

(10) 如果乐观的态度使你成功了，那么你就应该相信这样的结论：乐观是成功之源。

此外，培养多方面的兴趣与爱好，多参加集体活动，多加强体育锻炼，多看幽默剧、相声等给人带来笑声的节目，都有助于大学生培养乐观的性格。

(二) 羞怯及其改变

羞怯在大学生中并不少见。如不敢在大众场合发表意见，害怕与陌生人打交道，路上见到异性同学会手足无措，见到老师便难为情，说话感到紧张等。一般而言，害羞之心人皆有之，但过分地害羞就不正常了。它会阻碍人际交往，影响一个人正常的发挥才能，还会导致压抑、孤独、焦虑等不良心态。

羞怯是一个自我防御心理过强的结果，其特点表现如下。

1. 过于胆小被动，过于谨小慎微

羞怯者说话时，意思往往表达不清楚，说话、做事总怕有错，担心被人议论、讥笑。因此每想说一句话，总要在喉咙口反复多次；每做一件事，总要思前想后，为此把自己搞得神经紧张、坐立不安，而且往往为错过说话、做事的时机后悔、沮丧、自责。

2. 过于关注自己

羞怯者特别注意自己在别人心目中的形象，总觉得自己时时处处众目睽睽之下，于是表现得敏感、拘束。

3. 自信不足

羞怯者对自己的社交能力、表达能力、做事能力乃至自我形象缺乏信心，因而使本来可以做到、做好的事难以如愿。虽然羞怯者的人格特征与神经类型有一定的联系，但更多地还是后天因素所致。所以，通过有意识的调节可以改变。

第一，要对自己作一个具体分析，找到自己的所长和所短，发扬所长可增强信心并补偿不足。特别是要多看到自己的长处以增强信心。

第二，放下思想包袱。事实上每个人都有怕羞心理，只是有些人善于调节，注意锻炼罢了。金要足赤、人要完人是不可能的。一个人说错话、办错事没什么可怕，也不必难为情，知错能改就是了。

第三，不要太在意别人的议论。所谓"众口铄金"，总把别人说的话放在心上便寸步难行，什么也不敢说、不敢做了。只要自己看准的就大胆去做。无论你做得多好，也不可能人人称赞。

第四，有意识地锻炼自己。胆量和能力都是锻炼的结果，要敢于说第一句话，敢于迈出第一步。一旦这样做了，会发现自己不仅有能力把事情干好，而且有潜力把事情干得更好。

20 世纪 70 年代日本的首相田中角荣在学生时代是一个严重的口吃患者，他发现自己越是在众人面前说话就越口吃，这非但没使他退却，反而使他下决心克服口吃。于是他索性参加了学校的话剧团，迫使自己背台词，并要背得烂熟，否则无法登台演出。就这样，他百折不挠地锻炼，战胜口吃，不但话剧演得很成功，后来还参加竞选演讲，出任日本首相。可见锻炼是克服人格缺陷的一个好办法。

（三）急躁及其改变

急躁是大学生中常见的不良人格品质，表现为：碰到不称心的事情马上激动不安；做事缺乏充分准备，没准备好就盲目行动急于达到目的；缺乏耐心、细心、恒心。性情急躁之人说话办事快、竞争意识强、容易冲动，心情常常处于紧张状态。在日常生活中急躁的人为数不少，常常什么都想学，而且想短时间内学会，生怕比别人落后而急于求成，但实际效果常常达不到期望的目标，从而泄气、发怒，既影响自己的健康和效率，又妨碍人际关系。

怎样克服急躁的缺点呢？

1. 思先于行

首先要加强自我涵养，自觉地养成冷静沉着的习惯。在学习、生活中，对非原则性问题，尽量避免与人发生矛盾以至于激化，把精力用到积极思考之中。

2. 改变行为，细心、认真行事

吃饭时间不得少于 20 分钟，细嚼慢咽；说话控制语速，想好了再说，不随意打断别人谈话；看书要一字一句细读，边读边想；走路骑车有意不超过别人；在工作中改掉冲锋陷阵式的习惯，不着急，有条不紊地干。

3. 控制发怒

性格急躁的人容易发怒，应把制怒格言"能忍则自安"、"退一步则海阔天空"铭记在心，时时提醒自己遇事冷静。即使输了，要甘拜下风。

4. 松弛疗法

坚持静养训练，在工作学习之余常听轻松、幽雅、恬静的音乐，赏花悦心，书画静神，打太极拳，练练气功闭目养神，使肌肉、神经都处于完全放松状态。

（四）猜疑及其改变

所谓猜疑，一猜二疑，疑是建立在猜的基础上，因而往往缺乏事实根据，有时也缺乏合理的思维逻辑。好猜疑的人往往对人对事敏感多疑，看到同学背着自己说话，就疑心是在说自己的坏话；某同学没和自己打招呼，便猜他对自己有意见等。猜疑是很有害的人格缺陷，它会导致人际关系紧张、伤害他人感情、无事生非等；自己则会陷入庸人自扰、苦闷、惶惑的不良心境中。

克服猜疑的办法如下。

(1) 当产生猜疑时先不要外露，可留心观察所疑的人和事：若猜疑被证实，不会因此感到震惊；当猜疑不成立，应打消疑心。由于不曾外露也不会伤害他人。

(2) 加强沟通。猜疑常常是由于误会或他人搬弄是非引起的，因此碰到这种情况应主动地和被猜疑者沟通交流，这样有助于消除误会，改善、增进彼此的信任感。

(3) 抛弃成见，学会全面、发展地看问题，改变封闭式思维方式。

(4) "心底无私天地宽"，无私就无畏，坦坦荡荡地做人，和同学朋友坦诚相处，别人如何看自己不必过分在意，相信"日久见人心"。

总之，要克服摆脱猜疑的心理主要是自己做人要正，"人正不怕影子斜"；对他人宽厚为怀，即使被别人误会也不必去计较；充分驾驭好"语言"这个工具，出现了误会或彼此不信任、猜疑时积极与对方沟通思想、说明情况、彼此谅解，只有这样才会生活得愉快。

三、大学生常见的人格障碍

人格障碍是与健康人格相对应的，但并不是一个人没有健康的人格，他就一定患有人格障碍。所谓人格障碍，也叫变态人格，是指在没有认知障碍或智力缺陷情况下人格的偏离正常性已远远超出了正常的变动范围，这和医学上诊断健康与否的常模是类似的。著名的精神病学家施耐德对人格障碍的定义是：人格障碍是一种人格异常，由于其人格的异常而妨碍其人际关系，甚至给社会造成危害，或给本人带来痛苦。

（一）人格障碍的特点

(1) 主要表现为情感和意志障碍，但思维和智能并无异常，一般始于青春期。

(2) 有紊乱不定的心理特点和难以相处的人际关系，这是各类人格障碍患者最主要的行为特征。

(3) 遇到困难时，不是积极的解决，而是想方法设法推卸责任，往往归咎为命运的捉弄或他人的过错，从而使自己摆脱尴尬处境或自己假想中的两难处境。

(4) 没有责任心和责任感，对别人造成了伤害，也能作出自以为是的辩护。

(5) 认知、行为等具有绝对的恒定性和一致性。

(6) 缺乏自知，且不能从生活经验中吸取教训。

(7) 不会先自我感知到人格上存有障碍，只有通过别人的埋怨或想法使他们的不良行为得以暴露，他们才会情绪不安。

人格障碍的表现：轻者可以完全正常生活，只有与其接触较多的人才会发现他的怪癖；严重者事事都违反社会习俗，难以适应正常生活，也会出现违法犯罪行为。这种犯罪行为一般不是有计划、有预谋的，其动机模糊，很难察觉有什么目的。病态人格者不仅使他人受到伤害，同时也使自己陷于耻辱和痛苦境地。

（二）大学生人格障碍的常见类型

Tyrer认为人格障碍可分为未成熟型人格和成熟型人格两大类，未成熟型人格类型包括反社会型、冲动型、癔症型、依赖型、自恋型等。随着年龄的增长，情况趋向缓和。成熟型人格类型有强迫型、偏执型、分裂型、回避型等不因年龄的增长而改变。

1. 偏执型人格障碍

[案例6-1]偏激执拗的小王

小王是某大学旅游专业二年级的学生，平时喜好争辩，并且喜欢夸大困难。他总是神经紧张，很难放松，对别人指手画脚，一旦遭到他人的批评，立即想方设法给予反击。他平常对人总是绷着脸，一副冷冰冰的样子，没有幽默感。他喜欢夸耀自己客观、理性、非情绪化，但缺乏顺从、温柔的情感。偶尔，他也能给人一种强健、雄心勃勃和有能力的印象，但更多的时候则表现为充满敌意、猜疑、固执和防御。他经常害怕失去自主性，害怕事情会不按他的想法进行。除非他对一个人绝对信任，否则就会回避和他人的亲密关系。除非自己做领袖，否则他经常不参加集体活动，处处表现出以自我为中心和自我的强大。他对每个人的权力、地位都十分了解，对才能超过自己的人嫉妒万分，对才能低于自己的人则蔑视之情溢于言表。

偏执型人格障碍的典型特征是有明显的猜疑和偏执，特点是主观、固执、敏感、多疑、心胸狭隘、报复心强。一方面，骄傲自大，自命不凡，总以为自己怀才不遇，自我评价甚高；另一方面，在遇挫折失败时，又过分敏感，怪罪他人，很容易与他人发生冲突与争执。患者把生活中本来与自己无关的事件都认为是针对自己的，对现实生活中或想象中的耻辱特别敏感多疑。

2. 分裂型人格障碍

[案例6-2]胆小的小刘

小刘已是大学二年级的学生了，可他还是一副“小猫咪”的样子。在日常生活中，我们总是见到他表现得过于胆小、羞怯。他犹如生活在黑暗中的土拨鼠，几乎不与周围的人接触，给人一种古怪的感觉。他喜欢做白日梦，但缺乏表达自己感情的能力。他既不苟言笑，也不会发怒，对生活总是逃避退缩。

分裂型人格障碍以极端孤僻、社交退缩、情感冷酷、对人缺少感情为主要特征。患者对生活缺乏热情和兴趣，对喜事缺乏愉快感，对人冷淡，缺乏知音，我行我素，很少与人来往，过分沉湎于幻想。

3. 回避型人格障碍

[案例6-3] 他为什么要逃避自我

小马是某理工学院计算机软件专业二年级的学生，他不安于自己的孤独，想与人交往，但又害怕被人拒绝或嫌弃；渴望得到别人的关心和体贴，却又由于害羞而不敢亲近他人。所以，他从不主动与同龄人交往，也不愿意到陌生的环境中去，非常害怕见到陌生人，以致孤独少友，沉默寡言。

回避型人格障碍的特征表现为：很容易因他人的批评或不赞同而受到伤害。除了至亲之外，没有好朋友或知心人。除非确信受欢迎，否则一般总是不愿意介入他人的事物中。对需要人际交往的社会活动总是尽量逃避。在社交场合总是沉默不语，怕惹人笑话，怕回答不出问题。害怕在别人面前露出窘态。在做那些普通的但不属于自己的常规的事时，总是夸大潜在的困难、危险或可能的冒险。这类患者最明显的特点疏远他人，甚至对自己都持旁观态度。然而，有回避型人格的人又常常是内心冲突的优秀观察者。他们有自强自立的需要，表现为足智多谋，但为了维持自力更生的生活方式，他们常常会有意识地限制自己的需要。

4. 依赖型人格障碍

[案例6-4] 喜欢依赖别人的小孙

小孙已是大三的学生了，可是总给人独立不起来的感觉。在日常生活中，小孙总是缺乏自信心，即使自己有较强的能力，也事事依赖他人的帮助。小孙缺乏判断力，遇事总是优柔寡断，事事依靠别人替自己拿主意。

依赖型人格障碍的特征表现为：缺乏独立性，感到自己无助、无能和缺乏精力，生怕被人抛弃。将自己的需要依附于别人，过分顺从别人的意志。要求和容忍他人安排自己的生活，当亲密关系终结、中断联系或孤独时则有被毁灭和无助的体验，易与他人发生冲突。有一种将责任推给他人来对付逆境的倾向。

5. 癔症型人格障碍

[案例6-5] 喜欢引人注意的小李

小李具有强烈的情绪反应和自吹自擂、装腔作势的行为特点，表现为喜欢引起他人的注意和关心，爱虚荣；总是希望有事情发生；常把自己的感觉和情感加以夸张，从而加深他人对自己的印象；善变，爱挑逗；要求别人多，内心真情少；喜欢以自我为中心；依赖性较强，常需要别人的保护和支持；有时也善于玩点儿手段或威胁他人。他有时颇像"人来疯"的小孩，总是想引起人们的注意和赞许。为了这些他常常不惜使出种种过分的花招。小李并不是总是让人讨厌的，有时也挺讨人喜欢，但因为他情绪多变，不真实，所以得到的只能是他人的一时之悦。

癔症型人格障碍又称表演型人格障碍，其典型的特征表现为心理发育的不成熟性，特别是情感过程的不成熟性。具有这种人格的患者的最大特点是做作，情绪表露过分，总希望引起别人的注意。

6. 自恋型人格障碍

[案例 6-6] 极端自我的小赵

小赵是个独生女，在日常生活中，她表现为过分地关心自己，以自我为中心，还喜欢自夸。小赵常幻想自己了不起、有才学、有美貌；期待别人的欣赏，总希望有人对自己特别关注；不能接受别人的建议和批评，以极端的眼光看人，不是把人说得很好，就是说得一无是处，很难理解别人的苦处和难处。

自恋型人格障碍的人大多有自我中心的特点。这类患者大多表现为自我重视、夸大、缺乏同情心，对别人的评价过分敏感等。他们一听到别人的赞美之词，就沾沾自喜；反之，则会暴跳如雷。他们对别人的才智十分嫉妒，有一种"我不好，也不让你好"的心理。在和别人相处时，很少设身处地地理解别人的情感和需求。由于缺乏同情心，所以人际关系很糟，容易产生孤独抑郁的心情，加之他们有不切实际的高目标，往往易在各方面遭受失败。

心理训练：性格完善

1. 活动步骤

每位同学尝试在日常生活中进行以下练习，并做好相应的记录。

(1) 每发一次脾气罚自己记 50～100 个单词，并记录每次发脾气的时间。

(2) 遇事赶快离开现场，记录离开后所发生的事情，并与如果不离开现场可能会发生的情况作对比。

(3) 发一次脾气罚自己做一件平时最不愿做的事情(如帮助同宿舍的人洗衣服)。

2. 讨论与分享

一段时间后，对自己的训练记录进行分析总结，看一下通过这样的惩罚，自己发脾气的频率是不是降低了。

单元 3　塑造与完善人格

心理故事：延迟满足

教室里面坐着几十个年仅 4 岁的小孩，每个小孩前面都放着一块水果软糖。老师告诉他们，等他离开后，大家可以去吃放在桌子上的那块软糖。但是，如果谁愿意先不吃，等老师办完事情回来，谁就会再得到一块。就是说，如果孩子能够坚持到老师回来再吃，他就可以吃到两块糖。

面对糖果的诱惑，部分孩子决心熬过"漫长的"等待时间。为了抵制诱惑，他们或是闭上眼睛，或是把头埋在胳膊里休息或是喃喃自语，或是哼哼唧唧的唱歌，或是动手做游戏，或是干脆努力睡觉。凭着这些简单使用的技巧，这些小家伙们勇敢地战胜了自我，最终得到了两块糖的回报。而那些性急的孩子几乎在老师走出教室的瞬间就立刻去抓取并享用那块糖果了。12～14 年后，当他们进入青春期时，这些孩子在情感和社交方面的差异已经非常明显。那些在 4 岁时能够为两块糖等待的孩子，显然具有较强的竞争力、较高的效率以及较强的自信心。他们能够更好地应付挫折和压力，他们不会自乱阵脚、惶恐不安，不会轻易崩溃。因为他们具有责任感和自信心，办事可靠，所以普遍容易得到人们的信任。

但是，那些在当年经不起诱惑的孩子，其中 1/3 左右的人显然缺乏上述品质，心理问题相对较多。在社交时，他们羞涩退缩，固执己见又优柔寡断；一遇到挫折就心烦意乱，把自己想得很差劲或一钱不值；遇到压力往往退缩不前或不知所措。

【感悟与思考】 这其实是一个著名的"成长跟踪实验"，心理学家米切尔从 20 世纪 60 年代开始对斯坦福大学附属幼儿园的孩子们进行跟踪研究，从他们 4 岁一直持续到高中毕业。这个实验的最终结果表明，孩子当初作出的怎样的选择不仅是一种角度反映出他们的性格特征，而且在一定程度上预示了他们未来的人生道路。

心理知识：人格完善

一、健康人格的标准

健康人格的理想标准就是人格的生理、心理、社会、道德和审美各要素的统一、平衡、协调，具体表现如下。

（一）现实态度

一个心理健全的人会面对现实，不管现实对他来说是否愉快。

（二）独立性

一个头脑健全的人办事凭理智，稳重，并且适当听从合理建议。在需要时，他能够作出决定并且乐于承担他的决定可能带来的一切后果。

（三）爱别人的能力

一个健康的、成熟的人能够从爱自己的配偶、孩子、亲戚和朋友中得到乐趣。

（四）适当地依靠他人

一个成熟的人不但可以爱他人，也乐于接受爱。

（五）发怒要能自控

任何一个正常的健康人有时生生气是理所当然的，但是他能够把握尺度，不致失去理智。

（六）有长远打算

一个头脑健全的人会为了长远利益而放弃眼前的利益，即使眼前利益有很迷人的吸引力。

（七）关于休息

一个正常的健康人在做好本职工作的同时需要并且善于享受闲暇和休息。

（八）对调换工作持慎重态度

心理健康的人常常很喜欢自己的工作，不见异思迁。即使需要调换工作，他会非常谨慎。

（九）对孩子钟爱和宽容

一个健康的成年人喜爱孩子，并肯花时间去了解孩子的特殊要求。

（十）对他人的宽容和谅解

对一个成熟的人来说，这种宽容和谅解不单是对性别不同的人，还应该包括种族、国籍以及文化背景等方面与自己不同的人。

（十一）不断学习和培养情趣

不断地增长学识和广泛地培养情趣是健康个性的特点。

二、健康人格的基本特征

健康人格是一个有机统一、稳定的整体，具体到一个人身上，就是个体的言行是协调统一的。

（一）和谐的人际关系

人际关系是人们在社会实践中形成的人与人之间的相互作用的关系。有效沟通是人际关系的直接表现，最能体现一个人人格健康的程度。人格健康的人乐于与他人交往，在于他人交往中传递信息，不断调整自己的行为，更新观念和态度。可以说，和谐的人际关系是人格健康水平的反映，同时也影响和制约着健康人格的形成和发展。

（二）正确的自我认识

自我意识是个体对自己和自己与他人、与周围世界关系的认识。具有健康人格的人能够对自己有恰如其分的评价，正确看待自我、认识自我；不自高自大，也不妄自菲薄；从实际出发，确立自我价值，认识和理解个人与社会的统一，能有效地调节自己的行为与环境保持平衡，明白个人只有在集体和社会的大熔炉中才能真正实现自我。

（三）良好的社会适应能力

社会适应能力反映了人与社会的协调程度。人格健康的人能够与社会保持良好、密切的接触，尤其面对现代文化的冲突，注意调整自己的价值观，使自己的思想、行为跟上时代的发展，与社会的要求符合，表现出能很快地适应新的环境。

（四）良好的情绪调控能力

情绪标志着人格的成熟程度。一个人如果不善于自控，则意味着他不能有效地发动、支配自己或抑制自己的激情、控制自己的冲动，对未来的成长过程有害无益。

（五）乐观向上的生活态度

积极的人生态度是人类在社会实践中获得的本质力量的表现。乐观的人常常能看到生活的光明面，对前途充满信心，即使在生活中遇到挫折、障碍和干扰，也能科学辩证地认识，不畏艰险，勇于拼搏，从逆境中奋起，重新确定目标，更加努力。

三、大学生优化人格的基本途径和方法

（一）人格优化的方法：择优汰劣

人格塑造是为了实现人格优化，以达到人格健全。人格优化包括人格品质的优化和人格结构的优化。择优即选择某些良好的人格品质作为自己努力的目标，如自信、开朗、勇敢、热情、勤奋、坚毅、诚恳、善良、正直等；汰劣即针对自己人格上的缺点、弱点予以纠正，如改掉或者消除自卑、胆怯、冷漠、懒散、任性、急躁等。

（二）人格优化的基础：丰富知识

古人云：“学而后可以成圣。”高尚与知识相伴，有知识才能明事理。人的知识愈广，人的本身也愈臻完善。这正如培根所言：“读史使人明智、读诗使人灵秀、数学使人周密、科学使人深刻、伦理学使人庄重、逻辑修辞使人善解，凡有所学，皆成性格”。学习知识、增长智慧的过程也

是人格优化的过程。在现实生活中，不少人的人格缺陷源于知识贫乏，如无知容易粗鲁、自卑，而丰富的知识则容易使人自信、坚强、理智、热情、谦恭等。可见知识的积累与人格的完善是同步的。大学生不能只局限于自己的专业知识学习，还应该扩大自己的人文社会科学知识面，加强人文修养，用丰富的知识充实自己。在新知识急剧增加、知识更新周期越来越短的知识经济社会里，大学生还要摈弃"人过三十不学艺"的传统观念，树立"活到老，学到老"的终身学习观。

（三）人格优化的途径：从小事做起

"不积小流，无以成江海"，"千里之行，始于足下"。人格优化就是要从身边小事做起。一个人的言行往往是其人格的外化，反过来一个人日常言行的积淀成为习惯就是人格。许多人所具有的坚忍、正直、细致、开朗等优良的人格特征其实都是长期锻炼的结果，是一点一滴形成的。从我做起，从小事做起，是每一个大学生努力的起点。

（四）人格优化的土壤：融入集体

集体是人格塑造的土壤，也是人格表现的舞台。人格发展、塑造的过程，正是人文社会化的过程，是个人与他人、集体、社会相互作用的过程。人格在集体中形成，在集体中展现。正如马克思所说，只有在集体中，个人才能获得全面发展其才能的手段。通过与他人交流，可以看到别人的长处、自己的不足，从他人那里获得理解、肯定的欢悦，及时调整人格发展的方向。

（五）人格优化的关键：把握适度

人格发展和表现的"度"是十分重要的，否则就会"过犹不及"。列宁曾指出，一个人的缺点仿佛是他的优点的继续，如果优点的继续超过了应有的限度，表现得不是时候，不是地方，那就会变成缺点。因此，在人格塑造的过程中把握好度很重要，具体地说应该是坚定而不固执，勇敢而不鲁莽，豪放而不粗鲁，好强而不逞强，活泼而不轻浮，机敏而不多疑，稳重而不寡断，谨慎而不胆怯，忠厚而不愚蠢，自珍而不自娇，自爱而不自恋。把握人格优化的"度"还体现在人格优化的目标要立足于自己已有的人格基础，实事求是地确立合理的、切合实际的人格发展目标。也就是目标要适当，不能脱离自己的人格基础来设计优化目标。

人人都想追求优秀人格，但不同的人由于客观条件和具体环境不同，人格层次也不同。人格目标过高会增加挫折体验，人格目标过低则人格发展就缺乏内在动力。优秀人格的培养和塑造既是大学生成长发展的要求，也是时代的呼唤。只要坚持不懈地努力，就可以使大学生的人格更加健康、完善。

（六）人格优化的保证：持之以恒，不断自律

一切客观的环境影响和教育都要通过大学生主观的自我调节才能起作用。所以，大学生健康人格的形成，起主要作用的还是依靠自身的修养。要自觉自律，磨砺自我，尤其是在当今世界局势变化迅速，科技一日千里，多元价值观念并存的社会里，需要大学生无论在任何情况下都要踏踏实实，持之以恒地反躬自省，做到"自重、自省、自警、自励"。"四自"的核心就是自律。只有自律，才能使社会规范内化为自我的自觉意志和行动，才能"吾日三省吾身"，才能在学习、工作和生活的实践中慎独自守，完善自我，自觉锻造健全人格。

心理训练1：坚持的力量

1. 活动步骤

全班同学分成若干小组，小组成员共同讨论完成以下任务。

性格塑造的重要目的就是要克服不良性格，实现从不良性格向优良性格的转变。而这一点不是很容易就能做到的，它需要有一个长期努力的过程，还需要有比较恰当的转化途径。

步骤一：想一想你在大学期间想要拥有的具体细致的收获。

步骤二：确确实实的决定，并仔细考虑为实现这些计划需要付出多少努力和什么代价。

步骤三：规定一个固定的日期，并在此日期前完成你的计划。

步骤四：拟订一个实现你理想的可行性计划，并马上进行……你要习惯行动，不能够沉醉于空想。

步骤五：将以上四点清楚记下：

具体目标	现有基础	付出的努力和代价	实现的日期	具体措施
学会微笑				
……				
……				
提高英语阅读水平				
……				
……				
和同学融洽相处				
……				
……				

步骤六：不妨每天两次大声朗读你写下的计划内容，一次是晚上睡觉之前，另外一次是在早上起床之后。当朗读的时候，你必须看到、感觉到和深信你已经拥有这些理想。

2. 讨论与分享

小组派代表发言，分享本小组的讨论成果，并谈谈有哪些好的方法帮助自己培养善于坚持的良好品质。

心理训练2：积极人格训练

1. 活动步骤

性格的塑造在于日常积累。下面是一个积极人格训练表，每天对照检查一下自己，做得到的打“√”，没做到的打“×”并写出改进的方法。

	星期一	星期二	星期三	星期四	星期五	星期六	星期日	改进措施
勤奋								
进取								
积极								
认真								
好学								
坚持								

续表

	星期一	星期二	星期三	星期四	星期五	星期六	星期日	改进措施
及时								
诚信								
负责								
宽容								
热忱								
谦虚								
适度								
整洁								

2. 讨论与分享

坚持一段时间，看看自己发生了哪些变化，与本班的同学分享自己的变化。

心理训练3：情境测试

1. 活动步骤

全班同学分成若干小组进行情境表演。

想象一下如果你遇到这类事情会是怎样的反应，你能推测到你的同学（朋友）或父母等家人的反应及个性类型吗？在生活中常与你打交道的是哪一类或哪几类？

你是一个班级成员，你们班正在开一个班会，班主任正在讲话。现在你迟到了。你的同学想跟你开个玩笑，在你要坐的椅子上放了一个尖头朝上的图钉。

你可能的表现：

（1）走进来，不好意思并满怀歉意地跟班主任点头，并和大家打招呼（吐舌头）。到自己的位子坐下去，被扎，马上站起来，把图钉丢到地上，接着坐下，心里想："嗯，害我？这是谁的主意？"

（2）走进来，轻轻地走到位子前慢慢坐下，被扎。再次起身，看看，拔下图钉，坐下。心想："我得罪谁了？干吗要这样对我？唉，其实人生不就这样吗？有时险恶得不可预料，有时非常痛苦！"

（3）走进来，很快坐下，被扎。立马站起来，举着大头针，愤怒地冲着班主任又转身冲着大家，喊道："我真不愿迟到，但是没办法！这是谁干的？一点儿也没有道德！我一定要知道到底是谁干的？"

（4）若无其事地走进来，坐下，被扎，拔下大头针，一扔，像什么也没有发生一样。

刚才那一段场景，你陌生吗？你是否能联想到自己在生活中的什么冲突的事？此时此刻你有没有什么感悟？

2. 讨论与分享

（1）各小组讨论：经由刚才的过程，你对你的重要他人及与你的关系有没有新的发现？请重点思考那些曾经与你有过冲突的人。

（2）各小组派代表发言，与全班同学分享本小组的观点和收获。

心理训练4：如何使性格外向些

就内向性格本身而言，它既有优点，也有缺点，但过于内向者，他/她不善言谈与交际，长期处于一种孤独寂寞的状态之中，当众不敢表现，胆小怕事，很多过于内向者常常是由于缺乏自信而导致的。

1. 活动步骤

在日程生活中注意观察自己，并做好相应的记录。

(1) 记录你参加的集体活动和社交活动，尽情表现自己。

(2) 和一位不太熟的人交谈半小时，记录交谈后的感受。

(3) 每天面带微笑地主动与人打招呼，记录下你每天打招呼的人的名字和打招呼前后的感受。

(4) 连续7天每天向3个陌生人问路，一开始可以选择老人、小孩问路，之后选漂亮的年轻异性问路。

(5) 与人交往时，由于人的个性不同，生活背景不同，物质基础、文化修养不同，因此，人与人之间难免会意见不统一，有时甚至会产生矛盾。尝试着与人辩论一个问题。

(6) 连续5天每天拿50元去商店兑换零钱一次，能不能兑换成功不重要，坚持5天就算成功了，并记录下每次兑换零钱的感受，看自己在与陌生人交往的过程中有哪些地方进步了。

2. 讨论与分享

经过一段时间的练习后，进行自我分析，自己发生了什么变化？是否变得外向些了？与同班的同学或者好朋友分享。

单元4　心理自测

指导语：下面有50道题，请你根据自己的实际情况作出回答。符合的，则把该问题后面的“＋”圈起来；难以回答的，则把“?”圈起来；不符合的，则把“一”圈起来。

1. 与观点不同的人也能友好往来。　＋　?　—
2. 你读书较慢，力求完全看懂。　＋　?　—
3. 你做事较快，但较粗糙。　＋　?　—
4. 你经常分析自己、研究自己。　＋　?　—
5. 生气时，你总不加抑制地把怒气发泄出来。　＋　?　—
6. 在人多的场合你总是力求不引人注意。　＋　?　—
7. 你不喜欢写日记。　＋　?　—
8. 你待人总是很小心　＋　?　—
9. 你是个不拘小节的人。　＋　?　—
10. 你不敢在众人面前发表演说。　＋　?　—
11. 你能够做好领导团体的工作。　＋　?　—
12. 你常会猜疑别人。　＋　?　—

13. 受到表扬后你会工作得更努力。 + ? —
14. 你希望过平静、轻松的生活。 + ? —
15. 你从不考虑自己几年后的事情。 + ? —
16. 你常会一个人想入非非。 + ? —
17. 你喜欢经常变换工作。 + ? —
18. 你常常回忆自己过去的生活。 + ? —
19. 你很喜欢参加集体娱乐活动。 + ? —
20. 你总是三思而后行。 + ? —
21. 使用金钱时你从不精打细算。 + ? —
22. 你讨厌在工作时有人在旁边观看。 + ? —
23. 你始终以乐观的态度对待人生。 + ? —
24. 你总是独立思考回答问题。 + ? —
25. 你不怕应付麻烦的事情。 + ? —
26. 对陌生人你从不轻易相信。 + ? —
27. 你几乎从不主动制订学习或工作计划。 + ? —
28. 你不善于结交朋友。 + ? —
29. 你的意见和观点常会发生变化。 + ? —
30. 你很注意交通安全。 + ? —
31. 你肚里有话藏不住,总想对人说出来。 + ? —
32. 你常有自卑感。 + ? —
33. 你不大注意自己的服装是否整洁。 + ? —
34. 你很关心别人会对你有什么看法。 + ? —
35. 和别人在一起时,你的话总比别人多。 + ? —
36. 你喜欢独自一个人在房内休息。 + ? —
37. 你的情绪很容易波动。 + ? —
38. 看到房间里杂乱无章,你就静不下心来。 + ? —
39. 遇到不懂的问题你就去问别人。 + ? —
40. 旁边若有说话声或广播声,你总无法静下心来学习。 + ? —
41. 你的口头表达能力还不错。 + ? —
42. 你是个沉默寡言的人。 + ? —
43. 在一个新环境里你很快就能熟悉了。 + ? —
44. 要同陌生人打交道,你常感到为难。 + ? —
45. 你常会过高地估计自己的能力。 + ? —
46. 遭到失败后你总是忘却不了。 + ? —
47. 你感到脚踏实地地干比探索理论原理更重要。 + ? —
48. 你很注意同伴们的工作或学习成绩。 + ? —
49. 比起读小说和看电影来,你更喜欢郊游和跳舞。 + ? —
50. 买东西时,你常常犹豫不决。 + ? —

【评分方法】 题号为奇数的题目(1、3、5、7、9……),每圈一个"+"计 2 分,每圈一个"?"计 1 分,每圈一个"-"计 0 分;题号为偶数的题目(2、4、6、8、10……),每圈一个"-"计 2 分,每圈一个"?"计 1 分,每圈一个"+"计 0 分。最后将各道题的分数相加,其和即为你的性向指数。

性向指数在 0—100,由性向指数的数值就可以了解一个人内倾或外倾的程度。

评分表

总　分	性格倾向性
0—19	内向
20—39	偏内向
40—59	中间型(混合型)
60—79	偏外向
80—100	外向

主题七

意志力培养心理训练

篇首语

或许我们都有过这样的体验：明天我该早起去读英语，但是第二天我还是睡到了十点；今晚我要去图书馆，但今晚我还是和同学去逛街了；明天我一定去做实验，但实验室里还是见不到我。

强大的愿望潜藏在我们的内心深处，但是在受到坚强的召唤之前，它默默地沉睡在那里，有时我们甚至忘记了它的存在。唉，昨天、今天、明天，时间在眼睛一睁一闭中流逝。如果我的意志力更强一些……我们都有过这样的假设。

快快行动起来吧，“宝剑锋从磨砺出，梅花香自苦寒来”，即刻起，一起来培养我们的意志力！

训练目标

1. 了解意志的概念和意志品质的基本概念。
2. 掌握意志品质的四个基本评价标准。
3. 了解大学生常见的意志品质问题。
4. 了解培养意志力的基本途径。
5. 掌握磨砺意志力的具体方法。

单元1 意志概述

心理故事：坚忍不拔的山德士

在世界或在中国的各地，我们都会常常看到一个老人的笑脸，花白的胡须，白色的西装，黑色的眼镜，永远都是这个打扮，就是这个笑容，恐怕是世界上最著名、最昂贵的笑容了，因为这个和蔼可亲的老人就是著名快餐连锁店“肯德基”的招牌和标志——哈兰·山德士上校，当然也是这个著名品牌的创造者，今天我们在肯德基吃的炸鸡，就是山德士发明的。

从最初的街边小店，到今天的食品帝国，山德士走过的是一条崎岖不平的创业之路。6岁那年，山德士的父亲去世了，母亲外出谋生。小山德士不得不挑起了照顾他3岁的弟弟和襁褓之中的妹妹的担子，白天母亲不在家，小山德士只好自己做饭，一年过去了，他竟然学会了做20个菜，成了远近闻名的烹饪能手。12岁时，他离开家谋生，此后换过无数种工作，可

以说什么活儿都尝试过。40 岁的时候，山德士来到肯塔基州，开了一家可宾加油站，开始为那些路过他干活的加油站而饥肠辘辘的旅行者们做些吃的。那时，山德士还没有自己的餐馆，他只是在居住处的饭桌上为那些人做点吃的。由于饭菜味道好越来越多的人慕名而来。山德士搬到了马路对面的汽车旅馆。那儿的饭厅可以容纳 142 人。在以后的 9 年中，山德士开发了由 11 种香料和特有烹调技术合成的秘方，那个秘方一直沿袭至今。

山德士的名声越来越大。20 世纪 30 年代，阿肯色州的州长授予了他"肯德基上校"的称号。从此山德士的名声越来越大，事业益发蒸蒸日上。可是"二战"的爆发和当时环境的变化给了他沉重的打击，他破产了。一下子，这位昔日受人尊敬的上校，从人人尊敬的富翁变成了一个一文不名的穷人。这时的山德士已经 56 岁了，所能依靠的只是自己每月 105 美元的救济金。

但是山德士并不想就此了却自己的一生。山德士冥思苦想，该怎么做才能摆脱困境？就这样，山德士上校开始了自己的第二次创业，他带着一只压力锅，一个 50 磅的作料桶，开着他的老福特上路了。身穿白色西装，打着黑色蝴蝶结，一身南方绅士打扮的白发上校停在每一家饭店的门口，从肯塔基州到俄亥俄州，兜售炸鸡秘方，给老板和店员表演炸鸡。如果他们喜欢炸鸡，他就卖给他们特许权，提供作料，并教他们炸制方法。开始的时候，没有人相信他。山德士的宣传工作做得很艰难，整整两年，他被拒绝了 1009 次，终于在第 1010 次走进一个饭店时，得到了一句"好吧"的回答。有了第一个人，就会有第二个人，在山德士的坚持之下，他的想法终于被越来越多的人接受了。

1952 年，盐湖城第一家被授权经营的肯德基餐厅建立了，这便是世界上餐饮加盟特许经营的开始。紧接着，让更多的人惊讶的是，山德士的业务像滚雪球般越滚越大。在短短 5 年内，他在美国及加拿大已发展了 400 家的连锁店。到今天，"肯德基家乡鸡"已成为全世界规模最大的零售食品业之一，遍及全球 59 个国家。

【感悟与思考】 不放弃才能成功。成功，往往就是在坚强意志支持下艰苦奋斗的结果。我们也可以这样说：成功就是简单的事情重复做。

心理知识：意志

意志对行为具有调节作用，意志品质的好坏直接关系大学生学业成败和心理健康。目前，大学生常见的意志品质问题主要有目标迷失、行为盲目，缺乏自信、优柔寡断，没有毅力、半途而废、自制力差、任意而为等。针对这些问题，大学生必须进一步认识自身的意志品质特点，在广泛学习，不断提高认知水平的基础上，通过确立科学的行动目标，树立高度的社会责任感，努力追寻生活意义。在实践中，敢于行动，持之以恒，锻炼意志，适时反省，改变自我，不断提高自己的意志品质。

一、意志的含义

意志是人自觉确定目的，并在预定目的的支配下克服困难，调节行动，实现预定目的的心理过程。科学家攻克科研项目，学生努力学习，公民遵纪守法，司法人员秉公执法，个人兴趣、爱好、能力的发展等活动，都有意志过程的参与。

意志总是与行为紧密相连，是通过个人的行为活动表现出来的，我们称这种行为为意志行动。意志行动即受目的支配、调节的行动。例如，克服自身的不良习惯，助人为乐，见义勇为，始终如一地坚持锻炼身体等；再如，达尔文潜心研究20余年，于50岁时写出划时代的巨著《物种起源》，孟德尔用豌豆花进行了10年实验，终于发现了遗传法则，这些行为都是意志行动。

意志是有目的行动，是人类心理活动的重要现象，也是人类特有的高级心理活动过程。动物在它们的活动中也作用于客观世界，但是不管它们的行为和动作再怎么精巧与复杂，都是偶然的和自发的，不属于意志行动。人类对客观世界的每一步改造都离不开意志的作用，意志是成才和成事的重要条件。

二、意志与认识、情绪和个性成长的关系

意志过程与认知过程、情绪和个性密切联系，彼此渗透。

意志行动离不认识过程。意志的一个基本特征是具有自觉的目的性，人的任何目的都是在认识活动的基础上产生的意志对认识过程也有很大影响。人的认识活动是有目的的活动，在活动中会遇到各种困难，没有积极的意志努力，就不会有全面而深入的认识活动，就不会促进人的认识能力的发展。“书山有路勤为径，学海无涯苦作舟”，著名文学家、唐宋八大家之首的韩愈的这句话说出了求学中的困难。在他看来，在读书、学习的道路上，没有捷径可走，也没有顺风船可驶，要想在广博的书山、学海中汲取更多更广的知识，“勤奋”和“潜心”是两个最必不可少的，也是最佳的条件，而这“勤奋”和“潜心”就是意志行为，需要坚强意志力的保证。

意志和情绪也有密切的联系。积极的情绪由于对人的活动会起着推动或支持作用，因而成为意志行动的动力。而消极情绪对意志行动具有干扰作用，这种干扰作用的大小取决于一个人的意志力水平：意志薄弱者常常被消极情绪所左右，沉陷其中不能自拔，天长日久形成懦弱、畏缩等不健康的心理，严重影响工作和学习；意志坚强者则能够使情感服从于理智，形成良好的生活习惯，促进工作、学习的进步。

“乐极生悲，否极泰来”是广为人知的警语，究其本意，即是要求把情绪调节和控制于适当的范围，意志品质高的人对情绪的控制和调节能力就强，对挫折的容忍力大。近年来，大学生自杀问题时有报道，究其原因，主要集中在学业受挫、恋爱受挫、人际关系问题、心理障碍、就业受挫和经济困难这六大方面，加强意志品质修养，提高应对极端情绪的意志力有着重要的现实意义。

意志和个性成长的关系十分密切。理想、信念和价值观以及兴趣爱好等个性倾向性制约着人的意志表现。作为非智力因素，意志对人的个性的形成和发展也具有十分重要的意义，对个人的学业和事业成败及生活幸福具有重要的影响。意志品质高则促进学习，反之则妨碍学习。

美国心理学家，曾对千余名天才儿童进行跟踪研究，30年后发现智力与成就之间不完全相关，智商高的人不一定就有成就。在800名男性中，成就最大的占20%，没有成就的占20%，进行比较发现，他们的主要差异在个性意志方面。因为意志是认识的动力，意志使认识注意力集中，思维敏捷，精力充沛，使人处在良好的学习状态之中，并能提高学习效率。同时，良好的意志在人们克服困难的过程中起着至关重要的作用，而成功成才都以克服困难为基本前提条件。

总之，通过对意志与认识、情绪和个性成长的关系的学习，我们应该认识到，意志与认识、情绪和个性之间的关系非常密切，认识、情绪和个性因素对意志行动的作用具有两面性，必须认真对待；而良好的意志对于促进认识、调节情绪、发展个性具有重要意义。

三、意志的品质

良好的意志对人们的成长成才有着重要的意志，那什么样的意志才是“良好”的呢？我们用“意志品质”来表示，构成意志力的稳定因素称为意志品质，包括独立性、坚定性、果断性和自制力等几个方面。人们的意志品质存在着巨大的个别差异，如果这几个指标表现较高，则一个人的意志品质就高或说意志力强。

独立性（也有称自觉性）主要表现为一个人自己有能力作出重要的决定并执行这些决定，有责任并愿意对自己的行为所产生的结果负责，深信这样的行为是切实可行的。独立性是与理智地分析和吸取他人的合理意见是相联系的，对于自己的决定和执行这些决定是经过理智思考的，这种思考包括决定的正当性与可行性，从社会的角度看是可以实行的，从道德角度看也是正确的。

105是四川某学院一间女生宿舍寝室的门号，在这里，王玲带着她车祸后瘫痪，几乎成了植物人的父亲住在这里。父亲和大学必须兼得，她带着他开始了艰苦的大学生活。从此，除了要上课读书，王玲的课余时间都花在了给瘫痪的父亲喂食、按摩、洗澡上。好心人的资助被拒绝，同学的捐助也被退回，“我是爹的女儿，我可以料理他，我行，我能，我甘心情愿。”女儿的“舐犊之爱”，给予父亲人世间至美至纯、如慈母般的呵护，直到奇迹持续的发生。

坚定性表现为长时间地相信自己的决定的合理性，并坚持不懈地克服困难，为执行决定而努力。高度坚定性的人，有顽强的毅力，充满必胜的信念，不怕困难，不怕挫折，善于总结经验教训，既不为无效的愿望所驱使，也不被预想的方法所束缚。为了达到目的，他坚毅有恒，百折不回。所谓“富贵不能淫，贫贱不能移，威武不能屈”，正是意志坚定性的表现。

发明家爱迪生在研制电灯的时候，失败了800多次。有一次，实验室发生火灾，把他所有的研究资料化为灰烬，他的老伴米娜难过得差点儿要哭出来，伤心地对爱迪生说：“多少年的心血，叫一场大火烧了个精光。如今你已年迈力衰，这可怎么办啊！”爱迪生的心里虽然也在疼痛地“流血”，可他仍然宽慰米娜，很坚定地对她说；“不要紧，别看我已经67岁了，可是我并不老。从明天早晨起，一切都将重新开始”。就这样，爱迪生经受了一次又一次失败的考验，不为挫折所吓倒，终于取得了成功，为人类带来了光明。

袁茵，广西柳州某职业院校优秀毕业生。幼年时她患上小儿麻痹症导致双腿不能行走，造成终身残疾，父亲背负她走完了15年的求学之路，毕业后她出版了13部中长篇小说。2003年8月，袁茵开办了柳州市首部面向全国的个人公益性心理咨询电话——“袁茵热线”，利用每个工作日晚间两个小时及双休日开通热线电话，面向受到挫折寻求帮助的年轻人，用乐观向上的精神和温暖真诚的话语鼓励他们，积极疏解他们在心理、家庭、学习等方面的困惑。至今，“袁茵热线”无偿为社会服务5000多个小时，接听电话高达8000多次，解答问题4300多种，受助人数5000多人。

果断性表现为善于迅速地辨明是非，能及时、坚决地采取决定和执行决定。果断不同于轻率。它是以充分的根据、经过周密思考为前提的。果断的人对自己的行为目的、方法以及可能的后果都有深刻的认识和清醒的估计，所以，当事态发展到最紧急关头的时候能当机立断、及时行动、毫不动摇、毫不退缩。

一个伐木工人在森林中一次单独作业时，不小心被伐倒的一棵大树把右腿压住了，疼痛难忍并开始大量渗血。当时他非常清楚自己面临的处境，在这深山密林中，同伴们距离他的位置很远，呼救是没有用的，要是不马上采取自救的措施，等到同伴们发觉后再来找他时，他可能会因失血过多而死去。因此，只能依靠自己的努力来解救自己。于是，他挣扎着想用电锯树干锯断，可是很快就发现一个问题，在这种躺卧的情况下使用电锯，弄不好很容易发生故障，如果那样的话，他只能坐以待毙了。经过一番紧张的思考之后，终于他认定只有把自己的右腿锯断才是唯一可以脱险的选择。他很快做好了准备，狠了狠心，用电锯锯断了自己的右腿，然后强忍着剧痛进行了简单的包扎。凭着顽强的毅力他终于爬到了公路上，被过往的车辆发现并送到医院，最终得以生还。

自制力是善于统制自我的能力。如善于控制自己的行为和情绪反应的能力等。在意志行动中，与目标不一致的欲望的诱惑、消极的情绪等都会干扰人作出决定和执行决定，有自制力的人能控制自我，克服与实现目标不一致的思想情绪，排除外界诱因的干扰，迫使自己实行已经采取的、具有充分根据的决定。有高度自制力的人，为了崇高的目的，不仅能够忍受各种痛苦和灾难，而且在必要时还能视死如归。自制力是意志的抵制功能。

14 世纪，有个名叫罗纳德三世的贵族，是祖传封地的正统公爵，他的弟弟反对他，把他推翻了。弟弟需要摆脱这位公爵，但又不想杀死他，便想了个办法。罗纳德三世被关进牢房后，弟弟命人把牢房的门改得比以前窄一些。罗纳德三世身高体胖，胖得出不了牢门。弟弟许诺，只要罗纳德能减肥并自己走出牢门，就不仅能获得自由，连爵位也能恢复。可惜罗纳德无法抵挡弟弟每天派人送来的美食的诱惑，结果不但没有减肥，反而更胖了。

在学校里，在我们身边也有这样的例子：大一男生小王，经过刻苦的高考，远离父母的约束，走进大学校门。失去高考的目标，小王顿觉茫然不知所措。上学期，他陷入虚拟网络游戏中不能自拔。经过老师的教导，小王清楚自己的行为不对，但就是控制不住自己的行为，抵抗不了游戏的诱惑，常常玩过之后也空虚、自责、懊悔。现在小王常常为自己做了不该做的事，没做该做的事而苦恼，更为自己无力改变现状而自责。

心理训练 1：分组找找描述意志坚强和意志薄弱的词语

1. 活动步骤

步骤一：分组，6 人一组。

步骤二：根据自身对意志的已有理解，找出 10 个描述意志坚强的词语。

步骤三：根据自身对意志的已有理解，找出 10 个描述意志薄弱的词语。

2. 讨论与分享

（1）各组把本组找到的词语写在黑板上。

（2）在教师的主持下把写在黑板上的词语对应归类到意志品质的四个指标中。有不同意见的同学请即时举手表达，同时思考四个指标之间的关系。

心理训练 2：坚强的意志

1. 活动步骤

全班同学分成若干小组，对照本单元开头肯德基创始人山德士的故事，讨论以下问题，每位同学都要发言。

(1) 坚强的意志在山德士在一生的奋斗中起了什么样的作用？你如何理解意志在人们走向成功中的作用？

(2) 在故事中，山德士的哪些意志行为分别对应着意志品质的标准？请指出并归类。

2. 讨论与分享

小组派代表发言，与全班同学分享本小组的讨论结果。

单元2　意志品质的常见问题

心理故事：问题和意志

一只蜘蛛艰难地向墙上已经支离破碎的网爬去，由于墙壁潮湿，它爬到一定的高度就会掉下来，它一次次地向上爬，一次次地又掉下来……第一个人看到了，他叹了一口气，自言自语："我的一生不正如这只蜘蛛吗？忙忙碌碌而无所得。"于是，他日渐消沉。第二个人看到了，他说："这只蜘蛛真愚蠢，为什么不从旁边干燥的地方绕一下爬上去？我以后可不能像它那样愚蠢。"于是，他变得聪明起来。第三个人看到了，他立刻被蜘蛛屡败屡战的精神感动了。于是，他变得坚强起来。

【感悟与思考】 不同的意志状态，决定着一个人不一样的行为方式，有成功心态者处处都能发觉成功的力量。当自己的意志状态出现问题时，能够及时发现并适时而自觉地往正确方向纠正，这是保持成功心态的重要条件。

心理知识

不良的意志品质往往是遭遇失败的根本原因，对于大学生来说，它不仅影响我们的学业，还会影响我们的心理活动，使我们形成不良的心理状态和性格缺陷，严重得还会发展到病态人格。了解常见的意志品质问题，便于大学生进行自我诊断，进而加强自我意志品质的培养。

不良意志品质主要表现在以下四个方面。

一、武断冲动，随性盲从

意志行动是有目的的行为，在确定目标、制订计划时，我们必须做好调查和分析，以确保目标清晰、明确，行动有的放矢。目标不明确或目标过高，措施不当，往往容易导致失败，使人陷入迷茫、空虚、矛盾的状态，一旦形势所逼，便只能盲从。武断的作风和习惯也常常因分析和思考的浅尝辄止、粗枝大叶而导致目标和行为的随意性，危害很大。

刚进校门的大学生对未来充满了期待，希望能通过自己的努力有一个美好的未来。然而，由于大学生都是从学校到学校，对各类职业的了解甚少，所谓的理想其实大多是对美好生活的憧憬，而非职业或事业理想，因此当其面临学习、工作和生活上的具体问题和困难时，目标就会变得模糊，变得相互矛盾，也不知该如何抉择。由此，"我没有目标，我不知道自己要什么"、"没劲"成为一些大学生的口头禅也就不奇怪了。

二、刚愎执拗，半途而废

一个成功之人必定具有坚忍的意志品质，他们能在实现目的过程中，百折不挠地克服困难，坚定不移，最终达到既定目标。但是，对自己的行为不作理智的评价，一味坚持，独行其事，不能客观地认识形势，尽管事实证明他的行为是错的，仍一成不变，则是刚愎执拗，这实际上也是对待困难的错误态度，属于消极的意志品质，对个人的健康和成长不利。

遇到困难便怀疑预定的目的，不加分析就放弃对预定目的的追求，做事虎头蛇尾、见异思迁、半途而废，也是不良意志品质的典型表现。当代大学生有理想，有抱负，努力学习，勇攀高峰，但也存在一部分意志不够坚忍的同学，他们有目标，想干一番事业，但在遇到困难后就退缩了、放弃了。

三、优柔寡断，缺乏自信

遇事优柔寡断，拿不定主意，这是生活中常见的现象。心理学家认为，人在处理问题时所表现的这种拿不定主意、优柔寡断的心理现象是意志薄弱的表现。一般来说，优柔寡断者大都具有以下性格特征：缺乏自信；感情脆弱；易受暗示；在集体中随大流；过分小心谨慎等。一部分大学生由于家庭教育的影响，缺乏独立性，遇事总喜欢依赖别人，让别人帮自己拿主意。所以，当遇到需要自己拿主意的事情的时候，就显得左右为难，不知道该怎么办好了。因此，对于大学生成长成才而言，培养良好的自信、自立、自强、自主的意志力和独立性是非常重要的。

四、自制力差，知错不改

自制力是意志的抑制功能，主要表现在两个方面：一方面能使人排除干扰去执行已经采取的决定；另一方面能使人抑制住与目的相悖的愿望、动机、情绪和行为。易冲动，意气用事，不能律己，知错不改等，这些都是缺乏自制力的表现。

缺乏自制力是大学生意志品质问题的主要表现，对于该做的事，“当做不做”，对于不该做的事，“当止不止”。当下大学生一个较为典型的自制力缺乏事例就是痴迷网络，一部分大学生虽然清楚自己过分痴迷网络的行为不对，玩过之后也空虚、自责、懊悔，但是，他们就是控制不住自己的行为。他们常为自己做了不该做的事，没做该做的事而苦恼，更为自己无力改变现状而自责，可是往往又不愿或无力采取实际行动改变自己。

除了以上意志品质的常见问题外，在大学生中还有个别存在严重的意志障碍，主要表现为意志消沉，动力不足，常伴随着思维迟缓、情绪低落，活动减少，勉强活动却不能持久，常常呆坐、卧床，没有行为目的，没有决断能力，生活极度懒散、不修边幅，对工作、学习缺乏主动性和进取心，得过且过。

作为人格发展处于重要时期的大学生，对这些现象应该引起足够的重视。

心理训练1：绕不完的圈

1. 活动步骤

阅读以下案例，全班同学分成若干小组，讨论故事后面的问题，每位小组成员都要发言。

春天到了，在学校的新一届运动会上，激烈的竞争热潮一浪高过一浪，平时身体素质好的同学纷纷踊跃表现。王益昕被这种场面深深感动，下决心自己要好好锻炼身体，争取在以后的运动会上也能有所作为。说到就要做到，而且要一鸣惊人。第二天，王益昕早早就起了

床,到操场跑了起来……可是没过多久,王益昕就开始气喘吁吁,步伐沉重了,他想自己一定要坚持住。经过努力,他最终跑完了5圈儿,感到非常满意。他心想,自己以后要每天都跑5圈,这样坚持一年,一定能实现在来年运动会上有所作为的目标。第三天,王益昕又早早起了床,经过努力,他终于跑完了5圈,可是他感觉比昨天更累,也没了前一天的新鲜感。第四天,王益昕虽然在床上经过了一些思想斗争,可还是坚持起了床,来到操场,看着长长的跑道,他感到有些害怕。果然才跑了两圈儿,双腿就像灌了铅一样抬不起来了,但他的脑海中却有一个强烈的念头"坚持"。终于,在付出了极大的努力之后,他完成了任务。但是,第五天,王益昕无论如何也无法说服自己从温暖的被窝里爬出来了,一想起那漫长的跑道,自己孤单的身影,疲惫的双腿和喘不上气时肺部的难受情形,就有一种说不出的恐惧与厌烦,原定的目标已经变得遥不可及,好像也没了吸引力,他终于放弃了自己的计划。

问题:(1) 王益昕的晨练计划没能实现的直接原因是什么;(2) 在现实生活中意志品质上出现的问题更深层的原因应该如何去寻找?

2. 讨论与分享

各小组派代表发言,与全班同学分享本小组的讨论结果和收获。

心理训练2:只需再坚强一点点

1. 活动步骤

阅读以下材料,全班同学分成若干小组,讨论故事后面的问题,每位小组成员都要发言。

有一次,松下电气公司采取笔试与面试相结合的方法招聘一批基层管理人员。本来计划招聘10人,报考的却有好几百人。

经过一周的考试,通过计算机计分,选出了10位佼佼者。

当松下幸之助(松下电器创始人)将录取者一个个过目的时候,发现有一位成绩特别出色、面试时给他留下深刻印象的年轻人未在10人之列。这位青年叫神田三郎。于是松下幸之助叫人复查了考试情况。

结果发现,神田三郎的综合成绩名列第二,只因为计算机出了故障,把分数和名次排错了,导致了神田三郎的落选。

松下立即吩咐纠正错误,给神田三郎发录用通知书。

第二天公司派人转告松下幸之助一个惊人的消息:神田三郎因为没有被录取而跳楼自杀了。

听到这一消息,松下幸之助沉默了好久。一位助手在旁也自言自语:"多可惜,一位这么有才干的青年,我们没有录取他。"

"不"松下幸之助摇摇头说,"幸亏我们没有录用他,意志如此不坚强的人是干不了大事的。"

问题:(1) 看完这个故事之后你的第一感受是什么;(2) 你如何评价神田三郎的意志品质,他的故事对你有什么启示?

2. 讨论与分享

各小组派代表发言,与全班同学分享本小组的讨论结果和收获。

单元3　培养与提升意志品质

心理故事：意志品质与成就都让人惊叹的霍金

斯蒂芬·威廉·霍金生于1942年1月8日，毕业于牛津大学和剑桥大学，并获剑桥大学哲学博士学位。在富有学术传统的剑桥大学，他担任的职务是剑桥大学有史以来最为崇高的教授职务，那是牛顿和狄拉克担任过的卢卡逊数学教授。他拥有几个荣誉学位，是最年轻的英国皇家学会会员。在公众评价中，他被誉为是继阿尔伯特·爱因斯坦之后最杰出的理论物理学家之一，是当今享有国际盛誉的伟人之一，被称为在世的最伟大的科学家。

霍金的贡献对于人类的观念有深远的影响，但是他的贡献是在他被卢伽雷氏症禁锢在轮椅上的情况下做出的，这是真正的空前绝后。霍金在21岁时不幸患上了会使肌肉萎缩的卢伽雷氏症，所以被禁锢在轮椅上，骨瘦如柴，即使要举起头来也必须付出很大的努力才能做到，只有两根手指可以活动。但是他于1972年发现了黑洞辐射。1974年以后，他的研究转向了量子引力论。1980年以后，霍金的兴趣转向了量子宇宙论。他超越了相对论、量子力学、大爆炸等理论而迈入创造宇宙的“几何之舞”。1985年，他因患肺炎做了穿气管手术，彻底被剥夺了说话的功能，演讲和问答只能通过语音合成器来完成，但仍于1988年出版了《时间简史》，至今已出售逾2500万册，成为全球最畅销的科普著作之一。

【感悟与思考】 霍金因患卢伽雷氏症被禁锢在一把轮椅上，却克服了残废之患而成为国际物理界的超新星。他不断求索的科学精神和勇敢顽强的人格力量深深地吸引了每一个知道他的人，被世人誉为“在世的最伟大的科学家”、“另一个爱因斯坦”、“不折不扣的生活强者”、“敢于向命运挑战的人”、“宇宙之王”。霍金有一句名言：“我注意过，即使是那些声称‘一切都是命中注定的，而且我们无力改变’的人，在过马路前都会左右看。”这形象地说明，每个人都有不向命运低头的心理品质。只要因势利导，不断提高自己的意志品质，那么我们在人生的道路上就能不断克服困难，勇往直前。

心理知识：培养良好的意志品质

美国罗得艾兰大学心理学教授詹姆斯·普罗斯把实现某种转变分为四步：抵制——不愿意转变；考虑——权衡转变的得失；行动——培养意志力来实现转变；坚持——用意志力来保持转变。成功与失败的分水岭在于意志力的强弱差异：成功者常常是意志力坚强的人；失败者常常是意志力薄弱的人。只要一个人具有善于自我克制的坚强意志力，他就能承受常人难以承受的苦难，征服常人难以征服的障碍，完成常人难以完成的事业。训练和提升意志力，就能使一个人获得成功的强大动力。如果大学生想走向成功，那就必须从提高意志力入手。

一、认识自己

如果没有自我意识，意志力将毫无用武之地。在做决定的时候，我们必须意识到自己在做什么，为什么这样做，在做这件事情之前需要做什么。“三思而后行”让我们避免冲动行

事，给我们提供更多的时间，让我们深思熟虑想办法。如想戒网瘾的人需要第一时间意识到自己网络上瘾的冲动，也要知道哪里会让自己有这种冲动（在宿舍、在课堂或其他地方），还要知道如果自己这次失败了会有怎样的结果。

小张，大三学生，他总在不停地用电脑或手机玩网络游戏，这严重地影响了学习和生活。为了避免影响学业，他下定决心戒除网瘾。他计划一周内最多玩一次游戏。第一周结束时，小张觉得毫无进展。问题在于，他经常在玩了游戏之后才意识到自己又游荡在游戏中，他意识不到是什么事情促使自己上网。于是，小张又制定了新的目标，找寻冲动的苗头。一周之后，在即将上网的时候，小张已经能意识到自己在做什么了。他努力克制，不至于一头栽进去。过了一段时间，他渐渐发现，当自己玩游戏时，大脑和身体的不安都得到了缓解，原来玩游戏是为了缓解不安。他开始关注玩完游戏后的感觉，发现游戏并不能消除内心对未来的迷惘。小张及时发现了自己的冲动，并认识到冲动的反应，这增加了他的意志力，让他顺利地达到了自行制定的分步骤目标，逐渐消除了网瘾。

二、咬定目标

很多人之所以失败，是因为他们没有坚定不移的目标。很多时候，他们用现实的欲望掩盖了本来就很狭隘的生活，这样，即便他们在生活中能够得到一些有价值的东西，也往往是偶然的。很多人的确靠着幸运之神的侥幸眷顾过上了不错的生活，但运气这种东西终究是偶然的，谁也不知道幸运之神会降临到谁的头上。一个没有目标的人就像一艘没有舵的船永远漂流不定，只会到达失败和丧气的海滩。

松下电器的创始人松下幸之助在年少时去一家电器厂求职，请求安排一个工作最差、工资最低的活给他。人事部主管见他个头瘦小又很脏，不便直说，随便找了个理由：“现在不缺人，过一个月再来看看。”人家原本是推托，没想到一个月，松下幸之助真的来了。人事部主管推托有事，没空见他。过了几天，松下幸之助又来了。如此反复多次，人事部负责人说：“你这样脏兮兮的进不了厂。”于是松下幸之助回去借钱买了衣服，穿戴整齐地来了。对方没办法，便告诉他：“关于电器的知识你知道得太少，不能收。”两个月后，松下幸之助又来了，说：“我已学了不少电器方面的知识，您看哪个方面还有差距，我一项项来弥补。”人事部主管看了他半天才说：“我干这项工作几十年了，今天头一次见到你这样来找工作的，真佩服你的耐心和韧性。”松下幸之助终于打动了人事部主管，如愿以偿地进了工厂，并经过不懈的努力，成为日本国的经营之神。耐心、韧性、不懈努力等意志品质是松下幸之助取得成功的基本条件。

三、循序渐进

在工作和生活中，我们常常会发现，自己之所以做事会中途放弃，往往不是因为有很大的困难，而是感觉距离成功的目标太遥远，或者是因为目标的模糊与迷茫导致倦怠而失败，这就需要我们要掌握分解目标的技巧和方法，将目标分解成小目标，通过切实可行的小步骤，一步一个台阶地向前走，最终达到目标。目标较小，实现的可能性就越大。大量的研究表明，接受较小改变（如坐直身体等）的人在意志力测试中成绩更好。凡事不可能一蹴而就，成功是循序渐进的结果。麦戈尼格尔建议，将自己制定的目标减半，有助于提高意志力。

美国罗得艾兰大学心理学教授詹姆斯·普罗斯曾经研究过一组打算从元旦起改变自己行为的实验对象，结果发现最成功的是那些目标最具体、最明确的人。其中一名男子决心每天做到对妻子和颜悦色、平等相待。后来，他果真办到了。而另一个人只是笼统地表示要对家里的人更好，结果没几天又是老样子，照样吵架。

四、不向惰性投降

放松和惰性是事物的自然法则，如果屈服于这条法则的支配，我们就会慢慢地消磨自己的棱角和锋芒，变得胸无大志，得过且过，再也不能因为心中的高尚目标而受到激励，去发奋实现自己的梦想。然而，正是在这个时候，意志力应该一刻不停地发挥作用！

从生理和心理来分析，大学生的自觉性增强但惰性不同程度地存在。惰性是意志活动无力的表现，主要表现为懒散、拖拉、退缩、逃避等行为。如每天早上不想起床，晚上不想看书，明知道学习重要可就是不想学习。处于惰性状态的大学生如同身陷泥潭一样，若不及时解脱出来，会不由自主地越陷越深，越来越失去活力，封闭退缩。他们亦常为此感到内疚、自责、后悔，但又觉得无力自拔，心有余而力不足，这主要是因为他们往往想得多而做得少，缺乏毅力所致。意志力的培养应该不断地向自己证明，自己一定能够做到希望做到的事情，一次一次向自己保证能够顺利地完成很多的事情。

五、锻炼是良药

锻炼能缓解普通的日常压力，能抵抗抑郁，能让我们的大脑更充实，运转更迅速，更重要的是锻炼能改善意志力的生理基础。

心理学家梅甘·奥腾和生物学家肯恩·程曾做过一个实验。实验对象是年龄18—50岁不等的6名男性和18名女性。经过两个月的治疗，他们的注意力和抗干扰能力都有所提高，他们的注意力能集中30秒钟不分散；他们吸烟饮酒的频率有所降低；他们吃的垃圾食品少了，吃的健康食品多了；他们看电视的时间减少了，学习的时间增加了；他们觉得能更好地控制自己的情绪；做事不再拖沓，连约会迟到也变少。而两个月的治疗时间，研究人员并没有要求实验对象改变其他的生活习惯，只是给他们提供了健身房的免费会员资格，并鼓励他们有效地利用健身资源。但两周的锻炼让他们的生活充满了活力，也让他们获得了意志力。

六、增强免疫系统

（一）10分钟法则

10分钟或许看起来不太长，但神经科学家发现，10分钟能在很大程度上改变大脑处理事务的方式。想获得一个冷静明智的大脑，我们需要在所有的诱惑面前安排10分钟的等待时间，10分钟延迟法则可以让我们克服或抵制诱惑，增强意志力。

（二）转移视线

一时兴起或偶然的念头而放弃眼前的工作是打开摧毁意志大门的钥匙。它就像过度劳累的肌肉，再也不能激发我们兴致勃勃地采取行动，大脑拒绝为了实现一个很久以来就有的愿望而调动全身的机能。它最典型的表现是“我厌倦这件事情了”或者“我再也坚持不下去了”。决心动摇了，意志力也耗尽了。心理学家麦戈尼格尔建议，当恶习袭来时，轻握拳头能将注意力转移到握拳头动作及感觉上。

（三）坚持3周时间

一种新习惯的养成必须通过大约21天的过渡期，这样大脑才能将新习惯视为日常活动。另外，偶尔一次未能坚持并不代表计划失败。

心理训练：自我成长反思

1. 活动步骤

全班同学分成若干小组进行讨论，小组成员根据本主题知识，结合平时对自身的观察和体验，谈谈自己的情况，小组对全体组员的情况进行汇总后完成下表。

自我剖析与自我完善行动计划表

意志品质	做得好的地方	尚需改进地方	改进计划
独立性			
坚定性			
果断性			
自制力			

2. 讨论与分享

小组派代表进行分享，本小组同学做得好的地方有哪些？尚需改进的地方有哪些？拟采取什么策略和措施进行改进？

单元4　心理自测

一、意志品质评估测试

指导语：下面有20道测验题，每个题都有5个备选答案，请根据自己的实际情况勾选1种(只能选择1种)。

1. 我很喜欢长跑、长途旅行、爬山等体育运动，但并不是因为我的身体条件符合这些项目，而是因为它们能锻炼我的意志力。

(很同意　比较同意　说不准　不大同意　不同意)

2. 我给自己定的计划常常因为主观原因而不能如期完成。

(这种情况很多　较多　不多不少　较少　没有)

3. 如果没有特殊原因，我要每天按时起床，不睡懒觉。

(很同意　较同意　说不清　不大同意　不同意)

4. 定的计划应有一定的灵活性，如果完成计划有困难随时可以改变或撤销它。

(很同意　较同意　无所谓　不大同意　反对)

5. 在学习和娱乐发生冲突时，哪怕这种娱乐很有吸引力，我也会马上决定去学习。

(经常如此　较经常　时有时无　较少如此　不是如此)

6. 在学习或工作中遇到困难的时候，最好的办法是立即向师长或同学求援。

(同意　较同意　无所谓　不大同意　反对)

7. 在练长跑中遇到生理反应，觉得跑不动时，我常常咬紧牙关，坚持到底。

(经常如此　较常如此　时有时无　较少如此　不是如此)

8. 我常因读一本引人入胜的小说而不能按时睡眠。

(经常有　较多　时有时无　较少　没有)

9. 我在做一件应该做的事之前，常能想到做与不做的不同结果，而有目的地去做。

（经常如此　较常如此　时有时无　较少如此　并非如此）

10. 如果对一件事不感兴趣，那么不管它是什么事，我的积极性都不高。

（经常如此　较常如此　时有时无　较少如此　并非如此）

11. 当我同时面临一件该做的事和一件不该做却吸引着我的事时，我常常经过激烈的思想斗争，让前者占上风。

（是　有时是　是与非之间　很少这样　不是）

12. 有时我躺在床上，下决心第二天要干一件重要的事情（如突击学一下外语），但到第二天，这种劲头又消失了。

（常有　较常有　时有时无　较少　没有）

13. 我能长时间做一件重要但枯燥无味的事情。

（是　有时是　是与非之间　很少这样　不是）

14. 在生活中遇到复杂情况时，我常常优柔寡断，举棋不定。

（常有　有时有　时有时无　很少有　没有）

15. 做一件事之前，我首先想的是它的重要性，其次才想它是否使我感兴趣。

（是　有时是　是与非之间　很少是　不是）

16. 我遇到困难情况时，常常希望别人帮我拿主意。

（是　有时是　是与非之间　很少是　不是）

17. 我决定做一件事时，常常说干就干，绝不拖延或让它落空。

（是　有时是　是与非之间　很少是　不是）

18. 在和别人争吵时，虽然明知不对，我却忍不住说一些过头话，甚至骂他几句。

（时常有　有时有　时有时无　很少有　没有）

19. 我希望做一个坚强的、有意志力的人，因为我深信“有志者事竟成”。

（是　有时是　是与非之间　很少是　不是）

20. 我相信机遇，好多事实证明，机遇的作用有时大大超过人的努力。

（是　有时是　是与非之间　很少是　不是）

【评分方法】 凡单号题（1、3、5……），每题后面的5种回答，从第一到第五依次记5分、4分、3分、2分、1分。凡双号题（2、4、6……），每题后面的5种回答，从第一到第五依次记为1分、2分、3分、4分、5分。

20题得分之和与意志品质的关系如下：81—100分，意志很坚强；61—80分，意志较坚强；41—60分，意志品质一般；21—40分，意志较薄弱；0—21分，意志很薄弱。

二、自制力评估测试

指导语：请你完成下面两组测试，你可以知道自己的意志力和自控性，把符合你情况的序号填写在括号内。

1. 朋友想跟你通宵看录像带，但你需要明早7点起床做兼职，你会（　　）。

A. 看到晚上9点半回家睡觉

B. 拒绝，好好地睡一觉

C. 视情绪而定。要是太疲倦就告假

D. 看通宵，然后倒头大睡

2. 你要在 6 周内完成一项重要任务，你会(　　)。

A. 在委派后 5 分钟即开始进行，以便有充足的时间

B. 限期前 30 分钟才开始进行

C. 每次想动手时都有其他的事分神，你不断地告诉自己还有 6 周时间

D. 立即进行，并确定在限期前两天完成

3. 你正在朋友的家中，茶几上放着一盒你爱吃的巧克力，但你的朋友无意给你吃。当她离开房间时，你会(　　)。

A. 立即吞下一块巧克力，再抓一把塞进口袋里

B. 一块接一块地吃起来

C. 静坐着，抗拒它的诱惑

D. 对自己说："什么巧克力？我很快就有一顿丰富的晚餐。"

4. 你深信自己深深爱上了他，但他只在无聊时才想起你，在一个狂风暴雨夜晚，他要求与你见面，你会(　　)。

A. 立即冒着雨去找他，纵然数小时也是值得的

B. 挂断电话。虽然你很不情愿，但你需要一个更关心你的人

C. 先要他答应以后更好地待你才答应去

5. 你发现你的好友未将日记锁好便离开房间，你一向很想知道她对你的评语及她和男朋友的关系，你会(　　)。

A. 立即离开房间去找她，不容许自己有被引诱偷看的机会

B. 匆匆揭过数页，直至内疚感令你停下来为止

C. 急不可待地看，然后责问她居然敢说你好管闲事

6. 如果你能在早上 6 点起床温习功课，晚间便有更多的时间，令你做事更有效率。你会(　　)。

A. 虽然每天早晨 6 点闹钟准时闹醒你，但你仍然赖在床上直到 8 点才起来

B. 把闹钟调到 5 点半，以便能准时在 6 点起床

C. 约在 6 点半起床，然后淋热水浴使自己清醒

D. 算了吧，睡眠比温习更重要

7. 你从朋友珍妮的日记中发现了多个秘密，极欲与别人分享，你会(　　)。

A. 立即告知海伦，说珍妮迷恋她的男朋友

B. 不打算告诉任何人，但会让珍妮知道你已经发现了她的秘密，使她不敢太放肆

C. 什么也不做，你和珍妮能做好朋友，正因为你能守秘密

D. 请催眠专家使你忘记一切秘密

8. 医师建议你多做运动，你会(　　)。

A. 只在一两天照做

B. 拼命运动，直至支持不住

C. 每天漫步去买雪糕，然后乘计程车回家

D. 最初几天依指示去做，待医生检查后即放弃

9. 你正努力储钱准备年底去旅行，但你看到了一条很适合与男朋友约会时穿的裙子。你会(　　)。

A. 每次经过那店铺时都蒙住眼睛，直至过了约会日期

B. 自己买衣料，缝制一条一样的裙子，但价钱便宜很多

C. 不顾一切买下它，宁愿哀求父母借钱给你去旅行

D. 放弃它，没有任何东西能阻碍你的旅游大计

10. 你对新年所许下的诺言所抱的态度是(　　)。

A. 只能维持几天

B. 维持 2～3 年

C. 懒得去想什么诺言

D. 到适当的时候就违背它

【评分方法】

请你根据评分表所给的标准计算自己的得分。

分数为 18 分以下：你并非缺乏自制力，只不过你只喜欢做那些你有兴趣的事，对于那些能即时获得满足感的工作，你会毫无困难地坚持下去。你很想坚持你的新年大计，可惜很少能坚持到底。

分数为 18—30 分：你很懂得权衡轻重，知道什么时候要坚持到底，什么时候要轻松一下。你是那种坚守本分的人，但遇到极感兴趣的东西时，你的好奇心会战胜你的决心。

分数为 31—40 分：你的意志力惊人，不论任何人、任何情形都不会使你改变主意；但有时太执着并非好事，尝试偶尔改变一下，定会更充满趣味。

评分表：

1. A. 3；B. 4；C. 2；D. 1
2. A. 3；B. 2；C. 1；D. 4
3. A. 1；B. 2；C. 3；D. 4
4. A. 1；B. 3；C. 2
5. A. 3；B. 2；C. 1
6. A. 2；B. 4；C. 3；D. 1
7. A. 1；B. 3；C. 4；D. 2
8. A. 1；B. 3；C. 4；D. 2
9. A. 2；B. 3；C. 1；D. 4
10. A. 2；B. 4；C. 1；D. 3

主题八

情绪管理心理训练

篇首语

大学时期、青年时期，我们在学习，我们在生活，我们在交友，我们在恋爱，我们要就业……我们的生活很丰富，但我们的生活还有许许多多的不确定，所以，在这个年龄，一首歌、一件事、一个人，甚至一句话都能引起我们情绪的变化，我们会高兴、会兴奋、会喜悦，我们也会焦虑、会抑郁、会愤怒。

其实，喜怒哀乐，嬉笑怒骂，个个都是真性情，开心也好，痛苦也罢，选择什么样的心情，你完全可以做情绪的主人。

训练目标

1. 了解情绪的基本知识。
2. 了解大学生常见的情绪障碍。
3. 学习调控情绪的方法。
4. 了解自我的情绪状况。

单元1　情绪心理知识ABC

心理故事：钉子

有一个脾气很坏的孩子，父亲给了他一袋钉子，并且告诉他，当他发脾气的时候就钉一个钉子在后院的围栏上。第一天，这个男孩钉下了37颗钉子。慢慢地，每天钉下的数量减少了，他发现控制自己的脾气要比钉下那些钉子容易。于是有一天，这个男孩再也不会失去耐性，乱发脾气。他告诉父亲这件事，父亲又说，现在开始每当他能控制自己脾气的时候，就拔除一颗钉子。一天天过去了，最后男孩告诉他的父亲，他终于把所有的钉子给拔出来了。

父亲握着他的手来到后院说："你做得很好，我的好孩子。但是，看看那些围栏上的洞，这些围栏永远不能恢复到从前的样子。你生气时说的话就像这些钉子一样留下疤痕。如果你拿刀子捅别人一刀，不管你说了多少次对不起，那个伤口将永远存在，话语的伤痛就像刀子的伤痛一样令人无法承受。"

【感悟与思考】 不良情绪不仅会让我们身边的人无所适从，受到伤害，也会让自己受到伤害。我们应努力管理好自己的情绪，以豁达开朗、积极乐观的健康心态工作，而不是让急躁、消极等不良情绪影响我们，打败我们。做自己情绪的主人，这是一个健康乐观的人最应具备的。

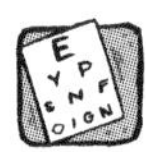

心理知识：什么是情绪

美国密歇根大学心理学家南迪·内森的一项研究发现，一般人的一生平均有十分之三的时间处于情绪不佳的状态，因此，人们常常需要与那些消极的情绪作斗争。事实上，情绪有两种：消极的和积极的。我们的生活离不开情绪，它是我们对外面世界正常的心理反应，我们所必须做的只是不能让我们成为情绪的奴隶，不能让那些消极的心境左右我们的生活。

消极情绪对我们的健康十分有害，科学家们已经发现，经常发怒和充满敌意的人很可能患有心脏病，哈佛大学曾调查了1600名心脏病患者，发现他们中经常焦虑、抑郁和脾气暴躁者患心脏病的概率比普通人高三倍。因此，可以毫不夸张地说，学会控制情绪是我们在生活中一件生死攸关的大事。

要想做情绪的主人，懂得控制和调适自己的情绪，首先我们要了解什么是情绪，情绪有怎样的体验，只有这样才能更好地排除情绪对我们的困扰，主宰自己的情绪。

一、情绪的含义

所谓情绪，就是指人们对环境中某种客观事物和对象所持态度的身心体验，它是最基本的感情现象。积极肯定的情绪是爱与温情、感恩、好奇心、振奋、热情、毅力、信心、快乐、活力、奉献、服务等，消极否定的情绪是嫉妒、愤怒、抑郁、紧张、狂躁、怀疑、自卑、内疚等。正面情绪对人生的成功发挥着积极作用，负面情绪对人生的成功起消极作用。通常我们从主观体验、生理唤醒、外在行为三个方面来考察和定义情绪。

（一）主观体验

通常我们会对不同的事情有不同的主观体验，简单地说就是“我们感觉怎么样”。有些事物使我们感到愉悦和快乐，有些事物则使我们感到厌恶。如知道自己“很高兴”，意识到自己“很痛苦”，或感受到自己“很内疚”等。

（二）生理唤醒

任何情绪发生的时候都伴随着一定程度的生理唤醒。如我们感到害怕时会发生很多身体上的变化：心跳和呼吸加快，四肢发抖，肌肉紧张等；激动时血压会升高；愤怒时全身会颤抖；紧张时心跳会加快等。

（三）外在行为

情绪总是伴随着相应的面部表情和身体姿势。当我们快乐时便会有笑的表情，甚至手舞足蹈；当我们悲痛时会痛哭流涕；当我们害怕时会睁大眼睛和嘴巴，喊出声音，以至于做出逃跑的动作。

二、情绪状态的分类

情绪状态是指在一定的生活事件的影响下，一段时间内各种情绪体验的一种特征表现。根据情绪状态的强度和持续时间分为心境、激情和应激。

（一）心境

心境是一种微弱、平静和持久的情绪状态。生活中我们常说“人逢喜事精神爽”，是指发生在我们身上的一件喜事让我们很长时间保持着愉快的心情，但有时候一件不如意的事也会让我们很长一段时间忧心忡忡、情绪低落。这些都是心境的表现。

心境具有弥散性和长期性。

心境的弥散性是指当人具有某种心境时，这种心境表现出的态度体验会朝向周围的一切事物。“对花落泪，对月伤情”就是《红楼梦》中的林黛玉的典型状态。古语中人们对同一种事物，“忧者见之而忧，喜者见之而喜”也是心境弥散性的表现。

心境的长期性是指心境产生后要在相当长的时间内主导人的情绪表现。虽然基本情绪具有情境性，但心境中的喜悦、悲伤、生气、害怕却要维持一段较长的时间，有时甚至成为人一生的主导心境。如有的人一生历经坎坷，却总是豁达、开朗，以乐观的心境去面对生活；有的人总觉得命运对自己不公平或觉得别人都对自己不友好，结果总是保持着抑郁愁闷的心境。

导致心境产生的原因很多，生活中的顺境和逆境，工作、学习上的成功和失败，人际关系的亲和疏，个人健康的好与坏，自然气候的变化，都可能引起某种心境。但心境并不完全取决于外部因素，还同人的世界观和人生观有联系。一个有高尚的人生追求的人会无视人生的失意和挫折，始终以乐观的心境面对生活。

心境对人们的生活、工作和健康都有很大的影响。心境可以说是一种生活的常态，人们每天总是在一定的心境中学习、工作和交往，积极良好的心境可以提高学习和工作的绩效，帮助人们克服困难，保持身心健康；消极不良的心境则会使人意志消沉、悲观绝望，无法正常工作和交往，甚至导致一些身心疾病。所以，保持一种积极健康、乐观向上的心境对每个人都有重要意义。

（二）激情

激情是一种爆发强烈而持续时间短暂的情绪状态。人们在生活中的狂喜、狂怒、深重的悲痛和异常的恐惧等都是激情的表现。和心境相比，激情在强度上更大，但维持的时间一般较短暂。

激情具有爆发性和冲动性，同时伴随有明显的生理变化和行为表现。当激情到来的时候，大量的心理能量在短时间内积聚而出，如疾风骤雨，使得当事人失去了对自己行为的控制力。如《儒林外史》中的范进，听到自己金榜题名，狂喜之下，竟然意识混乱、手舞足蹈、疯疯癫癫便是激情的情绪表现。但这些激情的宣泄之后，人又会很快平息下来，甚至出现精力衰竭的状态。

激情常由生活事件所引起，那些对个体有特殊意义的事件会导致激情，如考上大学、找到满意的工作等；出乎意料的突发事件会引起激情，如多年失去音信的亲人突然回归，常会令人欣喜若狂。另外，违背个体意愿的事件也会引起激情，中国古书中记载，春秋战国时期的伍子胥过韶关，因担心被抓回楚国，父仇不能报，一夜之间竟然愁白了头。可见，不同的生活事件会引起不同的激情。

激情对人的影响有积极和消极两个方面。一方面，激情可以激发人内在的心理能量，成为行为的巨大动力，提高工作效率并有所创造。如画家在创作中，尽情挥洒，浑然忘我；运动员在报效祖国的激情感染下，敢于拼搏，勇夺金牌。但另一方面，激情也有很大的破坏性和危害性。激情中的人有时任性而为，不计后果，对人对己都造成损失。一些青少年犯罪就是在激情的控制下一时冲动，酿成大错。激情有时还会引起强烈的生理变化，使人言语混乱，动作失调，甚至休克。所以，在生活中我们应该适当地控制激情，多发挥其积极作用。

（三）应激

应激是出乎意料的紧张和危急情况引起的情绪状态。如在日常生活中突然遇到火灾、地震，飞行员在执行任务中突然遇到恶劣天气，旅客在旅途中突然遭到歹徒的抢劫等，无论天灾还是人祸，这些突发事件常常使人们心理上高度警醒和紧张，并产生相应的反应，这都是应激的表现。积极的应激反应表现为沉着冷静、急中生智，全力以赴地去排除危险，克服困难；消极的应激反应表现为惊慌失措、一筹莫展，或者发动错误的行为，加剧了事态的严重性。

心理训练1：戴高帽游戏

得到称赞时每个人都是非常开心、幸福、愉悦的，这就是我们此刻的情绪。其实在生活中，人人都有各种各样的情绪，我们在了解自己情绪的同时，也应该明白别人也有不同的情绪状态。人人都希望自己拥有一份好心情，但每天每个人经历的事件都不同，即使是经历了同一个事件或过程，人的情绪也不一定是一样。你了解自己的情绪吗？你了解情绪的奥秘吗？

1. 活动步骤

(1) 10人左右一组围圈坐，请一名成员坐或站在中间，其余的成员轮流真诚地说出他(她)的优点及对他(她)的欣赏。在活动过程中播放轻柔的背景音乐。

(2) 被称赞者认真体验被人称赞时的心情和感受，轮流进行。活动要求：在活动过程中每一个同学都要用心体会自己的感受。

2. 讨论与分享

各小组派代表发言，与全班同学分享本小组的讨论结果和收获。

心理训练2：情绪——一半是海水，一半是火焰

1. 活动步骤

阅读案例，全班同学分成若干小组，讨论案例后的问题，每位小组成员都要发言。

[案例一] 一场激动人心的足球比赛正在洛杉矶一家体育馆内进行，观众们全神贯注、兴高采烈。值班医生接收了几个食物中毒的观众，询问出他们喝过自动售货机的清凉饮料。医生便叫广播员通知，喝过这种饮料的人得当心。通知刚刚播出。霎时，整座体育馆乱成了一锅粥。观众纷纷倒地，翻肠挂肚吐个不停。200人当场被送进医院。后来鉴定，清凉饮料根本无毒。于是每个人的病症顷刻烟消云散。

[案例二] 小张近来觉得心情特别愉快，可谓是“人逢喜事精神爽”。他在班上得到了老师的表扬，觉得心情愉快，回到家里同家人谈笑风生，遇到邻居也笑脸相迎，走在路上也会觉

得天高气爽。

[案例三]《儒林外史》中的范进听到自己金榜题名，狂笑之下，竟然意识混乱，手舞足蹈，疯疯癫癫。

问题：(1) 以上3个案例中的当事人经历的情绪体验是什么；(2) 谈谈你近期的情绪状态是怎样的，请用1～2个关键词描述；(3) 谈谈你所经历过的对你影响较大的一个事情，请用1～2个关键词描述当时的情绪，交流彼此的感受与体会。

2. 讨论与分享

各小组派代表发言，与全班同学分享本小组的讨论结果和收获。

单元2　常见的情绪障碍

心理故事：爱巴的秘密

在古老的西藏，有一个叫爱巴的人。爱巴工作非常勤奋努力，他的房子越来越大，土地也越来越广。但不管房子和地有多么广大，只要与人起争执而生气的时候，他就会绕着房子和土地跑3圈，然后坐在田边喘气。"爱巴为什么每次生气都绕着房子和土地跑3圈呢"所有熟悉他的人心里都想不明白，但不管怎么问他，爱巴都不愿意明说。直到有一天，爱巴很老了，他的房子和地也已经太广大了，他生了气，拄着拐杖艰难地绕着土地和房子转，等他好不容易走完3圈，太阳已经下了山，爱巴独自坐在田边喘气。他的孙子在旁边肯求他："爷爷，您已经这么大年纪了，这四周地区也没有其他人的土地比您的更广大，您不能再像从前，一生气就绕着土地跑3圈了。还有，您可不可以告诉我您一生气就绕着房子和土地跑3圈的秘密？"

爱巴终于说出了隐藏在心里多年的秘密，他说："年轻的时候，我一和人吵架、争论、生气，就绕着房子和土地跑3圈，边跑边想自己房子这么小，土地这么少，哪有时间去和人和别人吵架呢！想到这里气就消了，把所有的时间都用来努力工作。"孙子问道："爷爷！您年老了，又变成最富有的人，为什么还要绕着房子和土地跑呢？"爱巴笑着说："我现在还是会生气，生气时绕着房子和土地跑3圈，边跑边想，自己的房子这么大，土地这么多，又何必和人计较呢？一想到这里，气就消了！"

【感悟与思考】 "人生不如意事常八九"，人的一生很少有几次感到自己的生活是一帆风顺的。在现实生活中每一个人都无一例外地要面对他人、面对环境、面对社会，人生的多变、工作的不顺心、生活的不如意、他人的误解等难免使人产生抱怨、苦闷、牢骚、心情烦躁、怨天尤人，心态跌入低谷，意志随之消沉，思维也停留在狭隘的空间。但是，牢骚、抱怨本身绝不能消除我们心中的苦闷，唯一的办法只能是不断进行有效的自我调整，经常与人沟通、交流，善于使自己的心态保持平衡，找到适合自己的基点，从容地走在通向成功的阳光大道上。

心理知识：大学生常见的情绪障碍

一、大学生情绪健康的标准

健康的情绪是健全人格的必要条件之一。一般而言，情绪的目的性恰当，反应适度，不带有幼稚的、冲动的特征，符合社会规范的要求，就是情绪健康的标准。

（一）情绪是由适当的原因引起的适当反应

欢乐的情绪是由可喜的现象引起的，悲哀的情绪是由不愉快的事件或不幸的事情引起的，愤怒是由挫折引起的。一定的事物引起相应的情绪是情绪健康的标志之一。相反，当一个人受到挫折反而高兴得仰天大笑，受人尊敬反而恼怒时，那么这就是情绪不健康的表现了。

（二）情绪的作用能够随客观情景变化而转移

在一般情况下，引起情绪的因素消失之后，其情绪反应也会逐渐消失。如某同学的考试成绩不理想，那么当时他可能会很伤心，但是随着时间的变化，这样的伤心会慢慢消失，取而代之的是刻苦的学习或者学习方法的改进。但是如果他长时间处于消极的情绪当中不能自拔，那么这也可能是情绪不健康的表现。

（三）情绪基本稳定

情绪稳定表明个人的中枢神经系统活动处于相对的平衡状况，反映了中枢神经系统活动的协调。一个人的情绪经常很不稳定，变化莫测，也是情绪不健康的表现。情绪的整个基调是积极乐观愉快的。

二、大学生常见的情绪障碍

大学生处于人格发展的完善阶段，其身心发展和生活环境有其独特性，自我控制和自我调节能力尚待提高，而社会期望值高、竞争压力大就使得他们易受紧张情绪的困扰，表现出自卑、焦虑、嫉妒、抑郁、挫折感等不良情绪状态。这些负面情绪如果强度过大，次数过多，持续时间过长，会直接导致情绪障碍。

（一）焦虑

焦虑是十分常见的现象，是一种类似担忧的反应或是自尊心受到潜在威胁时产生担忧的反应倾向，是个体主观上预料将会有某种不良后果产生的不安感，是紧张、害怕、担忧混合的情绪体验。

焦虑是大学生常见的情绪状态，当他们在学习、工作、生活各方面遭遇挫折或担心需要付出巨大努力的事情来临时，便会产生这种体验。实验证明，中等焦虑能使大学生维持适度的紧张状态，注意力高度集中，促进学习。但过度的焦虑则会给大学生带来不良的影响。

常见的引起大学生焦虑的原因有以下四个方面。

1. 因适应困难而产生的焦虑

这是在大学生中比较常见的情况。由于生活环境和学习方式的转变，造成对新环境难以较快适应，因而引起各种焦虑反应。如有一位到心理咨询中心咨询的大学生谈到，进入大学以前生活上的事都由父母包办，衣食住行都有人给自己安排。现在这一切都要自己来做，却不知如何去做。学习紧张时还要想着怎么去处理这些事，因此感到焦虑不安。从这个例子可以看出，这位同学由于从小生活在一个过分依赖的家庭环境中，独立生活的能力较差，因此当其置身于一个新的、不得不依靠自己独立安排生活的环境中时，常常因不知该如何做而产生焦虑情绪。

2. 学习上的不适应也是促使焦虑产生的原因

不少大学生习惯了高中时那种被动的学习方式，上大学后对大学的学习方式不能很快适应。因此，一些大学生对以后的学习生活和前途感到忧虑不安，极个别的人担心自己会完不成学业，因此陷入焦虑状态之中。

3. 考试焦虑是大学生中较常见、较特殊的焦虑情绪表现

即由于担心考试失败或渴望获得更好的分数而产生的一种忧虑、紧张的心理状态。研究表明，中等程度的焦虑最利于考生水平和能力的发挥，而过高的焦虑则不利于考生能力的正常发挥。一些能力不如其他人或对自己能力的主观评价不如别人的大学生，以及一些对获得好成绩有强烈愿望的大学生，容易产生较高的考试焦虑。

4. 自我形象焦虑也是焦虑的原因

自我形象焦虑是大学生担心自己不够漂亮、没有吸引力，体貌过胖或矮小等，也有的因为粉刺、雀斑等影响自我形象而引起的焦虑。这类焦虑主要与自我认知有关，需要大学生通过调整自我认知重新接纳自我，建立新的自我形象。

（二）抑郁

抑郁是大学生中常见的情绪困扰，是一种感到无力应付外界压力而产生的消极情绪，常常伴有厌恶、羞愧、自卑等情绪体验。抑郁就像其他的情绪反应一样，人人都曾体验过。对大多数人来说，抑郁只是偶尔出现，时过境迁很快会消失。但也有少数人长期处于抑郁状态，导致抑郁症。性格内向孤僻、多疑多虑、不爱交际、生活中遭遇意外挫折的人更容易陷入抑郁状态。

情绪抑郁的大学生的主要表现是：情绪低落、思维迟缓、郁郁寡欢、闷闷不乐、兴趣丧失、缺乏活力，干什么都打不起精神；不愿参加社交，故意回避熟人，对生活缺乏信心，体验不到生活的快乐；并伴有食欲减退、失眠等。长期的抑郁会使人的身心受到严重伤害，使大学生无法有效地学习和生活。

抑郁症状不单指各种感觉，还指情绪、认知与行为特征。抑郁最明显的症状是压抑的心情，表现为仿佛掉入了一个无底洞或黑洞之中，正被淹没或窒息。抑郁的人对未来感到悲观，同时还伴随身体症状，如常常乏力，起床变得困难，更严重时睡眠方式都将改变，睡得太多或者早晨醒得太早，并且不能再次入睡。也可能出现饮食紊乱，吃得过多或过少，随之而来的是体重激增或剧减。抑郁是一种持续时间较长的低落、消沉的情绪体验，它常常与苦闷、不满、烦恼、困惑等情绪交织在一起。

一般来说，这种情绪多发生在性格内向，性格孤僻、敏感多疑、依赖性强、不爱交际，生活遭遇挫折，长期努力得不到回报的大学生身上。那些不喜欢所学专业或因人际关系处理不当、失恋等问题的大学生也会产生抑郁情绪。

（三）愤怒

愤怒是由于客观事物与人的主观愿望相违背，或因愿望无法实现时，人们内心产生的一种激烈的情绪反应。愤怒是精力充沛、血气方刚的青年时期的大学生常见的一种消极情绪。如有的大学生因一句刺耳的话或一件不顺心的小事而暴跳如雷；有的大学生因人际协调受阻而怒不可遏、恶语伤人；有的大学生因别人的观点或意见与自己相左而恼羞成怒。如此种

种遇事缺乏冷静的分析与思考，图一时之快，逞一时之勇的好激动、易动怒的不良情绪特点在一些大学生的身上时有体现。这种情绪对大学生的影响是极其有害的，因而有人说："愤怒是以愚蠢开始，以后悔结束"。

易怒的大学生一是由于性格因素所致，二是由于许多的错误认识所致。例如，认为发怒可以威慑他人，发怒可以推卸责任，发怒可以换回面子，发怒可以满足愿望等。然而事实上，易怒者总是事与愿违，所得到的不是尊严、威信，而是他人的厌恶，更严重的后果是自己的心绪更加不宁。

（四）嫉妒

嫉妒是指他人在某些方面胜过自己引起的不快甚至是痛苦的情绪体验。当看到别人比自己强时，心里就酸溜溜的不是滋味，于是就产生一种包含着憎恶与羡慕、愤怒与怨恨、猜嫌与失望、屈辱与虚荣以及伤心与悲痛的复杂情感。

嫉妒是自尊心的一种异常表现，在大学生中普遍存在，具体表现为当看到他人的学识、能力、品行、荣誉甚至衣着打扮超过自己时内心产生的不平、痛苦、愤怒等感觉；当别人身陷不幸或处于困境时则幸灾乐祸，甚至落井下石，在别人的背后恶语中伤、诽谤。嫉妒是一种情绪障碍，它扭曲人的心灵，妨碍人与人之间正常的、真诚的交往。

轻微的嫉妒会使人意识到压力的存在，促使人拼搏奋进，成为赶上被嫉妒者的动力。但严重的嫉妒所导致的更多的是焦虑和敌意，不是努力进取、奋起直追，而是不相信自己的能力；不是反省自己，而是觉得别人会使自己难堪。

在日常生活中，因嫉妒引起人际关系紧张和冲突的事件不胜枚举。一些伟人及科学家在晚年为了保住自己的权威地位，表现出的嫉妒心理给人类造成的遗憾和损失更是令人痛心。如卓别林嫉妒有才华的导演，焚毁了唯一的一部《海的女儿》的电影拷贝；牛顿嫉妒晚辈，压制格雷的电学论文发表等。

（五）冷漠

冷漠是指人对外界刺激缺乏相应的情感反应，凡事漠不关心、冷淡、退让。如有的大学生对周围的人和事漠不关心，对集体和同学态度冷淡，对自己的前途命运、国家大事等均漠然置之，似乎自己已看破红尘、超凡脱俗。于是，他们把自己游离于社会群体之外，独来独往，对各种刺激无动于衷。这种冷漠的情绪状态，多是压抑内心情感情绪的一种消极逃避反应。具有这种情绪的人从表面上看虽表现为平静、冷漠，但内心却往往有强烈的痛苦、孤寂和压抑感。

冷漠比攻击更可怕！冷漠会带来责任感的下降、生活意义的缺失与自我价值的放弃。可以说是有百害而无一利的消极情绪体验。克服冷漠最根本的是改变认知，发现生活的意义，发现自我的价值，改变长此以往形成的对人生消极的看法；从行为上，积极投身各种有意义的活动中，融入到集体中，进行积极的自我暗示与自我提升；正确认识自我与他人、个体与社会，并不断地矫正自己的非理性观念。

心理训练：摆脱情绪困扰

1. 活动步骤

阅读案例，全班同学分成若干小组，讨论案例后的问题，每位小组成员都要发言。

［案例一］李某，女，19岁，某大学二年级学生，于学校开学一周后前来门诊咨询。从大学一年级第二学期开始，她就出现了心理问题，主要表现为每到期末复习考试临近期间，她就紧张焦虑，还伴有较严重的睡眠障碍。

［案例二］王某，男，19岁，大学计算机专业一年级学生。"我从农村来，没见过计算机，可是现在竟然选了计算机专业。入校后，看着别人熟练操作的样子，而自己又对操作一窍不通，我真着急，闹着让爸爸买了一台，可我又操作不来。快一年了，我的进步太慢了，太笨手笨脚"。

［案例三］学生赵某向心理咨询师倾诉："当我和同学聊天时，他们的知识很丰富，天南地北，无所不知，我什么都不懂，我很笨，我觉得自己不如他们而感到自卑"。

［案例四］19岁的赵某考上某职业学院就读，学习成绩好，文娱、体育活动积极，很讨女同学的喜欢。一次与女朋友在郊外幽会时遭遇歹徒，被劫数十元，赵某当时十分害怕，女朋友反倒镇静一些。赵某从此心境低落，对一切活动丧失兴趣，对于如旅游、娱乐等应该高兴的活动都不能产生愉快感。他自觉有能力又对前途悲观失望，精神十分痛苦。

［案例五］这是一位大一女生的自述："我来自一个并不富有但也比较宽裕的家庭，父亲非常爱我，但在我的童年中，发生过重大创伤性生活事件，自从这件事发生后，我不再相信任何人，也不再相信很多人们确信不移的比如友谊、爱情等，我想通过努力学习离开原来的生活环境，开始新的生活，摆脱童年生活的阴影。来到大学后，看到同学们都快乐无忧地生活着，长久潜藏于心的愤怒悄悄地滋长着，我不知道如何化解与排解这种情绪，便经常翻同学的书柜和床位，将她们正在看的参考书藏起来，我并不是为了看书而是希望看到她们焦虑、着急的样子，我内在的愤怒便找到了宣泄的口，这样我还不解气，我将同学存折中的钱悄悄取出，并将钱全部花掉以化解我心中的愤怒。"

［案例六］学生A、B是某名牌大学的学生，大学期间两人是形影不离的好友，在研究生学习期间，两人同时参加出国考试并被美国大学录取，只因A申请的学校排名高于B申请的学校，B膨胀的嫉妒心使她无法面对A优于她的现实，于是，她以A的名义向其申请的学校写了一封信，拒绝去美国读书，当A得知最终结果时，她无论如何也不能相信事实，而B的理由只有一条：嫉妒。

问题：(1) 在以上案例中，同学们遇到了哪些情绪困扰；(2) 你是否也曾经历过类似的情绪困扰？是什么样的事情导致你产生这些情绪困扰？你是如何从情绪困扰中走出来的？

2. 讨论与分享

各小组派代表发言，与全班同学分享本小组的讨论结果和收获。

单元3　管理与调节情绪

心理故事：妙在忍气吞声

马尔辛利刚任总统时，想任命某人做税务部长，却遭到了许多政客的反对。他们派遣代表前往总统府进谏马尔辛利，要求他说明委任此人的理由。为首的代表是一个身材矮小的国会议员，他脾气暴躁，说话粗声粗气，开口就把总统大骂了一番。马尔辛利却一声不吭，任凭他声嘶力竭地谩骂着……直至这位“矮子”议员自己安静下来，马尔辛利才开始跟他说话，并且极为心平气和：“您讲完了，怒气平息了吧？照理您是没有权利这样来责问我的，尽管这样，我还是愿意详细地给您解释……”

这位议员仅仅听到总统这几句话，就立刻表现出羞惭万分的神情。但总统不等他表示歉意，就和颜悦色地对他说：“其实也不能怪您，因为我想任何不明白真相的人，都会大怒。”接着，他便把理由一一解释清楚。

当那位议员回去向同僚们汇报时，只是说：“我记不清总统的全部解释，只有一点可以报告，那就是——总统的选择并没有错。”他已完全为总统所折服。

没想到，向来为人们所轻视的“忍气吞声”竟有极大的妙处。抑制发怒不但使马尔辛利的解释获得了效果，而且使那位议员从此悔悟，以后再不作出令人难堪的举动。由此可见，欲制服一个大发脾气的人，暂时“忍气吞声”往往是最好的选择。

【感悟与思考】 当我们生气时、难过时、悲伤时，如果能适当地调适自己，对自己和他人都有好处，我们何乐而不为呢？

心理知识：情绪的表达与控制

一、正确地表达自己的情绪体验

在日常生活中，我们不断与他人、社会、环境发生着利弊相关的联系，不时地会产生各种情绪，情绪产生后如不能将其表达出来则会淤积成灾，形成病理。在有些人看来，调节和控制情绪就是克制和约束某些情绪的表达，这样就造成了一些大学生不假思索地、一味地压抑自己。实际上，比学会克制、约束某些情绪更重要的是以恰当的方式和方法正确地表达自己的情绪，这也是情绪健康最根本的要求。那么，我们怎样才能正确地表达自己的情绪呢？

我们在了解自己的感受后，在适当的时候准确地表达出来也很重要。如果别人没有心情没有时间关注你的情绪，而你自己又没有意识到这点时，沟通也可能受阻，你的情绪可能得不到理解或正确地解读。以生活中常见的朋友约会迟到的例子来看，你之所以生气是因为朋友让你担心，在这种情况下，你可以婉转地告诉他：“你过了约定的时间还没到，我好担心你在路上发生意外。”试着把“好担心”的感觉传达给他，让他了解他的迟到会带给你什么感受。而不适当的表达是你指责他：“每次约会都迟到，你为什么总是这样？”当我们指责对方时，同样会引起对方的负面情绪，他会变成一只刺猬，忙着防御外来的攻击，他的反应可能是：“路上塞车嘛！有什么办法，你以为我不想准时吗？”如此一来，两人开始吵架，别提什么愉快的约会了。如何“适当表达”情绪是一门艺术，需要用心去体会、揣摩。

我们常常无法向他人表达我们的真实情绪，是因为我们通常持这样一些误解：自己认为这样的表露会让自己难堪；认为只要不说出自己的感觉就可与对方维持和谐关系；相信别人“应该”知道自己的感受，不需要自己告诉他们等。然而事实是：没有人会“读心术”，没有一个人可以真正懂得我们主观的感受，除非我们表露自己的感受，别人才有机会更了解我们的立场观点与原则。但我们在表达情绪时容易犯下面这样的错误：弄不清楚自己的感受，所以乱发脾气；不敢直接表达情绪，所以冷漠相对、一言不发；一味地指责对方；夸大过错；拒人于千里之外；讨好等。

我们掌握良好的时机表达自己的情绪很重要，要在对方方便时请他聆听我们的感受，而我们表达情绪时的有效方式应是以平静、非批判的方式叙述情绪的本质，描述而不是直接发泄。

二、调节和控制情绪的方法

情绪是可控的，在日常生活中，我们自身具有良好的调节能力去处理自己的情绪。人人都是自己情绪最好的医生，你能使自己痛苦，也能使自己快乐。我们可以成为情绪的主人，而不是任由情绪控制我们的思考、行为和感受。一个人的情绪管理能力也不是一成不变的，而是可以通过训练加以提高和改善。

美国临床心理学家阿尔伯特·艾利斯在20世纪50年代就创立了理性情绪疗法(Rotional Therapy，RET)，认为情绪并不是由某一诱发事件本身直接引起的，而是由经历这一事件的个体对这一事件的解释和评价所引起的。这一理论也称为情绪困扰ABC理论，A是指诱发性事件(Activating Event)，B指个体所遇到的诱发性事件之后产生的相应信念(Belief)，即他对这一事件的想法、解释和评价，C指在特定的情景下，个体的情绪及行为的结果(Consuence)。

如当一名大学生因考试成绩平平(A)而焦虑甚至产生抑郁(C)时，这是因为他有这样的信念(B)：大学生在各方面都应当是优秀的、出类拔萃的，否则情况就非常糟糕。

非理性信念的特点是绝对化、过分概括化、糟糕透顶。艾利斯认为，非理性信念主要包括以下10条：

一是每个人都应该得到在自己生活环境中对自己重要的人的喜爱与赞许；

二是每个人都必须能力十足，在各方面有成就，这样的人才是有价值的；

三是有些人是坏的、卑劣的、恶性的；为了他们的恶行，他们应该受到严厉的责备与惩罚；

四是假如发生的事情是自己不喜欢或期待的，那么它是糟糕、很可怕的，事情应该是自己喜欢与期待的那样；

五是人的不快乐是由外在因素引起的，一个人很少有或根本没有能力控制自己的忧伤和烦闷；

六是一个人对于危险或可怕的事物应该非常挂心，而且应该随时考虑到它可能发生；

七是逃避困难、挑战与责任要比面对它们容易；

八是一个人应该依靠别人，而且需要有一个比自己强的人做依靠；

九是一个人过去的历史对他目前的行为是极重要的决定因素，因为某事曾影响一个人，它会继续，甚至永远具有同样的影响效果；

十是一个人碰到种种问题，应该有一个正确、妥当及完善的解决途径，如果无法找到解决方法，那将是糟糕的事。

宣泄情绪的方法很多，有的人会痛哭一场，有的人会找三五好友诉苦一番，另外一些人会逛街、听音乐或逼自己做别的事情，比较糟糕的方式是喝酒、飙车，最错误的行为是自杀。宣泄情绪还有一个很重要的目的，就是在于给自己一个理清想法的机会。下面介绍八种暂时缓和情绪的策略。

(一) 身心松弛法

紧张焦虑的情绪不仅影响人的正常的生活，降低工作、学习的效率，而且还会伴随着一些生理症状，如血压升高、头痛、气喘、肌肉紧张、呼吸快而浅、心跳强而快、失眠或嗜睡等。而通过对身体各部分主要肌肉的系统放松练习，则可以抑制这些伴随紧张而产生的生理反应，从而减轻心理上的压力和紧张焦虑的情绪。

（二）迅速找到社会支持

在情绪不稳定的时候，找人谈一谈，具有缓和、抚慰、稳定情绪的作用。因此，建立个人的支持体系，在我们需要的时候，有家人、亲戚或好友可以听自己的倾诉，这是非常重要的。这些人在平常就要常常保持联络，必要的话还要花点时间将这些社会支持的联络方式牢记在心，以便在需要帮助的时候，我们可以条件反射般地思考，迅速地找到他们，帮助巩固即将决堤的情绪。

（三）转移注意力

注意力转移就是把注意力从引起不良情绪反应的刺激情境转移到其他事物上去或从事其他活动的自我调节方法。当我们出现情绪不佳的情况时，要把注意力转移到使自己感兴趣的事上去，如外出散步，看看电影、电视，读读书，打打球，下盘棋，找朋友聊天，换换环境等，这样有助于使情绪平静下来，在活动中寻找到新的快乐。这种方法，一方面中止了不良刺激源的作用，防止不良情绪的泛化、蔓延；另一方面，我们通过参与新的活动特别是自己感兴趣的活动而达到增进积极的情绪体验的目的。

（四）适度宣泄

过分压抑只会使情绪困扰加重，而适度宣泄则可以把不良情绪释放出来，从而使紧张情绪得以缓解、轻松。情绪宣泄的方法有很多种，如倾诉、哭泣、高喊等。适度的宣泄可以把不快的情绪释放出来，使波动的情绪趋于平静。必须指出，我们在采取宣泄法来调节自己的不良情绪时，必须增强自制力，不要随便发泄不满或者不愉快的情绪，要采取正确的方式，选择适当的场合和对象，以免引起意想不到的不良后果。

（五）自我安慰法

当一个人遇有不幸或挫折时，为了避免精神上的痛苦或不安，可以找出一种合乎内心需要的理由来说明或辩解。这种方法对于帮助人们在大的挫折面前接受现实、保护自己、避免精神崩溃是很有益处的。比如，对于失恋者来说，想到“失恋总比结婚后再离婚要好得多”，便可减轻因失恋带来的痛苦。因此，当人们遇到情绪问题时，经常用“胜败乃兵家常事”、“塞翁失马，焉知非福”、“失之桑榆，收之东隅”等词语来进行自我安慰，达到自我激励，总结经验、吸取教训的目的，有助于保持情绪的安宁和稳定。

（六）交往调节法

某些不良情绪常常是由人际关系矛盾和人际交往障碍引起的。因此，当我们有了烦恼时，主动地找亲朋好友交往、谈心，能够起到缓和、抚慰、稳定情绪的作用。另外，人际交往还有助于交流思想、沟通情感，增强我们战胜不良情绪的信心和勇气，能更理智地去对待不良情绪。

（七）自我暗示法

自我暗示是运用内部语言或书面语言以隐含的方式来调节和控制情绪的方法。语言暗示对人的心理乃至行为都有着奇妙的作用。当我们有不良情绪要爆发或感到心中十分压抑的时候，可以通过语言的暗示作用来调整和放松心理的紧张，使不良情绪得到缓解。当我们

将要发怒的时候，可以用语言来暗示自己“别做蠢事，发怒是无能的表现。发怒既伤自己，又伤别人，还于事无补。”这样的自我提醒会使我们的心情平静一些。

（八）升华表达法

升华表达是超越所有表达的对象，将情绪的能量指向其他的、更高层次的需要，从而为那些高层次的需要的满足提供能量。如贝多芬在对命运的感伤中谱写出《命运》这部不朽之作。“化悲痛为力量”是典型的情绪升华的表达，它号召人们在失败或丧失的悲痛中，不要沉溺于悲痛的情绪，将悲痛的能量转化为追求理想的动力。

心理训练1：表达情绪

1. 活动步骤

阅读案例，全班同学分成若干小组，讨论案例后的问题，每位小组成员都要发言。

［案例一］有一次，萧伯纳在街上行走，被一个冒失鬼骑车撞倒在地，幸好没有受伤，只虚惊一场。骑车人急忙扶起他，连连道歉。可是萧伯纳却作出惋惜的样子，说：“可惜你的运气不好，先生，你如果把我撞死了，你就可以名扬四海了！”

［案例二］小陈所在的单位换了新领导，领导对工作要求非常高，小陈一时适应不了，感觉工作压力很大，心里很压抑。他觉得自己不应把这样的情绪向他人表达，以免招人取笑；也不应向配偶诉苦，以免令家人担心。时间长了，压抑的情绪导致小陈的工作效率下降，于是他向心理咨询师求助。

问题：(1) 以上案例中的当事人有怎样的情绪体验；(2) 他们正确地表达自己的情绪体验了吗；(3) 在生活中你是否向他人表达过自己的真实情绪，效果怎样？

2. 讨论与分享

各小组派代表发言，与全班同学分享本小组的讨论结果和收获。

心理训练2：四种情绪自我探索

1. 活动步骤

(1) 将全班同学分成若干组，每组若干人。

(2) 每组同学合作列出的四种基本情绪：在喜、怒、哀、惧后面写出表现这种情绪的词语，写得越多越好。

喜____。

怒____。

哀____。

惧____。

2. 讨论与分享

每位同学在小组中进行自我探究，交流彼此的感受与体会，具体谈论自己这四种情绪的状态及其背后的原因。

心理训练3：情绪表演

1. 活动步骤

(1) 依序将你所想的情绪写在空白的本子上，一页只写一种情绪，制作成“情绪词典”。

(2) 与同学进行情绪词汇表演竞猜。首先进行分组，几个人负责表演，其他人则负责猜题。表演者根据指导者从“情绪词典”中拿出的题目，不能说话，只能用肢体动作表演出来让其他人猜。

2. 讨论与分享

仔细揣摩“情绪词典”中人物可能的心情感受，并举例说明自己何时有过相同的感觉？当时发生了什么事？有谁在场？你的情绪如何？你当时作何反应与处理？

心理训练4：彩绘心情

1. 活动步骤

分组进行，每组8～10人。每个人在小组中给自己此时或今天的情绪评分，评分标准是0—10分，0分表示情绪很差，10分表示情绪很好。给自己的情绪衡量比较准确的分数，之后说出评分的理由。发给每组一盒彩笔，请每个人选用自己想用的彩笔，画出自己的心情。无任何限制，只要你认为能代表自己的心情即可。画好后小组分享自己的画。

2. 讨论与分享

选取其中部分成员的画进行分享。小组围成一圈，在指导者观察到所有的成员都已画好后，开始组织小组分享。请大家以自愿为原则，谈谈自己刚画好的画和近来的心情。

心理训练5：角色表演——正确表达情绪

1. 活动步骤

全班同学分成若干小组，组内进行情境表演，并展开讨论，每位成员都要发言。

(1) 情境：课堂上，老师突然批评一位学生，叫他不要讲话，而事实上是他的同桌在与前排同学讲话。

(2) 问题：如果是我被冤枉了，我会是什么样的反应？

2. 讨论与分享

(1) 各小组把成员的不同反应方式写出来，全体成员讨论，哪种反应最合理。如果大家认为都不尽合理，那么什么样的表达才算合理呢？

(2) 各小组派代表发言，与全班同学分享本小组的讨论结果和感受。

心理训练6：控制情绪的角色扮演

1. 活动步骤

全班同学分成若干小组，组内进行情境表演，并展开讨论，每位成员都要发言。

(1) 有人弄坏了你的自行车。

(2) 有个同学告诉你，放学后他要找几个人一起来揍你一顿。

(3) 当你正在看你喜欢的电视节目时，父母把电视关掉了。

(4) 你把妈妈省吃俭用给你买书的100元钱弄丢了。

(5) 你在公共汽车上被人狠狠地踩了一脚。

(6) 同学们喊你的绰号。

(7) 在某次竞赛或考试中你获得了第一。

问题：在碰到以上各情境时，你会有何种情绪产生？你如果有不适当的情绪反应，会有什么结果？（每组讨论一两个情绪）就自己在日常生活中因不适当的情绪反应造成不良后果的情形举例。

2. 讨论与分享

各小组派代表发言，与全班同学分享本小组的讨论结果和收获，并选择一种情境进行演示，通过演示说明控制情绪的良策是什么？

单元4　心理自测

情绪类型的自我测试

指导语：回答以下问题，将每题分值相加的总和与结果对照，可以确定情绪状况与类型。

1. 如果让你选择，你更愿意（　　）。

A. 同许多人一起工作并亲密接触(3分)

B. 和一些人一起工作(2分)

C. 独自工作(1分)

2. 当为解闷而读书时，你喜欢（　　）。

A. 读史书、秘闻、传记类(1分)

B. 读历史小说、社会问题小说(2分)

C. 读幻想小说，荒诞小说(3分)

3. 对恐怖影片反应如何？（　　）

A. 不能忍受(1分)

B. 害怕(3分)

C. 很喜欢(2分)

4. 以下哪种情况符合你？（　　）

A. 很少关心他人的事(1分)

B. 关心熟人的生活(2分)

C. 爱听新闻，关心别人的生活细节(3分)

5. 去外地时，你会（　　）。

A. 为亲戚们的平安感到高兴(1分)

B. 陶醉于自然风光(3分)

C. 希望去更多的地方(2 分)

6. 你看电影时会哭或觉得要哭吗？(　　)

A. 经常(3 分)

B. 有时(2 分)

C. 从不(1 分)

7. 遇见朋友时，经常是(　　)。

A. 点头问好(1 分)

B. 微笑、握手和问候(2 分)

C. 拥抱他们(3 分)

8. 如果在车上有烦人的陌生人要你听他讲自己的经历，你会怎样？(　　)

A. 显示你颇有同感(2 分)

B. 真的很感兴趣(3 分)

C. 打断他，做自己的事(1 分)

9. 是否想过给报纸的问题专栏写稿？(　　)

A. 绝对没想过(1 分)

B. 有可能想过(2 分)

C. 想过(3 分)

10. 被问及私人问题，你会怎样？(　　)

A. 感到不快活和气愤，拒绝回答(3 分)

B. 平静地说出你认为合适的话(1 分)

C. 虽然不快，但还是回答了(2 分)

11. 在咖啡店里要了杯咖啡，这时发现邻座有一位姑娘在哭泣，你会怎样？(　　)

A. 想说些安慰话，但却羞于启齿(2 分)

B. 问她是否需要帮助(3 分)

C. 换个座位远离她(1 分)

12. 在朋友家聚餐之后，朋友和其爱人激烈地吵了起来，你会怎样？(　　)

A. 觉得不快，但无能为力(2 分)

B. 立即离开(1 分)

C. 尽力为他们排解(3 分)

13. 送礼物给朋友(　　)。

A. 仅仅在新年和生日(1 分)

B. 全凭兴趣(3 分)

C. 在觉得有愧或忽视他们时(2 分)

14. 一个刚认识的人对你说了些恭维话，你会怎样？(　　)

A. 感到窘迫(2 分)

B. 谨慎地观察对方(1 分)

C. 非常喜欢听，并开始喜欢对方(3 分)

15. 如果你因家事不快，上班时你会（　　）。

A. 继续不快，并显露出来（3 分）

B. 工作起来，把烦恼丢在一边（1 分）

C. 尽量理智，但仍因压不住火而发脾气（2 分）

16. 生活中的一个重要关系破裂了，你会（　　）。

A. 感到伤心，但尽可能正常生活（2 分）

B. 至少在短暂时间内感到痛心（3 分）

C. 无可奈何地摆脱忧伤之情（1 分）

17. 一只迷路的小猫闯进你家，你会（　　）。

A. 收养并照顾它（3 分）

B. 扔出去（1 分）

C. 想给它找个主人，找不到就让它安乐死（2 分）

18. 对于信件或纪念品，你会（　　）。

A. 刚收到时便无情地扔掉（1 分）

B. 保存多年（3 分）

C. 两年清理一次（2 分）

19. 是否因内疚或痛苦而后悔？（　　）

A. 是的，一直很久（3 分）

B. 偶尔后悔（2 分）

C. 从不后悔（1 分）

20. 同一个很羞怯或紧张的人谈话时，你会（　　）。

A. 因此感到不安（2 分）

B. 觉得逗他讲话很有趣（3 分）

C. 有点生气（1 分）

21. 你喜欢的孩子是（　　）。

A. 很小的时候，而且有点可怜巴巴（3 分）

B. 长大了的时候（1 分）

C. 能同你谈话的时候，并且形成了自己的个性（2 分）

22. 爱人抱怨你花在工作上的时间太多了，你会怎样？（　　）

A. 解释说这是为了你们两人的共同利益，然后仍像以前那样去做（1 分）

B. 试图把时间更多地花在家庭上（3 分）

C. 对两方面的要求感到矛盾，并试图使两方面都令人满意（2 分）

23. 在一场特别好的演出结束后，你会（　　）。

A. 用力鼓掌（3 分）

B. 勉强地鼓掌（1 分）

C. 加入鼓掌，但觉得很不自在（2 分）

24. 当拿到母校出的一份刊物时，你会（　　）。

A. 诵读一遍后扔掉（2 分）

B. 仔细阅读，并保存起来(3分)

C. 不看就扔进垃圾桶(1分)

25. 看到路对面有一个熟人时，你会(　　)。

A. 走开(1分)

B. 招手，如果对方没有反应便走开(2分)

C. 走过去问好(3分)

26. 听说一位朋友误解了你的行为，并且正在生你的气，你会怎样？(　　)

A. 尽快联系，作出解释(3分)

B. 等朋友自己清醒过来(1分)

C. 等待一个好时机再联系，但对误解的事不作解释(2分)

27. 你怎样处置不喜欢的礼物？(　　)

A. 立即扔掉(1分)

B. 热情地保存起来(3分)

C. 藏起来，仅在赠者来访时才摆出来(2分)

28. 你对示威游行、爱国主义行动、宗教仪式的态度如何(　　)。

A. 冷淡(1分)

B. 感动地流泪(3分)

C. 使你窘迫(2分)

29. 你有没有毫无理由地感觉害怕？(　　)

A. 经常(3分)

B. 偶尔(2分)

C. 从不(1分)

30. 下面哪种情况与你最相符？(　　)

A. 十分留心自己的感情(2分)

B. 总是凭感情办事(3分)

C. 感情没什么要紧，结局才是最重要(1分)

【评分方法】 根据选项后所给的分数计算总分。

30—50分：理智型情绪。你很少为什么事而激动，即使生气，也表现得很有克制力。你的主要弱点是对他人的情绪缺乏反应。爱情生活很有局限，而且可能会听到人们在背后说你“冷血动物”，目前需要松弛自己。

51—69分：平衡型情绪。你时而感情用事，时而十分克制。即使在很恶劣的环境下握起拳头，但仍能从情绪中摆脱出来。因此，你很少与人争吵，爱情生活十分愉快、轻松。即使陷入情感纠纷，你也能自觉地处理得妥帖。

70—90分：冲动型情绪。你是个非常重感情的人。如果是女人，你一定是眼泪的俘虏。如果是男人，你可能非常随和，但好强，且喜欢自我炫耀。你可能经常陷入那种短暂的风暴式的情感纠纷，因此麻烦百出。想劝你冷静，简直是不可能的事情。这里有必要提醒你，控制自己。

主题九

压力管理心理训练

篇首语

人，哭着喊着来到这个世界上，面临的首要问题就是生存。要生存，就必然遇到竞争；有竞争，就必然有压力。所以，只要你选择活着，就注定要承受生存所带来的各种各样的压力，如升学、就业、晋职等，不胜枚举，不一而足。

压力无处不在而又不可避免，有的人被压力击垮一蹶不振，而有的人生活过得却更有意义，这其中的奥妙就在于：前者是消极地面对压力；而后者对压力进行积极的管理和转化。

我们只有勇于正视压力，学会承受压力，才能在日趋激烈乃至残酷的生存竞争中，永远立于不败之地。正如贝弗里奇所说的——人们最出色的工作往往是在处于逆境的情况下做出来的。思想上的压力，甚至肉体上的痛苦都可能成为精神上的兴奋剂。

训练目标

1. 了解压力的基本知识。
2. 了解大学生常见的压力心理问题及原因。
3. 学习压力管理的基本方法。
4. 了解自我的压力状况。

单元1 压力心理知识 ABC

心理故事：我没有鞋，他却没有脚

爱波特曾经是一个对一切都不满足的人，所以整天都不快乐。但是在 1934 年的春天，当他在威培城道菲街散步的时候目睹了一件事，使他的一切烦恼从此消解。这件事发生在 10 秒钟内，而他自称在这 10 秒钟里所学到的东西比从前 10 年还要多。

当时爱波特在威培城开了一家杂货店，经营两年，不但把所有的积蓄都赔掉了，而且还负债累累。就在前一个星期六，他的杂货店终于关门了。当时，他正在向银行贷款，准备回老家找工作。连他走路的样子看起来都像是一个毫无生气的人，因为他已经失去了信念和斗志。

这时，爱波特突然瞧见一个没有腿的人迎面而来，他坐在一个木制的有轮子的木板上，两只手各撑着一根木棒，沿街推进。爱波特恰好在他过街之后碰见他，他正朝人行道滑去，他俩的视线刚好相碰了。他微笑着，向爱波特打了个招呼："早，先生！天气很好，不是吗？"他的声音是那样富有感染力，那样有精神，好像他根本就不是一个有身体缺陷的人。

当爱波特站着瞧他的时候，他感觉到自己是多么富有呀！爱波特自己有两条腿，他还可以走。可是面对那个坐在轮椅上的先生自信的目光，爱波特觉得自己才是一个残障者！他对自己说："既然他没有腿也能快乐高兴，我当然也可以。因为我有腿！"

顿时，爱波特感到心胸豁然开朗：我本来只想向银行借100元钱，但是，我现在有勇气向它借200元了。我本来想到的只是回老家求人帮忙，随便找一件事做，但是，现在我自信地宣布，我要到堪萨斯城获得一份好工作。最后我钱也借到了，工作也找到了。

后来，爱波特把这次经历中的感想组织成几句话写了下来，贴在自己浴室的镜子上，每天早晨刮脸的时候，他都要大声地朗读一遍：

"我忧郁，因为我没有鞋。

直到在街上遇见一个人，

——他没有脚！"

【感悟与思考】 假如有一天，你面前的门被关上了，请不要抱怨，试着往四周看看，或许你就会发现，在你面前的风景并没有想象中那么差，只是眼前的障碍挡住了你的视线。

心理知识：关于压力

一、压力的概念

随着社会的进步、人类语言的丰富，人们开始用"压力"来定义个体所承受的内在和外在的生理、心理上的负荷。

压力也称应激、紧张，是指个体的身心在感受到威胁时所产生的一种紧张状态。压力是一种主观的感受，伴随着对压力情景产生身心反应。

二、压力的特征

压力是一个多维度的概念，有以下主要特征：首先，压力是由于累积产生的。日常生活中家庭、学校、工作中的压力分开来看是相当温和的，但一旦累积起来，就会使人的精神承受高度的紧张。其次，压力是人和环境相互作用的结果。许多压力都源于周围的环境，或者物理环境（如噪声、热量、污染等），或者人为环境（如竞争），不管什么环境，人们对压力事件的评估的态度是主观的，也就是说，不同的个体对同样的事件可能产生的感受不一样，是否会产生压力也不一样。只有人和环境相互作用，一定的压力事件（环境）使个体产生一种强烈的情绪和生理上的唤醒，人才会感觉到压力。

三、正视压力

当今时代是竞争的时代，各行各业的激烈竞争使现代人的生活变得忙碌与紧张，给人们造成了相当大的压力。压力无时无刻不在影响着人们的思想与行为。可以说，压力是每一个朝着既定的目标努力活着的人必须要面对的事物。正如《孟子·告子下》中所说的："天将降大任于斯人也，必先苦其心志，劳其筋骨，饿其体肤，空乏其身，行拂乱其所为，所以动心忍性，增益其所不能。"

压力是一把双刃剑，压力对人的影响有积极和消极之分。适度的压力可以帮助人们更好地适应环境、战胜困难，使我们获得进步和发展。但如果压力过大，超过了人的承受能力

则将危害我们的身心健康，导致心理功能和生理功能的紊乱而致病甚至死亡。

（一）压力的积极意义

俗话说："没有压力就没有动力。"当人们在感觉到适度的压力时，就会有意识地调整自己，积极去适应这种变化，这时压力就可以变成动力。记得有这样一个故事：一艘货轮卸货后返航，在浩渺的大海上突遇巨大的风暴。老船长果断下令："打开所有的货舱，立刻往里面灌水。"水手们担忧，向船里灌水险上加险，这不是自找死路吗？船长镇定地说："大家见过根深干粗的树被暴风刮倒过吗，倒的都是没根基的小树。"水手们半信半疑地照做了。虽然暴风巨浪依旧猛烈，但随着货轮里的水位越来越高，货轮反而渐渐平稳了。

船长告诉那些松了一口气的水手："一只空木桶，是很容易被风打翻的。如果装满水负重了，风是吹不倒的。船在负重的时候，是最安全的；空船时，才最危险。"这个故事告诉我们：适度的压力可以成为我们前进的动力，若没有这些压力，我们就很容易被生活的波浪打翻。因此，在大学的学习生活中碰到压力并不可怕，我们应该直面压力，把它以转化为我们前进的动力。

（二）压力的消极后果

压力是影响大学生心理健康的最主要因素之一。当压力超出人的身心所能承受的限度时，就会使人在认知、行为和情绪方面产生心理障碍并影响人的身体健康，引发各类疾病。如湖南某学院刚满21岁的大学生小吴到长沙参加了一次人才交流会后就变了，沉默寡言，表情忧郁，时不时说现在工作难找，自己又没学什么东西，对不起父母。某天吃过晚饭后，他说睡不着，找到校医要安眠药，但没有拿到。当晚，小吴从宿舍跳楼自杀。

过大的压力会给我们带来困扰与烦恼，这些方面的负面影响如下。

认知方面：会导致精神无法集中、思维反应迟缓、学习效率低下、认知条理混乱、记忆力衰退、易遗忘等。

行为方面：会出现攻击、谩骂、破坏、逃学、出走、追求刺激、飙车、抽烟、酗酒、退缩、自闭、自杀等行为。

情绪方面：会产生挫折、妄想、压抑、愤怒、怨恨、恐惧、嫉妒、焦虑、悲伤、沮丧、自卑等情绪。

生理方面：会造成心跳加速、需氧量增加、血管收缩、血流量增加，出现心悸、气喘、胸痛、头痛、抽筋等症状，甚至会患上心血管疾病，如高血压、冠心病等。

（三）正确对待压力

我们每个人都生活在压力之下。因此，压力对于我们来说是无处不在的。大学生要学会正确地面对压力，提高心理承受能力。当遇到困难时，不应该退缩，而是要去正视它、解决它。要把压力看成是接受生活挑战、磨炼意志的机会和前进的动力。在压力面前要保持勇气和信心，有了自信就会有克服困难的勇气和力量。当压力过大时，我们要学会及时排解压力，放松自己，不要让压力把自己的身心压垮。

心理训练1：说出自己的压力

压力存在于我们生活的每一个地方，压力可以影响我们的学习和生活，人在不同的压力下会有不同的反应，如何应对压力成为现代大学生必须学会的一项本领。

1. 活动步骤

请每个同学在小纸条上把自己曾经或正在受到的压力一一列出来。

(1) ____________________

(2) ____________________

(3) ____________________

2. 讨论与分享

请每个同学谈谈自己是怎么样应对这些压力的。

(1) 每个同学都说出自己在学习中和生活中感受到的压力,并谈谈这些压力对自己的影响。

(2) 谈谈你是如何应对这些压力的。

心理训练2:如何让比赛不再紧张

1. 活动步骤

(1) 播放2008年北京奥运会射击比赛的录像(内容为美国名将埃蒙斯痛失金牌)。

(2) 举行一分钟即兴演讲比赛:把提示词放在笔筒里让学生抽,抽到的学生给一分钟时间考虑,一分钟后上台以抽到的提示词为主题进行一分钟即兴演讲。

2. 讨论与分享

(1) 埃蒙斯为什么会痛失金牌?

(2) 你在即兴演讲中感受到压力了吗? 你是如何面对的? 你所采取的方法与你演讲的效果相关联吗?

单元2 常见的压力类型及原因

心理故事:聪明的毛驴

有一头驴子掉进了枯井里,它不停地叫唤,企图呼唤主人来救它。一会儿主人带着几个人来了,他们采用了好多种方法,也未能将驴子救出井口。其中一人说:"算了,这头驴子也老了,埋掉也不可惜。咱们干脆把枯井填平,以防别的驴子再掉进去。驴子虽然为咱出了力,咱也对得起它,把它埋在枯井里,也算有个好归宿。如果把它救上来,将来死了,还得被人吃掉。"大家同意这个意见,纷纷拿起铁锨开始填井。当驴子发现第一锨土从天而降时,很快明白自己将面临灭顶之灾。它哀怜而凄惨地号叫着,希望人们能改变主意,然而迎接它的却是一锨一锨的黄土。片刻,人们听不到驴子的哀号声,井里出奇地安静。人们以为驴子死了,然而,当人们把目光投入井底时,却吃了一惊。他们发现,当每一锨土砸在驴子背上的时候,驴子都会抖掉身上的土,然后抬脚把土踩实。人们被驴子的智慧和自救精神感动了,再倒土时尽量贴着井壁,避免砸在驴子的身上。时间一秒秒过去,枯井被土一锨一锨填平,而驴子也奇迹般地从枯井中走了出来。

【感悟与思考】 在这个世界上,人们所谓的绝境其实好多都不是生存的绝境,不过是精神的绝境罢了,山穷水尽时或许也是柳暗花明际。生活中所遭遇的种种困难和挫折就是加

诸在我们身上的“泥沙”。然而，换个角度看，它们也是一块块的垫脚石。以乐观积极的心态，泰然面对困境，勇敢而锲而不舍地将“泥沙”抖落，变压力为动力，就能化人生中的绊脚石为垫脚石，只要你的精神不垮，什么困难都难以把你打倒。

心理知识：大学生常见的压力类型和原因

一、大学生常见的压力类型

大学生的心理问题大都是由许多特定的压力造成的。这些压力多半是来自外在事件的刺激或者来自内在生理方面的影响，也有一部分是由个体心理认知所诱发的。具体而言，有以下六种类型。

（一）学习压力

随着社会的发展和进步，理论学习成绩、技能熟练程度和工作经验成为诸多用人单位用人的重要指标。面对激烈的竞争，大学生在校期间既要学好理论知识，又要参加各类技能证书、资格证书、等级证书的考试，还要抓紧参加各类实习、实训。这些因素常常会导致大学生特别是一部分对自我要求较高的同学产生过重的心理压力。

（二）就业压力

近年来，由于高校扩招，社会就业竞争的加剧，大学生找工作或找到比较理想的工作越来越困难，梦想与现实的差距太大，使大学生承受着较大的精神压力，焦虑，自卑，缺乏安全感，许多的心理问题也随之产生。

（三）生活压力

大学生处在学校与社会的交接点，已经或多或少地接触了社会，面对社会和学校之间存在的巨大差距，难免有种不知所措的感觉，可毕业要走向社会又不得不使他们必须做好面对社会的心理准备，无形之间产生了压力。

（四）交际压力

良好的人际关系能让人在学习、生活各方面都如鱼得水、左右逢源。大学是一个集体生活的场所，同一个班级或宿舍的同学有的来自农村，有的来自城镇，有的家庭富裕，有的家庭贫困，习俗、习惯、性格甚至语言等不同，在日常的相处中难免磕磕碰碰，小矛盾在所难免，如何处理好这些人际关系，常使大学生感受到无形的压力。

（五）恋爱压力

青春期性功能的成熟与性意识的觉醒，引起了大学生心理上的微妙变化，在大学这个主要由青春妙龄的年轻人聚集在一起的小社会中，大学生恋爱现象已由过去的犹抱琵琶半遮面转化为在爱河中徜徉而成为校园内的一个现实问题。由恋爱引起的经济问题、自我与家长问题、恋爱与学习时间冲突问题、未来梦想与社会现实问题等给恋爱中的大学生们带来了不小的心理压力。

（六）自我内部压力

每个挤过独木桥的大学生在上大学前都有自己的梦想，可是上到大学后，残酷的现实让他们觉得这并不是他们梦想中的大学生活。有的大学生确立了自己大学的奋斗目标和今后人生的发展规划，可是由于目标太高或自己的能力有限或现实中种种的障碍，使他们觉得很难达到目标，由此内心产生的矛盾和挫折感压得他们喘不过气来。

二、导致大学生心理压力的主要因素

从压力源的形成来看，大学生心理压力产生的原因是多方面的，既有个体因素，也有社会环境因素，是诸多因素共同作用的结果。

（一）社会环境因素

社会环境主要包括家庭、学校和社会，这是大学生生存的外在环境系统，无论是家庭的变故，还是学校和社会竞争的加剧，都会产生巨大的压力，导致大学生的身心出现紧张状态，失去原有的某种稳态。

（二）个体生理因素

即人的自我调节和自我防御能力。汉斯·薛利的适应综合征和遗传发生论等认为，生物有机体都有一种先天的驱动力，用以毕生保持体内的平衡状态。病菌和过度的工作，均可能成为破坏这种稳态的应激源，而抵抗应激的能力则除了依赖于面临危机时所使用的策略，还依赖于有机体贮存的有限的适应能量，以及个体遗传有关的生理趋向因素。

（三）个体心理因素

这里指的是个体内在的认知图式和意识系统。人们感知和评价事件，贮存有关的经验信息，并且通过不同的方式提取和使用这些信息，而所有这些对于如何影响新环境，对于应激唤醒以及应对策略的采用是很重要的。

社会环境因素、个体生理因素和个体心理因素三者之间是相互影响、相互联系、相互渗透和相互制约的，它们诱发的各种压力，又以一定的方式和结构形成一个特定的压力系统。

心理训练1："过电"游戏

1. 活动步骤

全体学生以圈形站立，伸出左手手心向下，伸出右手食指向上与相邻同学的左手手心接触。教师随机喊一些数字，当喊尾数是7的数字(如27、37、47、107……)时，学生要设法左手抓、右手逃，以体验心理紧张的感觉，可反复几次。

2. 讨论与分享

全班同学分成若干小组，讨论下面的问题，每位小组成员都要发言。小组派一名代表与全班同学分享本小组的讨论结果和收获。

(1) 描述一下你在游戏中的心情？

(2) 在游戏中你感受到压力的吗？你的身体和心理产生了哪些反应？

心理训练2：体验放松

1. 活动步骤

全体学生坐在座位上，四肢尽可能放松，并闭上眼睛，随着教师的引导语进行想象。教师播放轻柔的音乐，然后采用引导语让学生进行想象放松。

引导语：我仰卧在水清沙白的海滩上，感受着阳光的温暖，微风拂来，使我有说不出的舒畅。微风带走我的思想，只剩下一片金黄的阳光。海浪不停地拍打海岸，思绪随着节奏飘荡。我感受到细沙柔软、阳光温暖、海风轻缓。此时此刻，轻松暖流，流进右肩，感到温暖沉

重。呼吸变慢、变深。轻松暖流，流进右手，感到温暖沉重。呼吸变慢、变深。轻松暖流，又流回右肩，感到温暖沉重。又流进后背，感到温暖沉重，从后背转到脖子，脖子感到温暖沉重。我的呼吸变慢、变深。轻松暖流，流进左肩，感到温暖沉重。呼吸变慢、变深。轻松暖流，流进左手，感到温暖沉重。呼吸变慢、变深。轻松暖流，又流回左肩，感到温暖沉重。呼吸变慢，越来越深，越来越轻松。轻松暖流流进腹部，感到温暖轻松。流到胃部，感到温暖轻松，最后流到心脏，感到温暖轻松。整个身体变得平静，心里安静极了，已经感觉不到周围的一切。我安然仰卧在大自然中，十分自在。（静默几分钟后结束）

2. 讨论与分享

全班同学分成若干小组，讨论下面的问题，每位小组成员都要发言。小组派一名代表与全班同学分享本小组的讨论结果和收获。

（1）在游戏的过程中，你做到全神贯注了吗，你是否能够跟着老师的引导展开想象，你都想象到了什么情景，请给大家描述一下。

（2）这个游戏让你感觉有收获吗？今后你会采用类似的方式给自己减压吗？

（3）在生活中你还有其他一些好的减压方法吗？

单元3　管理压力

心理故事：坚强的海伦·凯勒

海伦·凯勒在一岁多的时候，因为生病，从此眼睛看不见，并且又聋又哑了。由于这个原因，海伦的脾气变得非常暴躁，动不动就发脾气摔东西。她的家里人看这样下去不是办法，便替她请来一位很有耐心的家庭教师苏丽文小姐。海伦在她的熏陶和教育下，逐渐改变了。她利用仅有的触觉、味觉和嗅觉来认识四周的环境，努力充实自己，后来更进一步学习写作。几年以后，当她的第一本著作《我的一生》出版时，立即轰动了全美国。

【感悟与思考】 当海伦·凯勒把失明仅仅当作一项压力的时候，她痛苦惆怅，所以她不能真正地面对生活；当她把压力转化作动力的时候，她成为胜利者，生活就选择了她。

心理知识：压力管理

一、什么是压力管理

所谓压力管理，就是在压力产生前或产生后，个体主动采用合理的应对方式，以控制对压力的反应程度。即是适应压力的过程，而且将它当作是新的资源与支持系统，更进一步计划如何将压力从负面转为正面。

压力管理可分成以下两部分。

（一）问题取向

问题取向即针对压力源造成的问题本身去处理。较理想的处理问题的态度是冷静面对并解决，问题克服过程的标准步骤如下：

（1）认清压力事件的性质；

(2) 理性思考及分析问题事件的来龙去脉;

(3) 确认个人对问题的处理能力;

(4) 累积寻求能帮助解决问题的信息,包括如何动用家庭及社会环境支持系统;

(5) 运用问题解决技巧,拟订解决计划;

(6) 积极处理问题;

(7) 若已完全尽力,问题在短时间仍无法克服,则表示问题本身处理的难度甚高,有可能需要长期奋战不懈,必须培养坚韧不拔的斗志。此时,也可以采取一些暂时性的放松策略。

(二) 情绪取向

情绪取向即处理压力所造成的反应,即情绪、行为及生理等方面的疏解。情绪疏解的观念如下。

1. 认清并接受情绪经验的发生

情绪经验的发生是相当正常的,因此我们觉察自己的情绪,并接受自己情绪的过程,会使自己正面去看待情绪本身,而采取较为适当的行动。

2. 情绪调节

如寻找忠实的聆听者诉苦,对方也可以给予精神上的支持与关怀。另外,痛哭一场或捶打枕头,把情绪适当宣泄出来,以避免在解决问题的重要时刻把不适合的情绪表露出来。

3. 正向乐观的态度

危机即是转机,在整个问题处理的过程中,使其成为增强自己能力、发展成长重要的机会;另外也可能是环境或他人的因素,则可以理性沟通解决,如果无法解决,也可以宽恕一切,尽量以正向乐观的态度去面对每一件事,也能使问题导向正面的结果。

二、压力管理的前提——压力诊断

(一) 什么是压力诊断

大学生的压力是学生个体与环境相作用或相互影响的结果。如果大学生长期处于一种压力之中而得不到有效的调节,将不利于其自身健康成长。因此,对大学生的压力进行正确的诊断,及时加以帮助和调整,这是一项十分重要的任务。

压力诊断就是根据一定的标准综合评定个体承受的压力大小以及个体对压力的应对程度。可以说,压力管理的前提是进行压力诊断。

(二) 压力诊断的内容

一是压力状况评估,主要有面临的压力都有什么,影响最大的压力是什么,目前的压力到底有多大?

二是了解自己的压力反应,包括身体反应和情绪反应两个方面。身体反应是指当压力出现的时候,我们的身体会发出什么样的信号。与压力有关的身体反应主要有肌肉紧张和慢性疾病,如腰疼、颈部紧张等,慢性疾病主要有胃溃疡、心脑血管疾病等;与压力相关的情绪主要有焦虑、抑郁。

三是了解自己惯用的应对方法。当压力出现的时候,每个人的反应方式可能是不同的。有的人采用积极的应对方式,而有的人则采用了逃避、攻击、退缩等不良的反应方式。这种应对方式是我们在成长过程中自然形成的,有些应对方式是积极的,而有些应对方式则对我

们的健康和职业的发展是不利的。压力管理的一个重要方面就是要保持自己良好的压力应对习惯，改正自己不良的应对压力习惯。

兵法有云："知己知彼，百战不殆。"通过压力诊断，在自我认知的基础上，才能有针对性地找到应对压力的路径和方法。

(三) 压力诊断的步骤

压力诊断大致分为三步：(1) 收集资料，通过询问或测试的方式了解主观感受症状，采集资料；(2) 评价资料，对收集的资料，首先要估计它的真实性和准确性，然后一一辨别它反映的是正常还是异常；(3) 分析推理判断，即在评价资料的基础上进行综合、分析、联想、推理，然后作出诊断。

三、压力管理的方法

(一) 了解造成压力的根源

确切地说，到底是什么压垮了我们？是学习、家庭、生活，还是人际关系？生活中的重大事件以及每天的琐事都会带来问题。识别我们的压力的基本来源并很好地控制它们，以防止焦虑产生并转化为压迫。如果认识不到问题的根源所在，我们就不可能解决问题。如果我们自己在确定问题的根源方面有困难，那就求助于专业人士或者机构，如心理老师、辅导员等。

(二) 保持井然有序

当身处压力之下时，保持井然有序会使我们感到条理清晰。处于有序的环境中，才能使我们感到更能有效地控制局面。看一下我们周围哪个地方、什么事情最需要整理，清除所有混乱的地方，并鼓励别人也保持整洁、有序。

(三) 提出正确的问题

提出正确的问题能帮助我们将压力源视为挑战，而不再将压力源视为问题来对待。由此带来的积极态度将使我们远离压力，看到事情中所蕴藏的机会，这样，原来的压力反而变成了帮助我们达到目标的动力。就如一句歌词所说："谢谢你们看轻我，让我更精彩的活"。

(四) 分散压力

可能的话，把任务进行分摊或委派以减小工作强度。我们千万不要认为自己是唯一能够完成这项任务的人，否则就可能把所有的工作都加到自己的身上，工作强度就要大大增加了。我们要善于利用团队，团队的合作尤为重要。

(五) 学会休息

有一个压力管理的小故事。讲师在课堂上拿起一杯水，然后问台下的听众："各位认为这杯水有多重?"有人说是半斤，有人说是一斤，讲师则说："这杯水的重量并不重要，重要的是你能拿多久？拿一分钟，谁都能够；拿一个小时，可能觉得手酸；拿一天，可能就得进医院了。学会休息才能更好地学习和工作。"

(六) 构建社会支持系统

我们有时会感到孤独，而且会认为没有人理解自己正在经受的痛苦。这时我们应该建立自己的社会支持系统，这个系统中可能包括我们的亲人、朋友、同学或老师，和他们建立良好的关系，与他们一起分享我们的个人感受，让他们给我们提供帮助，可以有效地缓解压力。

（七）调整生活方式

一是充足的睡眠：充足的睡眠可以帮助我们暂时遗忘紧张焦虑的情绪，根据心理学的研究，个人在受到挫折时，睡眠即为一种松弛剂，因此，睡眠亦为一种舒解压力的方法。二是适度运动：运动可以舒解人体的肌肉紧张，也可以使个人的精神获得舒展。每天抽出一个小时左右的时间进行体育锻炼，如参加篮球赛、足球赛等团体运动，进行慢跑、散步或参加露营、登山等让人身心放松的活动。三是分散注意力：我们可以唱唱卡拉OK、听听轻音乐、观看有趣的电影、穿上新衣服、去做美容等，放松心情，分散注意力，有利于排除心中积郁。四是调节饮食：我们可以适当调整菜谱，每天换些新鲜的菜样来尝试，宜多食平淡富有营养的食物。五是修饰自己的仪容。被人欣赏的愉悦感也会帮我们舒缓压力。

心理训练1：抗压天使

消除压力的方法有很多，有一种方法就是多听听自己的“天使”说话，让“恶魔”闭嘴。多想想一些乐观、理性的、积极的想法，让自己能以愉快、健康、坚决的态度来迎接学习中和生活中的挑战。

1. 活动步骤

学生3人一组，大家轮流扮演天使、凡人与恶魔。担任凡人者说出那个自己觉得有压力的事件，恶魔的目的是让凡人觉得压力更大，说出使凡人压力更大的话，天使则必须帮助凡人解除压力。每次由天使先说30秒，再换恶魔说30秒，每个人皆轮过3个角色为止。

2. 讨论与分享

全班同学分成若干小组，讨论下面的问题，每位小组成员都要发言。小组派一名代表与全班同学分享本小组的讨论结果及收获。

（1）请分别说出你扮演天使、凡人与恶魔3个不同角色的感受？

（2）面对的压力，凡人该怎么处理？

心理训练2：刘倩的困惑

1. 活动步骤

阅读案例，全班同学分成若干小组，讨论案例后的问题，每位小组成员都要发言。

刚入学不到一个月的大学生刘倩就因为心中的烦恼敲开了学校心理咨询室的门，向值班心理老师讲述了自己进到大学以来的种种困惑。老师听后并没有马上针对她的疑惑一一解答，而是打开电脑，叫她在电脑上做一份心理测试题，刘倩很快答完了所有的题目。老师根据刘倩的答题情况，对照评价参考值，给她计算出了测试结果，然后根据测试结果，一一给她做分析解答。经过老师的分析讲解，刘倩心情释然，愉快地离开了咨询室。

问题：（1）刘倩为什么要走进心理咨询室；（2）老师为什么要刘倩做心理测试题；（3）你遇到心理问题的时候一般会怎么做；（4）你知道自己现在所受到的压力情况吗，你会通过什么方法来诊断自己的压力状况？

2. 讨论与分享

各小组派代表发言，与全班同学分享本小组的讨论结果和收获。

单元4　心理自测

一、压力测试表

指导语：以下诊断表列举了30项自我诊断的症状，请你仔细阅读，符合自己情况的请画“√”，不符合的请画“×”。

1. 经常患感冒，且不易治愈。（　）
2. 常有手脚发冷的情形。（　）
3. 手掌和腋下常出汗。（　）
4. 突然出现呼吸困难的苦闷窒息感。（　）
5. 时有心脏悸动现象。（　）
6. 有胸痛情况发生。（　）
7. 有头重感或头脑不清醒的昏沉感。（　）
8. 眼睛很容易疲劳。（　）
9. 有鼻塞现象。（　）
10. 有头晕眼花的情形发生。（　）
11. 站立时有发晕的情形。（　）
12. 有耳鸣的现象。（　）
13. 口腔内有破裂或溃烂情形发生。（　）
14. 经常喉痛。（　）
15. 舌头上出现白苔。（　）
16. 面对自己喜欢吃的东西，却毫无食欲。（　）
17. 常觉得吃下的东西像沉积在胃里。（　）
18. 有腹部发胀、疼痛感觉，而且常下痢、便秘。（　）
19. 肩部很容易坚硬酸痛。（　）
20. 背部和腰经常疼痛。（　）
21. 疲劳感不易解除。（　）
22. 有体重减轻的现象。（　）
23. 稍微做一点事就马上感到很疲劳。（　）
24. 早上经常有起不来的倦怠感。（　）
25. 不能集中精力专心做事。（　）
26. 睡眠不好。（　）
27. 睡觉时经常做梦。（　）
28. 在深夜突然醒来时不易继续入睡。（　）
29. 与人交际应酬变得很不起劲。（　）
30. 稍有一点不顺心就会生气，而且时有不安的情形发生。（　）

【评分方法】 如在这些症状中有5项符合，属于轻微紧张型，只需多加留意，注意调适体感便可以恢复；如有11～20项符合，则属于严重紧张型，就有必要去看医生了；倘若在21项以上符合，那么就会出现适应障碍的问题，这就需要引起特别的注意。

二、了解你的抗压能力

指导语：请你回答以下30个问题，根据自己的实际情况，填写"A"或者"B"。A表示"是"，B表示"否"。

1. 应付日常的一些工作，会很容易感到疲劳吗？（　）
2. 你能合理安排你的工作和娱乐的时间吗？（　）
3. 你经常会躺在床上很久都睡不着吗？（　）
4. 你容易为小事而动怒吗？（　）
5. 你认为你的家人对你足够友善吗？（　）
6. 早上起床，你会感到很疲倦，不想起床上班吗？（　）
7. 面对自己一直喜欢吃的食物，你有提不起食欲的感觉吗？（　）
8. 你有广泛的兴趣爱好吗？（　）
9. 最近几天有让你高兴的事情发生吗？（　）
10. 你有使用药物或酒精等帮助你睡眠的习惯吗？（　）
11. 如果今天单位的工作没有做完，你会把工作带回家继续做完吗？（　）
12. 你会经常感冒或者头疼、发烧吗？（　）
13. 你很难集中精力完成一件事情吗？（　）
14. 当提前说好的事情遇到变故，你会容易感到沮丧吗？（　）
15. 你常有消化不良或便秘的时候吗？（　）
16. 你有在深夜突然醒过来，再也无法入睡的经历吗？（　）
17. 最好的放松地点对你来说是自己的家吗？（　）
18. 情绪不好的时候，你会找家人以外的朋友倾诉吗？（　）
19. 你是否喜欢埋头于工作而躲避处理复杂的人际关系？（　）
20. 从事一项运动或游戏的时候，你会想办法取得胜利吗？（　）
21. 你是否比同事花更多的时间在同一件工作上？（　）
22. 你在休息日里会因为无所事事而感到懊恼吗？（　）
23. 长时间的等待会让你容易生气吗？（　）
24. 你认为你的体重正常吗？（　）
25. 紧张的时候，你会浑身冒冷汗吗？（　）
26. 工作日程过满的时候，你会有身体不适的反应，比如胃痛吗？（　）
27. 你会觉得很多事情不是你能把握的，为此而感到懊恼吗？（　）
28. 你感觉生活中自己积累的问题太多，把自己压得喘不过气来吗？（　）
29. 你害怕遇到争吵，并且在争吵中总处于弱势吗？（　）
30. 你觉得自己能不能控制生活中的烦恼？（　）

【评分方法】 以上30题中选择A得1分，选择B不得分，把你的分数加起来，看看属于以下哪种情况：

1—10分：你对压力有着非常良好的调节能力，你会选择理智的方式面对不同的压力，适当地转化压力为动力。你的抗压能力很好，归功于你的心理调节能力。更多时候你在生活中和工作中愿意接受压力的挑战。

11—20分：还好，你的生活中虽然有一些让你感到压力的事情，但是你还能调整心态，应对一些压力，有时候你会觉得压力可能激发你的动力。但是你绝对不会主动选择巨大的压力，因为你的调节能力和适应能力有限。

21—30分：你对生活中的压力非常敏感，你不喜欢生活在巨大的压力下，一旦压力超过你的承受范围，你会迅速选择逃避或者在压力下表现出失常的精神状态。

主题十

挫折应对心理训练

篇首语

“人生不如意事常有八九”，人人都有遇到挫折的时候。挫折就像一把双刃剑，有弊也有利。有那样一些人，遇到挫折，就迷失了目标，失去了信心，放弃了努力，最终失去了很多成功的机会。而有另外一些人，他们遇到挫折，既不回避，也不沮丧，而是多想办法，最终成为生活的强者，成为成功者。生活正如巴尔扎克所说的：“挫折和不幸，是天才的晋身之阶，信徒的洗礼之水，能人的无价之宝，弱者的无底深渊。”

人生因为有了伤痛，所以会在伤痛的刺激下变得清醒；人生因为有了苦难，所以会在苦难的磨炼下变得坚强。正确地应对挫折，可以让我们练就一副坚强的翅膀。

训练目标

1. 了解有关挫折的相关心理知识。
2. 了解大学生常见的挫折类型及原因。
3. 掌握应对挫折的方法。
4. 了解自我应对挫折的基本状况。

单元1　挫折心理知识 ABC

心理故事：挫折的意义

高考失利后，儿子跟着父亲做起了木匠。由于没有考上理想中的大学，儿子的情绪十分低落，感到前途渺茫。一天，儿子学刨木板，刨子在一个木结处被卡住，怎么使劲也刨不动它。“这木结怎么这么硬？”儿子不由自言自语。“因为它受过伤。”在一旁的父亲插了一句。“受过伤？”儿子不明白父亲话里的含义。“这些木结，都曾是树受过伤的部位，结疤之后，它们往往变得最硬。”父亲说，“人也一样，只有受过伤后，才会变得坚强起来。”父亲的话让儿子心头一亮。第二天，儿子放下了刨子，要求回学校复读高三。

【感悟与思考】 人生就如同股市一样，没有一帆风顺，只有曲曲折折。人的一生会经历大大小小的逆境、不如意甚至磨难。

心理知识：挫折

巴尔扎克说过，世界上的事情永远不是绝对的，结果完全因人而异。挫折对于天才是一块垫脚石，对于能干的人是一笔财富，对于弱者是一个万丈深渊。

一、挫折的概念

在生活中，我们常常会遇到理想和现实不一致的事情。如考前作了认真的准备，原以为这次能考好，但结果仍不理想；参加社团竞选，自以为很有希望，结果却意外落选；家里的爷爷生病了，要花许多钱，家里可能无力供你继续上学。

我们把遇到以上这些不如意事情而引起的情绪反应称为挫折。挫折在心理学中是指一种情绪状态。即人在从事有目的的活动中，遇到干扰或阻碍，致使预定目标不能实现，与之相应的需要得不到满足时产生的一种心理紧张状态和情绪反应，也就是俗话说的"碰钉子"。挫折包含三层含义：一是挫折情境，即阻碍个体行为的情境，如高考失利、受讽刺打击等；二是挫折认知，即个体对挫折情境的认知、态度和评价，如失败乃成功之母、第十名已经不错了等；三是挫折反应，即伴随挫折认知而产生的情绪体验和行为反应，如焦虑、紧张、愤怒、攻击等。

二、挫折产生的根源

挫折是无处不在和多种多样的，引起挫折的直接原因主要包括生理因素和心理因素。生理因素是指由于生理上的缺陷所带来的挫折。如一心想成为美术家的人是位色盲，一心想成为音乐家的人是位聋子。而心理因素是指动机受阻而导致的挫折。如因为目标定得太高而无法实现，或是看到他人太成功而总怀疑自己，自信不足，甚至导致抑郁。个体遭受挫折的大小与个体的动机密切相关。当重要的动机受挫时，感受到的挫折就较大，对个体的打击也较大；由于心理发展层次不同，认识方法的差异、抱负水准的高低等原因，不同的个体会有不同的重要动机，因此，面临同样挫折的时候，不同的人有不同的感受和反应。如两个人同时被小偷偷了钱包，一个人可能接受不了这种打击，好像天塌下来了，感到非常痛苦；另一个人却不以为然，权当是破财免灾。由此可见，挫折不是客观存在的，而是一种感受，是一种心理反应。

以上是我们比较容易感知得到的引起挫折的原因，挫折产生的根源是什么呢？

第一是世界观和人生观。人生发展中的挫折感常常都是由个体自身的因素造成的，其中错误的人生观、世界观是挫折的主要根源。

人生观是关于人生目的、人生态度、人生价值等人生问题的基本看法。人为什么要活着？应该怎样活着？人为什么要有理想？应该有什么样的理想？人生道路为什么会有逆境、困难、痛苦、烦恼、生死离别、错误、失败、悲剧？应当以什么样的态度对待它们？人怎样才能获得潇洒而满意？人生的价值是金钱和地位，还是为他人做出奉献……对于许多的人生问题有的人领悟了它的真谛，取得了成功；有的人一生感到困惑和迷茫，不能领悟人生的精髓，因而虚度年华。

第二是个体能力限度的差异。有些挫折是受个体能力的影响，也就是说人的能力有高有低。如有的人记忆力很强，可以达到过目不忘；有的人则丢三落四，记忆力很差；有的人能统率千军万马，运筹帷幄，决胜于千里之外；有的人却连自己也管不好。这就说明人有能力的差异性。

在一个人的能力结构中，有的人擅长理论思维，却拙于观察实验；有的人书本学习能力强，但做事笨手笨脚；有的人书本学习能力太差，而动手能力却很强：有的人语言表达能力较强，但写作能力较差；有的人善于科学研究，而有的人却善于人际关系。人的能力有大有小，有长有短，这是客观规律。但是关键在于如何正确地认识自己的优势能力和劣势能力，扬长避短。如果在制定目标时，不能正确评估自己的能力，目标制定的过高，就可能因能力问题的限制，致使需要得不到满足，目标未能达成，造成心理上的挫折感。寓言故事《螳臂当车》就很好地说明了这个道理：有一只螳螂在草丛中昂首阔步。一只停下来休息的蜜蜂看见螳螂过来立刻惊慌逃走。不久，又有一只蚂蚁过来，看见螳螂也四处躲藏。螳螂见状，更加得意洋洋地走在道路中央。此时突然响起了一阵巨大的声音，原来是一辆马车奔驰而来。马车见了螳螂却丝毫没有稍停之意，此举令螳螂大为恼火，于是举起双臂挡住车子的去路，不料车子仍然前进，螳螂终于葬身于车下。因此，正确地评估自己的能力，进行准确的自我定位并确立与之相匹配的行动目标，可以使我们少体验挫败感，多感受成功感和满足感。

第三是错误的思维方式。正确的思维方式是符合客观规律和思维规律的认识方式，错误的思维方式是与客观规律和思维规律相违背的认识方式。错误的思维方式最典型的有狭隘经验型思维方式和教条型思维方式两种。

“守株待兔”的寓言就是反映狭隘经验型思维方式典型的例子：宋国有一位农夫，有一天他在地里耕作时，看见一只兔子疾奔过去，正好碰上了地边的一个树桩，把脖颈给折断了，死在树下，他不费一分力气就拣到了一只兔子。此后，这个农夫就放下锄头，老是坐在那个树桩附近等着，希望再次拣到撞死的兔子。可是，再也没有兔子碰树桩了。而在他原来耕作的地里长出了很多杂草，一片荒芜。

狭隘经验型思维方式是指通过自己或他人的特殊经验来获取信息。其中，来自自身的特殊经验是在局部活动、较狭窄的范围活动中获取的，有时它是不可重复的或是不再重复的。

狭隘经验型思维方式把片面性的结论无限外推到其他的事物和范围中去。通过信息加工得到片面性结论，如果把它还原到有的情境中去，也许还是有效的，但把它无限外推就必定会成为无效而有害的结论。把这种结论无限外推以后，就会因它不适合于其他事物而招致行动上的失败

“守株待兔”的人会在不知不觉中消耗自己的青春，无法把自己的潜能在环境中最大的能量发挥出来，这种人十有八九是注定要失败的。

三国时候的马谡就是典型的教条主义者，他熟读兵书，是诸葛亮的参将，他的很多建议都被诸葛亮采纳，受到诸葛亮的赏识。但是他在守街亭时用教条主义思维方式，不了解街亭的地理环境，把军队驻扎在山顶，想用“势如破竹”冲下山去击退敌人。但不想司马懿把山团团围住断其粮草和水源，采用火攻大败马谡夺取街亭。教条主义思维方式的形成，是由于未能正确地看待“书本”。书本知识是经验的总结，在运用书本知识时，必须要和客观实际结合起来，分析客观实际与书本所讲的是否一样，或是有一定差异，差异在什么地方，应该怎么去调整等。如果盲目地去照搬书本，不能认知变化了客观环境，也就不能适应变化了的环境，那么注定要失败的。

另外，还有的人在完成自己的目标时，分不清什么是主要的，什么是次要的，什么是手段，什么是目的。有时把次要的事情当作主要的事情来做，把手段当作目的去操作，因为不能抓住主要原因，不能明确主攻方向而造成延误时机，耽误了问题的解决，这也是心理挫折产生的原因。所以，培养正确的分析问题和解决问题的能力，不管是对于战胜挫折还是避免挫折都是重要的。

三、挫折的两重性

挫折是坏事，给人以身体上和心理上的打击和压力，造成精神烦恼和痛苦，让生活的道路变得曲折和坎坷。然而挫折在一定的条件下也可以变成好事，它使人经受考验，得到锻炼，积累经验教训，催人振奋精神，重新鼓起勇气再接再厉，变困难为顺利，变挫折为成功。

面对挫折，不同的人有不同的态度。煮三锅开水，分别把胡萝卜、鸡蛋和磨成粉的咖啡豆放进锅里，同时煮15分钟，15分钟后把里面的材料取出来，我们会发现，胡萝卜本来是硬的，但是现在变软了；鸡蛋的里面本来是软的，但是现在变硬了；而咖啡的粉末不见了，但是水变了颜色而且有香醇的味道。如果我们把开水比喻成挫折，那么胡萝卜代表原来拥有健康强壮心态的人，面对挫折后变得软弱、自卑；鸡蛋代表原来是内心善良、敏感的人，可是面对挫折后变得麻木、冷漠；咖啡豆融入了水里，代表碰到挫折时能够坦然、宽容地面对的人，改变水的颜色，代表积极改变挫折的人。

所以，挫折是一把双刃剑，应对得当，它将为我们的成长助力。

（一）挫折的意义

1. 挫折能提高人的认识水平

强者面对挫折和失败，不是手足无措、被动等待，而是积极总结经验，反思自己的认识过程，找出不足及时采取补救措施。知不足而后学，学好后再去用。如此反复，有助于个体知识结构的不断合理。

2. 挫折能增强个体的受挫耐性

一个人历经艰辛，遇到的挫折比较多，那么他对挫折的承受感也随之增高，一次次挫折及其应对措施可以提高对挫折的耐受力，从而能处之泰然，继续前进。这种对挫折的适应能力，即遇到挫折时勇于接受挑战，免于行为失常的能力被称之为动机受挫忍受力，也称作受挫耐性。

3. 挫折能激发人的活力

为了摆脱挫折，人们常常被驱使去为实现目标而作出更大的努力。挫折是一种内驱力，生活中的强者往往因为挫折而激发出强大的身心力量。虽身处逆境，却百折不挠，投入更多的时间和更大的精力，发奋努力，终于实现了自己的愿望。诗人歌德因绿蒂另有所爱而初恋失败，于是写下《少年维特之烦恼》；孔子因厄运而著《春秋》；司马迁因宫刑而著《史记》，被称为史家之绝唱；屈原被贬而写《离骚》；美国前总统罗斯福说得更为直截了当："我们无所畏惧，唯一畏惧的就是畏惧本身!"。

（二）挫折的消极作用

对挫折应对不力，其消极作用就会显现。如有些人面对挫折表现得悲观失望，畏缩后退，冷漠无情，焦虑，甚至采取攻击、压抑、倒退、轻生等方式来自我解脱，以达到心理上的平衡。这些消极方式的运用不利于问题的解决，反而造成个体动机、认识、情感的障碍。

1. 减弱个体的成就动机水平

在挫折面前，有些人受消极情绪的影响，往往从主观上过高地估计各种困难，过低地估计自己的能力。对挫折不是积极尝试，探索其摆脱的方法，而是手足无措、无所适从，从而降低个体的抱负水平。一个屡受挫折的人很难客观地评价自身的能力和水平，长此以往会变得保守、封闭、自卑、丧失自信，减弱成就动机水平。

2. 降低个体的创造性思维活动水平

现代生理心理学研究表明：在不良的情绪状态下，大脑能释放一种有害的物质，使人的身心疲劳，从而影响个体对问题的思维过程，不利于问题的解决；在不良的情绪状态下，会引起主体心理状态的积极性的改变，从而影响思维的敏捷性。挫折使弱者产生的是紧张、焦虑、失望等消极情绪，它会使神经系统，特别是大脑功能处于紊乱、失调的状态，无法进行创造性思维活动，严重的还会导致弱者出现严重的心理障碍甚至精神崩溃。

心理训练1：小鸡变凤凰

1. 活动步骤

(1) 每个人都蹲在地上，代表自己是一只鸡蛋，然后，每个“鸡蛋”随机找另一个“鸡蛋”PK，通过石头、剪子、布比输赢，输的人仍然是“鸡蛋”，赢的人就变成“小鸡”。

(2) “小鸡”再找另一只“小鸡”PK，再赢的话，就能变成“凤凰”，输的就会变回“鸡蛋”。

2. 讨论与分享

全班同学分成若干小组围绕以下问题进行讨论，每位同学都要发言。各小组派代表发言，与全班同学分享本小组的讨论结果和收获。

(1) 当你看到别人都变成了凤凰，只剩下自己这最后一个“鸡蛋”时，你有什么感想？

(2) 作为剩下的最后一只“小鸡”，你有什么感想？

(3) 你对自己从“小鸡”变成“凤凰”的过程有什么感想？

心理训练2：故事研讨

1. 活动步骤

阅读故事，全班同学分成若干小组，讨论故事后的问题，每位小组成员都要发言。

草地上有一个蛹，被一个小孩发现并带回了家。过了几天，蛹上出现了一道小裂缝，里面的蝴蝶挣扎了好长时间，身子似乎被卡住了，一直出不来。天真的小孩看到蛹中的蝴蝶痛苦挣扎的样子十分不忍，于是就拿起小剪刀把蛹壳剪开，帮助蝴蝶脱蛹而出……

请你猜一猜故事的结尾。

问题：蝴蝶为什么会过早死去？

2. 讨论与分享

各小组派代表发言，与全班同学分享本小组的讨论结果和收获。

单元2　常见的挫折问题

心理故事：好强的小王

小王的学习成绩一直比较优秀，上大学后，她希望自己同样能保持学习的领先地位，获得奖学金。但是“强中更有强中手”，第一次考试中，她的成绩非常不理想，这一打击使她感到非常失望，产生了退学的念头。

【感悟与思考】 当自我实现不能满足时，人就会产生挫折感；目标期望越高，所感受到的挫折也就越大。小王应该及时调整期望值，不甘沉沦，勤奋进取。

心理知识：大学生常见的挫折问题

成长往往必须经历痛苦，但是如果能把苦难当作成长的机会，勇敢地去应对挫折就会让我们的翅膀变得强壮。所以，笑对失败才是对失败最大的报复，一味地哭泣只会让失败愈加嚣张。积极的心态和正确的应对可以让我们更加接近成功。因为人正是在与挫折的斗争中变得更成熟、更有力量。

对于每个人来说，挫折的产生是必然的，也是普遍存在的，从某种意义上讲，挫折也是社会生活的组成部分，人们随时随地都可能遇到挫折。因此，挫折是人一生的伴侣，认识挫折、适应挫折，学会理性地面对挫折和积极地化解挫折，这是每个人终生的课题。

一、大学生常见挫折类型

（一）学习困难型

竞争激烈、学习方法不当、学习成绩不理想等诸多因素给部分大学生带来不同程度的心理负担，使他们学习的压力过大，产生失落感和焦虑感。特别是高中阶段的尖子生而今排名落后的学生更是如此。也有一些大学生由于神经系统长期过度疲劳而导致功能失调，常常夜不能眠、食不甘味，由此产生心理挫折。还有一些大学生对专业缺乏兴趣，学习动力不足，这种心态从低年级延续到高年级，随之就会产生心理挫折。

（二）经济拮据型

有的大学生家庭经济困难，特别是来自农村、单亲家庭和父母下岗家庭的大学生，他们经济拮据，有的又不甘于艰苦朴素的生活，羡慕“高消费”，而家庭无法满足他们“城市化”生活的各种需求，心理长期不平衡，容易产生自卑感和挫折。

（三）人际关系障碍型

初次远离父母、远离家乡的大学生在生活上会遇到种种困难，与同学、朋友、老师的关系处理不当，从而造成人际关系不协调，使一些大学生感到孤独无助。有些大学生由于自我评价不恰当，或自命不凡、目空一切、骄傲自满，或极度自卑、畏缩不前、性格孤僻，不习惯集体生活，因而无法与他人和谐相处，人际关系紧张，往往为此而苦恼不堪，自然会产生心理挫折。

（四）性格缺陷型

大学生的生理成熟与心理成熟并不是同步的，在生理上，他们已是“成人”，但在心理上，仍带有许多少年时期的痕迹，如幼稚、脆弱、依附性强、自卑感强，因此受挫后会一蹶不振、心灰意冷、意志消沉等。而且他们的社会阅历太浅，面对各种社会矛盾，其幼稚脆弱的心理难以调适，心理挫折也就会随之而来。

（五）情感缺乏型

有的大学生父母的感情不和，纠纷迭起，自己也卷入了家庭矛盾的漩涡；有的大学生从小父母离异，家庭破裂，生活在“单亲家庭”中，长期缺乏父爱或母爱，内心苦闷，久而久之，就会产生心理挫折。有的大学生因失恋或单相思，在情感上难以自拔，造成心理失调，甚至导致精神崩溃。

（六）理想与现实冲突型

当前我国正处于急剧的社会转型时期，市场经济大潮冲击着传统的价值观念，各项改革打破了沿袭多年的陈规陋习；社会开放使各种西方思潮源源涌入，中西文化碰撞使人们在观念上发生了嬗变。面对社会转型中发生的一切，年轻的大学生在心理上产生了震荡，容易使自己的心理失衡。这是当今大学生产生心理挫折的一个极其重要的社会因素。一些大学生没有找准自己的人生定位，期望值过高，从而造成理想和现实的差距过大，有强烈的失望感，但又不能及时调整心态，从而产生心理挫折，如表现在专业安排、校园条件、就业、择友等方面。

二、大学生产生挫折的原因

（一）客观因素

客观因素即由外界阻碍和限制而形成的挫折情境。

1. 自然环境因素

自然环境因素是指各种非人为力量所造成的时空限制、自然灾害和各种事故以及人世间的生老病死等，如地震、洪水、交通事故、疾病、死亡等。

2. 社会环境因素

社会环境因素是指个人在社会生活实践中受到的各种人为因素的限制与阻碍，包括政治、经济、法律、道德、宗教、风俗习惯以及人际关系等方面的挫折。此外，还包括管理方式的不妥、教育方法的不当以及缺乏良好的设施等。

3. 学校环境的影响

如有的大学校园环境设施的简陋陈旧，教学内容与管理方式的滞后，校园文化品位不高，教育体制的改革带来的冲击包括奖学金和贷学金制度的改革等。

4. 家庭环境因素

家庭环境因素主要是部分大学生的不少心理问题是与家庭生活的不良背景、早期不良家庭生活经历联系在一起的。

（二）主观因素

主观因素即个人内在原因，是指由于个人在生理、心理以及知识、能力等方面的阻碍和限制，使人的需要和目标不能满足和实现而产生挫折。

1. 生理因素

生理因素是指个体与生俱来的身体、容貌、健康情况、生理缺陷等先天素质所带来的限制。

2. 心理因素

心理因素产生挫折的心理因素比较复杂，包括自我认知偏差、独立精神不够、生活环境的不适应、期望值过高、动机冲突、青春期性的困惑等。

心理训练1：故事研讨

1. 活动步骤

阅读故事，全班同学分成若干小组，讨论故事后面的问题，每位小组成员都要发言。

[故事一] 有只狐狸看到一串甜熟的葡萄，垂涎欲滴，但因葡萄架太高，三跃而不得。为了维护自己的面子，它就对旁边的动物说："这葡萄是酸的，我才不想吃呢。"

[故事二] 有只狐狸原想找些可口的食物充饥，但它找了好长时间都没有找到，只找到一个酸柠檬，它对嘲笑它的动物们自豪地说："这只柠檬是甜的，正是我想吃的。"

[故事三] 有一次，大哲学家苏格拉底在和客人谈话时，他那脾气暴躁的太太忽然进来，大骂了一阵过后，她又端来一桶水往苏格拉底的头上猛泼，将他的全身都弄湿了。苏格拉底笑了笑，对客人说："我知道，打雷之后，一定是暴雨倾盆的。"

问题：(1) 看过以上3个故事，你的感想是什么；(2) 当面对困难和挫折时，你通常的应对方法是什么；(3) 请在小组中交流并结合有关成功经验，总结出具有普遍价值的应对困难和挫折的方法。

2. 讨论与分享

各小组派代表发言，与全班同学分享本小组的讨论结果和收获。

心理训练2：小陈的挫折

1. 活动步骤

阅读案例，全班同学分成若干小组，讨论案例后面的问题，每位小组成员都要发言。

小陈向来成绩优秀，从小学到高中一直是班上的干部，受到师生的喜爱。但是高考意外失利，他无法到自己梦想中的大学就读，只能痛苦地来到了某高职院校。到了校园后，他还是希望自己能振作起来，于是参加了系学生会的竞选，但是却落选了。这接连而来的挫折使他难以接受，心里像打翻了的"五味瓶"，情绪一落千丈，不愿讲话，不愿见人，学习成绩直线下降。

问题：(1) 小陈为什么在遇到挫折后无法面对，最后选择了自暴自弃；(2) 如果你是小陈的朋友，你准备怎么帮助他？

2. 讨论与分享

各小组派代表发言，与全班同学分享本小组的讨论结果和收获。

单元3 应对挫折

心理故事：凯恩斯的信

住在英国的凯恩斯给他的朋友写了一封信，后来这封信在互联网上广为流传。“很小的时候考入剑桥就是我的理想，为了这个理想，我倾注了自己全部的心血，我所付出的巨大努力使我坚信在剑桥定有我的一席之地。然而巨大的失望出现了，在得知我没有被录取时，我觉得世界都粉碎了，觉得再没有什么值得我活下去。我开始忽视我的朋友，我的前程，我抛弃了一切，既冷淡又怨恨。我决定远离他乡。就在我清理自己物品的时候，突然看到一封早已被遗忘的信——一封已故的父亲给我的信。”

“信中有这样一段话：不论活在哪里，不论境况如何，都要永远笑对生活，要像一个男子汉，承受一切可能的失败和打击。”

“我将这段话看了一遍又一遍，觉得父亲正在和我说：撑下去，不论发生什么事，向失败淡淡地一笑，继续过下去。”

“于是我决定从头再来。我坦然面对失败，事情到了这个地步，我没有能力改变它，不过只要心存希望，我就会有美好的生活。现在，我每天的生活都充满了快乐，尽管没有进入剑桥，尽管我又重遇了若干次失败，但是我已经明白：笑对失败才是对失败最大的报复，而一味地哭泣只会让失败愈加嚣张。今天，这种积极的心态已经给我带来了巨大的成功。”

【感悟与思考】 挫折其实是我们的朋友，只不过它是个丑陋的朋友。在开始的时候，它让我们害怕，让我们痛苦。但只要我们有胸怀接纳它这个看起来并不讨人喜欢的朋友，它才会给我们带来丰厚的回馈。一个人能够把挫折转变成财富，他就会走向成功。这个转变是痛苦的，也是快乐的。有的人把挫折转变成止不住的眼泪，或者不停地抱怨，他就走向低谷。

哲人黑格尔曾经说过：在人成长的道路上，如果你不懂得某个道理，生活就会安排一次挫折，让你学习；如果你还不明白，生活就再安排一次，直到你明白为止。在你成功之前，上帝经常会悄悄地告诉你，为什么你还没有成功，你应该怎么办。但是上帝不会直接告诉你，他会派一个使者告诉你，这个使者就是“挫折”。别因为这个使者相貌丑陋就不喜欢它，要知道它传递着你怎样才能接近成功的秘密。如果你怠慢它，甚至拂袖而去，那么你就永远无法揭开自己失败的谜底。握握它的手，拥抱它，跟它真诚地交流，听懂它的语言，你就会明白：挫折是个可贵的朋友，它会给你丰厚的回馈，给你的人生带来创造性的变迁。挫折是人生的里程碑。

如果你正面临着挫折，请首先向它微笑，给它一个拥抱，欢迎它来到你的生命中。

心理知识：挫折应对

在人生中我们不可避免地遇上各种挫折。对它们进行识别，有助于我们找到有效的应对措施，甚至可以减少挫折感的出现，降低它对我们的伤害。这样，我们就可以做一个战胜挫折、不畏艰难、勇于拼搏的人，在学习、工作和生活中取得成功。

一、挫折应对的策略与方式

（一）挫折防卫机制

挫折防卫机制是指在人遇到挫折时，有意无意地寻求摆脱由挫折产生的心理压力、减轻精神痛苦、恢复正常情绪和心理平衡的自我调节和自我保护的方式。挫折防卫方式是多种多样的，常见的有升华、补偿、认同、抵消、幽默、文饰（合理化）、压抑、投射、反向、幻想、否定、退化、移位等。

1. 升华

升华是指一个人在受到挫折后，将自己不为社会所认同的动机或欲望转变为符合社会要求的动机或欲望，或将自己的情感和精力转移到有益的活动中去，使低层次的需要和行为上升到高层次的需要和行为，从而将不良情绪和不为社会所允许的动机导向比较崇高的方面，以保持情绪稳定和心理平衡。升华的作用不仅可以使原来的动机冲突和受挫后的不良情绪得到化解和宣泄，而且能够促使人获得成功。历史上很多著名的科学家、艺术家和领袖人物都是通过对挫折的升华取得辉煌成就的。

2. 补偿

补偿是指人们在实现目标过程中受到挫折，或由于自身的某种缺陷而达不到既定目标时，以其他可能达到成功的活动或自己的特长来代替，通过新的满足来弥补原有欲望得不到满足和目标达不到所带来的痛苦。如有些大学生的学习成绩不好，但社会活动能力很强，同样得到一种心理上平衡和满足感。补偿行为在残疾人身上表现得尤为突出，如没有手的人，脚可以练得像手一样灵活，写字、劳动甚至绣花；双目失明的人，听觉练得特别发达，因此许多盲人在音乐方面的造诣很深。

3. 认同

认同是指一个人在受到挫折后，效仿他人获得成功的经验和方法，使自己的思想、目标和言行更适应环境的要求；或者是把别人具有的、使自己感到羡慕的品质加在自己身上，或者是将自己与所崇拜的人视为一体，以提高自己的信心、声望、地位，从而减轻挫折感。

4. 抵消

抵消是指人们以某种象征性的活动或事情来抵消已经发生的不愉快的事情，以此取代心理上的不舒畅。

5. 幽默

幽默是指当一个人受到挫折，处境困难或尴尬时，用幽默的方式来化解困境，维持自己的心理平衡，或间接表示出自己的意图，称为幽默的作用。一般来说，人格较为成熟的人常懂得在适当的场合，使用适当的幽默，把原来困境的情况转变一下，大事化小、小事化了，渡过难关，较成功地去应对窘境。

6. 文饰

文饰也称合理化，是指当人们的行为未达到目标或不符合社会规范时，为了减少或免除因挫折而产生的焦虑和痛苦，寻找种种理由或值得原谅的借口替自己辩护。文饰作用是人们在日常生活中使用最多的一种挫折防卫机制，通常的表现方式是“找借口”、“酸葡萄心理”和“甜柠檬心理”。

7. 压抑

压抑是指人们在受到挫折后，把意识所不能接受的、使人感到困扰或痛苦的思想、欲望、或体验压抑到潜意识中，不再想起，不去回忆，主动遗忘，以保持内心的安宁，使自己避免痛苦。

8. 投射

投射是指把自己的不当行为、失误或内心存在的不良动机和思想观念、欲望转移到别人身上，说别人也是如此，以此来减轻自己的内疚和焦虑，逃避心理上的不安。

9. 反向

反向是指为了防止自认为不好的动机外露，采取与动机方向相反的行为表现出来。

10. 幻想

幻想是指当一个人的动机或欲望受到阻碍无法实现时，以想象的方式使自己从现实中脱离出来，在空想中获得内心动机或欲望的满足。

11. 否定

否定是指对已发生的令人痛苦的事实加以“否定”，认为它根本没有发生过，以减轻或逃避心理上的痛苦。

12. 退化

退化是指一个人在受到挫折后，采取倒退到童年或低于现实水平的行为来取得别人的同情和关怀，从而避免紧张和焦虑。

13. 移位

移位是指将在一种情境下是危险的情感或行为不自觉地转移到另一种较为安全的情境下释放出来。如在工作中受到领导的批评，心中恼怒又不敢对领导发作出来，于是回到家就冲着孩子发火。

（二）挫折防卫机制的合理运用

挫折防卫机制是一种自发的心理调节机能，具有两面性：一方面挫折防卫机制可以起到使人适应挫折、减轻精神痛苦、促进发展的作用；另一方面挫折防卫机制又会使人逃避现实，降低对生活的适应能力，从而导致更大的挫折，甚至产生心理疾病的作用。

合理运用挫折防卫机制可以有效地缓解情绪上的痛苦，提高对挫折的承受能力，为人们最终战胜挫折提供条件，特别是积极的挫折防卫机制的运用还可以促使人们面对现实，积极进取，战胜挫折，获得进一步的发展。在上述各种挫折防卫机制中，升华是最具有积极性和建设性的挫折防卫机制，补偿、认同、抵消、幽默等挫折应防卫机制在很大程度上也具有积极意义。文饰、反向等具有掩饰性，压抑、幻想、否定、退化等具有逃避性，移位、投射等具有攻击性，在某种程度上都不利于提高人们对挫折的适应能力。因此，挫折防卫机制虽然在一定程度上能够帮助人们提高和保持个人自尊，躲避或减轻焦虑情绪，缓解心理压力，但如果挫折防卫机制使用过度或使用不当，不仅减轻不了紧张和焦虑的程度，反而可能破坏心理活动的平衡，妨碍个人的社会适应，甚至还可能造成心理异常和行为偏差。

二、大学生提高挫折承受力的途径与方法

（一）树立正确的挫折观

提高挫折承受力，首先要对挫折有一个正确的认识。挫折是普遍存在的，随时随地都可能发生，挫折是人们生活的组成部分，是客观存在的。因此，大学生要做好应对挫折的心理

准备，一旦遇到挫折，就不会惊慌失措、痛苦绝望，而要正视现实，敢于面对挫折的挑战。同时，也应该看到，挫折也并不是总是发生的，整个生活中还有很多快乐、幸运和幸福的事情，所以，大学生在遇到挫折时，不应只看到挫折带来的损失和痛苦，还应看到自己的优点和已取得的成绩，不应始终停留在挫折产生的不良情绪之中，而应尽快从情感的痛苦中解脱出来，理智地面对挫折。

（二）积极投身实践活动，不断磨炼自己，积累经验

挫折具有两面性，既具有给人打击，使人痛苦的消极的一面，也具有使人奋进、成熟，从中得到锻炼的积极的一面。生活中的挫折和磨难并不都是坏事。平静、安逸、舒适的生活，往往使人安于现状和享受；挫折和磨难，却使人受到磨炼和考验，变得更加成熟和坚强。因此，大学生应积极投身实践活动，在实践中不断磨炼自己，提高自己的意志力，培养坚强的意志品质。在实践过程中，不要惧怕失败，要善于从失败中总结经验教训，化消极因素为积极因素，使挫折向积极方向转化，不断提高自己解决困难、战胜挫折的能力。在总结经验教训时，应着重考虑确定的奋斗目标是否恰当、实施的途径和方法是否正确、造成挫折的原因来自何处、转败为胜的办法在哪里。

（三）学习和掌握一些自我心理调适方法，主动寻求社会支持和心理咨询的帮助

学习和掌握一些自我心理调适方法可以有效地化解因挫折而产生的焦虑、紧张等不良情绪，从而提高挫折承受力。常用的自我心理调适方法有自我暗示法、放松调节法、想象脱敏法、想象调节法和呼吸调节法等。

提高挫折的承受力，还应建立和谐的人际关系，营造自己的情感社会支持系统。当人遇到挫折时，一般都伴有强烈的情绪反应，处于焦虑和痛苦之中，这时，如果有几个好朋友或者亲友能够给以安慰、关心、支持、鼓励和信任，将有效地缓解心理压力和降低情绪反应，从而增强了对挫折的承受力。所以，大学生在遇到挫折时，不应将自己封闭起来，而应尽快找自己的好朋友和家人进行沟通，寻求他们的支持和帮助。

当一个人受到挫折后陷入不良情绪中不能自拔时，还可以寻求心理咨询师的专业帮助。在心理咨询师的引导下，可以让大学生校正主观认识，发挥内在潜力，化解不良情绪和行为反应，消除心理障碍，明确前进方向，最终获得心理上的成长，提高挫折承受力。

三、职业挫折及应对

原来说话不多的一个人突然变得很爱说话，见人就发牢骚，而且滔滔不绝；意念开始经常性的飘忽，整天幻想着如何买彩票中大奖；注意力不集中，整天心神不定；自负，对自己的评价过高；经常性的失眠，做噩梦；做事变得轻率、任性、不计后果；心神不定，烦躁不安，看所有的同事都不顺眼……

以上这些都是职业挫折产生的常见表现。

所谓职业挫折，是人们从事职业活动和个人职业生涯发展方面的需求不能满足、行动受到阻碍、目标未能达到的目标的失落性情绪状态。如一个人要谋求某个职位但却屡屡不能得到，要想晋升部门经理却一直不能如愿，要想发挥才能却没有条件、无人识才，经过大量努力、做了大量工作，却由于主客观的原因不能达到目标而陷于失败等。

造成挫折的原因有多种多样，因此，对具体问题一定要做具体分析，寻找原因，才能找到适合自己的解决办法。

(一)职业挫折产生的原因

1. 因人职不匹配导致的职业挫折

如果职业岗位对人的素质要求与从业者个人的能力和人格不相匹配,工作不能干好,自然会使人产生职业的挫折感。一个人处在工作难度很大,自己无法完成任务,与别人对比相形见绌的情况下,当然更会产生“自己无能”的挫折感。

2. 因才能无法发挥导致的职业挫折

当一个人觉得在工作中不能发挥专长时,会产生“被埋没”的挫折感。特别是领导者有用人不公正而导致个人的能力不能够得到发挥时,这种基于价值判断的挫折感不仅大大加强,而且会进一步造成挫折者个人与组织的离心离德。

3. 因组织本身的问题导致的职业挫折

在组织结构的设置及其运行中,不可避免会存在一定的问题。如组织运行机制不健全、劳动报酬不合理以及提薪、晋级、升职不公平等,导致员工在发挥自身的才能与潜能方面的需得不到满足,在工作中无法获得信任和尊重等。这些组织方面的问题,都会使成员产生挫折感。

4. 因人际关系不佳导致的职业挫折

组织是由人构成的,在组织之中会存在一定的人际关系问题。诸如,上下级之间缺乏有效沟通;上级对下级不信任、不尊重;组织成员间关系紧张,互相猜疑、嫉妒,人与人之间不能做到心理相容等。这会使组织成员的友爱、互助、合作需要得不到满足,从而使人产生职业生活的挫折感。

5. 因个人能力水平或者对工作不熟悉导致的职业挫折

在一个人因专业水平、技能水平低于职业岗位要求时常常会感觉到完成工作力不从心甚至有很大的困难,而同事在相同的情境下却很轻松,此时,挫折感难免产生。与上述情况有所区别的是,一个人的基本素质较好,能够胜任职业岗位,只是在实际工作中不能很好地应用理论知识,尚需一个“磨合期”,也会导致挫折感,不过这种挫折显然是比较小的挫折。

6. 因其他因素导致的挫折

工作的非人性化,如工作过于单调、工作时间安排不当、工作量过大等非正常压力以及职业的社会评价不佳等都可能造成人的工作不顺利和工作成果得不到承认,进而导致职业挫折感。

(二)职业挫折的影响

职业挫折不但会直接影响一个人的身心健康,也会影响其工作热情和工作能力,甚至还会导致一个人厌弃工作,最终会对自己、家庭、单位及社会产生诸多的消极影响,危害极大。职业挫折的具体表现在以下五个方面。

1. 出现攻击行为

人在遇到挫折的时候,自然会产生不满的情绪。当这种情绪发展到“愤怒”和难于控制的地步,就可能对阻碍满足自己需要的障碍做出反抗,形成攻击行为。人在职业活动以及职业生涯方面受到挫折时会有着不同的攻击行为,如迁怒于人和自我攻击。

2. 表现出冷漠的态度

冷漠是指个人受到挫折后不以愤怒和攻击的形式表现,而是采取一种无动于衷的冷淡

态度。实际上，挫折者绝不是没有心理上的不满和愤怒情绪，而只是将这种情绪反应暂时压抑下去，在外部行为上表现出对造成自己的挫折沉默冷淡的样子。当一个人在职业中受到挫折又无法脱离这种工作时往往会产生冷漠的反应，其结果是对工作丧失热情，以至于消极怠工。

3. 出现行为退化

退化反应是指人在遭受挫折后，做出与其年龄不相称的幼稚行为。其行为表现似乎又回复到儿童时期的习惯与行为方式。如有的人在遭受挫折后大哭大闹、撒泼打滚；有的人在受挫折后盲目地追随和相信别人。从职业生涯的角度看，一个人受到挫折也可能会有行为退化，从一定层次的职业阶梯位置下行，去从事那些相对简单、低级的工作，而不能使职业维持和前进。

4. 出现消极抵触

出现职业挫折后，当事人易对领导者和同事的行为作出消极解释，易引发不必要的人际关系矛盾，甚至与同事的关系恶化。

5. 出现怠工离职

处于职业挫折状态的当事人对工作的消极影响会导致士气低落，时常抱怨，工作效率下降，甚至会发生缺勤和离职的情况，进而严重影响组织的稳定性和工作效能。

此外，职业挫折还会导致压力过大，使当事人容易对自己的能力产生怀疑，易出错，不想与人沟通，导致工作业绩的下降。酗酒、药物依赖和自杀等行为问题也是当事人职业挫折应对不力有可能产生的消极影响。

（三）克服职业挫折

一个人在职业生活中和事业发展中遇到挫折是不可避免的。有的人历尽艰险，屡遭挫折，仍然坚韧不拔、百折不挠，这意味着他们的挫折商很高；有的人稍遇坎坷就一蹶不振、消极颓废，这反映了他们的挫折商很低。由于挫折商的水平不同，人们对于同样的挫折会有不同的心理和行为反应。

应该指出，如果遇挫折就悲观失望，长时间陷入痛苦，不但对工作和对事业不利，对自己今后生涯的合理设计、正确选择不利，而且对自己的身心健康也不利。

因此，达到比较高的抗挫折水平，对于个人有效地适应职业环境、维持正常的心理和行为是非常重要的。

1. 正确认识挫折

对挫折有充分的心理准备，在遇到挫折时就不至于过分激动和苦恼，而是保持冷静的态度，比较理智地分析造成挫折的原因，根据自身条件，采取相应对策。

2. 舒解挫折情绪

遭遇挫折在所难免。一个人既然在生涯中已经遇到挫折，成为历史，再想避免是不可能的，只有正确对待。达观、乐观是对待挫折的心理准则，改善外部环境，舒解情绪是减缓受挫折心理的重要途径。

舒解挫折情绪具体的办法两种。其一，适当进行宣泄。宣泄是通过某种渠道，采取一定的方法使自己把受挫折后的情感表达出来，以减轻受挫折的心理压力，逐步回到正常的精神状态。这虽然不是解决挫折问题的根本办法，但也不失为一种缓解痛苦情绪的有效方法。

其二，优势比较法。受挫后有时难于找到适当的倾诉对象以诉衷肠，便需要我们设法平衡心理。优势比较法要求去想那些比自己受挫更大、困难更多、处境更差的人。通过挫折程序比较，将自己的失控情绪逐步转化为平心静气。

3. 目标法

挫折干扰了我们原有的生活，改变了我们原有的目标，重新寻找一个方向，确立一个新的目标，这就是目标法。目标的确立，需要分析思考，这是一个将消极心理转向理智思索的过程。目标的确立标志着人已经从心理上走出了挫折，开始了下一步争取新的成功的历程。目标法既可以抑制和阻止人们不符合目标的心理和行动，又可以激发和推动人们去从事达到目标所必需的行动，从而鼓起人们战胜困难的勇气。

4. 重新选择职业

如果一个人在职业生涯一开始时就选择失误，在工作实践中发现这个职业确实不适合自己，就应该马上了断，重新选择职业，以便找到与自己的个性、兴趣、能力和价值观匹配的岗位，让自己轻松、愉快有成就感地工作。如果一个人的生涯道路已经走了比较长的时间，事情就不那么容易了。这时是在从事着一种"非零决策"，即已有一定基础和负担，而不是完全自由的决策。在对职业生涯再次选择的时候，应当根据个人的条件、组织与自己的相容性和社会能够给予自己的机会，进行"维持"和"离开"两种方向的成本-收益分析比较，作出决策。如果选择"离开"的道路，则要有慎重和严密的考虑，应当在进行类似"可行性研究"的分析以后再作出决策。

5. 提高挫折商

在职场中，有一群人被称为"草莓族"、"水蜜桃族"，他们是指一群成天追逐最新科技，没有思想却禁不起碰撞的新新人类。有些年轻人像草莓一样，尽管表面上看起来光鲜亮丽，但却承受不了挫折，一碰即烂，不善于团队合作，主动性及积极性均较差。他们在逆境中的韧性，即挫折商是较低的。

提高挫折商是应付挫折的根本措施，是生涯成功的重要条件。据有关专家研究，挫折商的水平主要是在人的早年活动挫折时受到权威人物(如父母、老师等)反复评价的作用下形成的，如果权威人物以体谅或鼓励为主，孩子的挫折商就高；如果权威人物一再叱责或打击，挫折商就低。当然，在人们成年以后，挫折商仍然可能通过教育训练等途径加以改善。

提高挫折商的主要途径之一就是要树立正确的自我认知。自信心其实就是个体对自己积极的、肯定的、客观的评价，也是一个人面对压力是进攻还是撤退的心理准备。一个人看待自己需要三个方面，一是自我评价，二是别人对自己的评价，三是自己对别人评价的评价。如果自我评价十分脆弱，那么他就会特别依赖于别人对自己的评价。工作稍有一些不顺，他除了感受工作本身的压力外，还要感到自我被外界否定的巨大压力，职业挫折感极易产生。所以，应对职业挫折的根本途径还是建立一个强大的自我评价体系，达到"胜不骄，败不馁"的境地。

心理训练1：小王该怎么办

1. 活动步骤

阅读故事，全班同学分成若干小组，讨论故事后面的问题，每位小组成员都要发言。

小王毕业后顺利地找到了第一份工作，在待遇方面，当初和公司的约定是：3个月的试用期发500元的生活费，试用期内表现优秀可顺利转正，享受公司的正常工资和福利待遇。小王当时也没在乎500元的生活费是不是太低，就一口答应了下来。工作两个月后，不经意间，小王从其他的员工处了解到，当初和他一块进公司的还有其他员工，其中和他同在一个部门的女孩王艳毕业于某民办高职，在办公室做文秘工作，而她实习期间的生活费是800元。

知道这个情况后，小王的心里很不平衡，自己一个毕业于著名院校的大男生，工作后的第一次交锋就败在了民办高职的女孩手中，他不知道该如何接受这个事实。接受了，是不是承认自己无能？不接受，离开公司，心里也舍不得这份来之不易的第一份工作。他搞不清楚，为什么公司对实习生的待遇不一样？小王陷入了进入职业圈内的第一次苦恼、迷茫中。

问题：(1) 小王面对的挫折是什么；(2) 面对毕业后的第一次挫折，如果你是小王，你会怎么做？为什么？

2. 讨论与分享

各小组派代表发言，与全班同学分享本小组的讨论结果和收获。

心理训练2：榜样的力量

1. 活动步骤

(1) 请每个同学在卡片上把自己心目中的英雄承受挫折的经历战胜挫折的例子一一列出来。

① ________________________________

② ________________________________

③ ________________________________

④ ________________________________

(2) 请谈谈你心目中的英雄是如何承受挫折和战胜挫折的。

2. 讨论与分享

(1) 谈谈你在成长中遇到的挫折，并与英雄的挫折经历进行比较。

(2) 每个同学摘抄一句或自编一句“名言”送给其他的同学，主要内容是正确对待失败和挫折。如“宝剑锋从磨砺出，梅花香自苦寒来。”

心理训练3

1. 活动步骤

(1) 回忆你所经历过的挫折，当时你的情绪体验是什么，你是怎样处理这些情绪的。

挫折经历	情绪体验	处理方式	自我评价

(2) 给你当时的处理情绪的方法评一个等级,是一等的、二等的,还是劣等的?如下面给出了很多处理挫折后不良情绪的方法,请你先给他们评定等级。

① 找朋友倾诉,出门旅行;

② 运动,一个人待着;

③ 喝酒、抽烟、读书;

④ 打骚扰电话骂人,伤害自己,绝食;

⑤ 整天无所事事,到处游荡;

⑥ 攻击和伤害周围的人,让他们感到莫名其妙;

⑦ 用音乐、舞蹈、书法等表达自己。

被评定为一等的情绪处理办法,是我们最提倡采用的。现在开动你的脑筋,想出更多的能够创造价值与处理坏情绪的方法,到你需要使用的时候就可以信手拈来。

2. 讨论与分享

(1) 如果给你一次重新来过的机会,面对挫折,你会采取和以前不同的应对方式吗?为什么?

(2) 面对别人的挫折经历,你有什么好的建议?

单元4 心理自测

一、挫折应对心理测试

指导语:心理学上所说的挫折,是指人们为实现预定目标采取的行动受到阻碍而不能克服时,所产生的一种紧张心理和情绪反应。请选择符合自己情况的答案填在后面的括号中,然后根据评分方法进行自我评估。

1. 在过去的一年中,你自认为遭受挫折的次数(　　)。

A. 0～2次　　B. 3～4次　　C. 5次以上

2. 你每次遇到挫折(　　)。

A. 大部分都能自己解决　　B. 有一部分能解决　　C. 大部分解决不了

3. 你对自己才华和能力的自信程度如何(　　)。

A. 十分自信　　B. 比较自信　　C. 不太自信

4. 你对问题经常采用的方法是(　　)。

A. 知难而进　　B. 找人帮助　　C. 放弃目标

5. 有非常令人担心的事时,你(　　)。

A. 无法工作　　B. 工作照样不误　　C. 介于A、B之间

6. 碰到讨厌的对手时,你(　　)。

A. 无法应付　　B. 应付自如　　C. 介于A、B之间

7. 面临失败时,你(　　)。

A. 破罐破摔　　B. 使失败转化为成功　　C. 介于A、B之间

8. 工作进展不快时,你(　　)。

A. 焦躁万分　　B. 冷静地想办法　　C. 介于A、B之间

9. 碰到难题时，你（　　）。

A. 失去自信　　B. 为解决问题而动脑筋　　C. 介于A、B之间

10. 工作中感到疲劳时（　　）。

A. 总是想着疲劳，脑子不好使了　B. 休息一段时间，就忘了疲劳　C. 介于A、B之间

11. 工作条件恶劣时，你（　　）。

A. 无法工作　　B. 能克服困难干好工作　　C. 介于A、B之间

12. 产生自卑感时，你（　　）。

A. 不想再干工作　　B. 立即振奋精神去干工作　　C. 介于A、B之间

13. 老师给了你很难完成的作业时，你会（　　）。

A. 随便抄一份应付了事　　B. 千方百计干好　　C. 介于A、B之间

14. 困难落到自己头上时，你（　　）。

A. 厌恶之极　　B. 认为是个锻炼　　C. 介于A、B之间

【评分方法】 1—4题，选择A、B、C分别得2分、1分、0分；5—14题，选择A、B、C分别得0分、2分、1分。根据此标准计算你的得分，并进行自我评估：19分以上，说明你的抗挫折能力很强；9—18分，说明你虽有一定的抗挫折能力，但对某些挫折的抵抗力薄弱；8分以下，说明你的抗挫折能力很弱。

二、职业挫折自我诊断量表

指导语：职业发展中的挫折情境能否构成心理挫折，在很大程度上取决于个体对于挫折情境的态度和评价；值得注意的是如果缺少挫折情境也可以构成心理挫折，因为个体其实还存在着挫折认知和挫折行为两个因素。

以下是一个关于职业挫折的自我诊断量表，你可以自己进行一个判断。答案有“是”和“否”，请根据实际情况作出回答，并填写在括号内。

1. 在工作中，我认为自己是一个竞争力弱的人。（　　）
2. 如果我现在放下手头的工作去睡觉，我担心自己会睡不着的。（　　）
3. 我有偏食挑食的习惯。（　　）
4. 与同事发生矛盾后，我始终觉得无法消除相处时的尴尬。（　　）
5. 我觉得工作和生活多对我来讲都很辛苦。（　　）
6. 我认为同事是喜欢我的。（　　）
7. 我常常就工作中的某些问题和同事讨论解决的方法。（　　）
8. 我定期锻炼。（　　）
9. 工作中的大部分时间，我是充满信心的。（　　）
10. 我能够感到工作中的快乐和成就感。（　　）

【评分方法】 前5题答“是”记0分，答“否”记1分，后5题反之。总分在0—3分：你的心理承受能力差，遇到困难容易灰心，常有挫折感；4—7分：你的心理承受能力一般，可以轻松地承受一些小的压力，但遇到大的打击时，还是容易产生心理危机；8—10分：你的心理承受能力强，你能在各种困难面前保持旺盛的斗志。

主题十一

性心理调控训练

篇首语

长久以来，在我们的国家，由于受到传统观念的影响，人们往往是“谈性色变”。其实，人到青春妙龄，进入了一生的黄金年华，性的成熟与渴望是很自然的事情。或许你还是难以启齿，但是请不要恐慌。我们的社会，伴随着现代科学的长足进步，对人类性行为的认识越来越受到普遍的重视和关心。

要知道，人人都企望能获得美满的生活，但这样的生活并不是靠在偶然中就可以获取的，也不是一种自然而然的现象，而是必须要借助于对人类性心理的认识和维护。

训练目标

1. 了解性与性心理的一般知识。
2. 了解常见的性心理困惑。
3. 学会进行自我性心理维护。
4. 了解自我性心理的基本状况。

单元1　性心理知识ABC

心理故事：少年相思病

他叫小进，自杀未遂后由两位兄长陪同来找心理医生，说他得了“相思病”。他出生在湘西一个偏僻的山村，那里的人们男女界线非常分明，男孩与女孩一起玩便要被人笑话，因此他很少同女孩子玩耍。读大一时，他与一女同学的成绩同样名列前茅，又同是班干部，常在一起的机会较多，因而被同学们笑称为“天生一对”。此后，小进本来平静的心海起了微波，内心虽然喜欢接近她，但害怕别人议论、笑话，又不敢接近她。逐渐地，这种欲望愈来愈强烈，到大三时已发展到一上床就幻想着与她交往的情境，难以入睡。然而，当他真的与她在一起时，又脸红心跳，不敢讲话，十分害羞，恨不得马上离开。因而逐渐出现失眠、注意力不集中、学习成绩下降等表现，以后症状越来越重。虽然几次求医，但未对医生讲心里话，被当作神经衰弱、精神分裂症治疗一年后，不仅毫无效果，反而不堪精神上的痛苦而出现了自杀的意念。

【感悟与思考】 自古以来，人们把有关男女性爱的问题当作丑恶之首，把它与道德败坏、下流无耻画上了等号。因而，对青少年这种朦朦胧胧的性意识，不是无意识地嘲笑，就是

有意识地议论或讽刺，甚至百般阻止他们之间的正常交往，结果使无数的孩子陷入了苦闷、忧虑之中。小进的症状是典型的因缺少与异性的正常交往而导致的“性紧张”和“性过敏”症。大学生性生理已发育成熟，性意识增强，随着身体发育的变化，很自然地渴望了解有关性的知识。科学的性知识有助于大学生破除性神秘感，促进身体发育和心理健康，对未来拥有完整、健康、成熟的人生影响深远。

心理知识：性与性心理

《孟子·万章》上说“人少，则慕父母；知好色，则慕少艾；有妻子则慕妻子。”性，是人的正常生理需求。而性心理是人格的重要构成部分，性心理健康也是心理健康的重要标志之一。从初中开始，大学生就进入身体和心理发育的重要阶段，但是通常只有较少的大学生对性有模糊的认识，更多的大学生是懵懵懂懂。那时，大学生会对自己身体的变化充满疑惑，却发现获得正确性知识的途径少而又少。青少年好奇心很大，通常会提出相关的问题，然后去问父母，但父母总是羞于启齿、遮遮掩掩；去问老师，老师也只是就书本上的知识进行粗略讲解。受中国传统观念的影响，大人们普遍认为过早地知道这一切没什么好处，长大了自然就明白，却不知这样做往往使孩子们采用一些不正确的渠道去了解相关知识。

到了大学阶段大学生的生理发展水平在经历了整个青春期的生长发育后，已完全成熟并接近成人水平，在青春期就出现的性欲望和性冲动此时会表现得更加强烈，这是身体发育中正常的生理现象和心理现象。但是由于受传统伦理观念的影响，性的问题一直被蒙上神秘的面纱，大学生一直难以获得系统、完整、科学的性生理、性心理和性道德等方面的知识，对性的好奇和无知导致的性困惑、性的生物性需求与性的社会性要求以及传统的性观念与开放的性观念之间巨大的反差和冲突导致的性压抑等使得大学生性心理发展处于多种矛盾的相互作用之中。一些大学生无法处理好这些矛盾，致使身心健康发展出现偏差，甚至导致了性变态与性犯罪。因此，大学生通过学习加强对性生理、心理知识的认知具有积极的影响和重要的作用。

一、性与性行为

性即指人的性行为。原始的有性生殖是生物最初的性行为，即两性在繁殖期里表现出的特殊活动的行为。进化到人类之后，性行为已不仅与生殖相联系，而是扩大到性感满足的更广泛领域之中。

二、性心理

（一）什么是性心理

性心理指与人类“性”有关的心理，它包括围绕性欲望、性冲动、性行为、性满足而产生的认知、情感、需要和经验等心理活动。

（二）大学生性心理健康的标准

性心理是人格的重要构成部分，性心理健康也是心理健康的重要标志。在国际上，关于性心理健康标准有达拉斯·罗杰斯标准：即具有良好的性知识；对于性没有由于恐惧和无知所造成的不当态度；性行为符合人道；在性方面能够做到“自我实现”；能负责地作出有关性方面的决定；能较好地获得有关性方面的信息交流。我国专家对大学生性心理健康的评定标准有：有正常的性需要和性欲望；有科学的性知识；有良好的性道德；有正当的性行为。

综上所述，对于大学生的性心理健康的标准，我们可以作如下概括：

(1) 对科学的性知识有足够的和正确的了解，有合理的性认知、健康的性态度；

(2) 性生理状态良好，有正常的性需求和性欲望；

(3) 性心理及性行为符合伦理道德，被社会所接受，无心理障碍；

(4) 有正常的、健康的两性交往行为方式，与异性交往自然，无不适应感。

(三) 性心理的发展

性心理的发生发展大体经历了“疏远”、“接近”、“向往”与“恋爱”四个时期。

1. 性疏远期

儿童在早期并不能真正感觉到男女之间的差异，因此也没有任何的与性相关的意识与联想，也即是我们经常说的“两小无猜”。进入中学，随着身体的微小变化，开始关注自己和异性。不过这种关注并不是以肯定的态度出现，而是表现为男女生之间的互相排斥。青少年对自己的第二性征及强烈的性冲动感到不安、害羞，因此对异性强烈的关心和亲近的愿望以一种疏远和冷淡的方式表现出来。

2. 性接近期

随着性意识的逐渐清晰，青春萌动期的男女生逐渐彼此接近。通常产生于15—16岁。他(她)们常常以欣赏的心情和友好的态度来对待异性的言谈和行为。关注异性的目光，喜欢在异性面前展示自己，赢得异性的好感，将对异性的好感作为青春期的秘密，羞涩又渴望能接触心仪的异性。

3. 性向往期

人们一般从16—18岁进入性向往期。随着性生理发育高峰期的出现，同龄异性之间接近的愿望被逐渐表现出来，同时以情感吸引和实际接触需求的形式流露。这一时期的男女青年会以各种主动的方式表达对异性的好感，并希望得到对方的积极反应。这一时期的青年更加注重自身形象和吸引力的大小，但也容易产生对自身认知的错误，如过分自信或过分自卑。对于异性的向往和倾慕分为有对特定对象的，如同班同学；有对不确定对象的，如对影视剧中的男女爱情镜头的向往。

4. 恋爱期

恋爱期一般在18岁以后，这个年龄刚好是大学生进入大学学习的时期。大学生的性意识随着交往的增多逐渐发展成明确的恋爱，对异性的欲望集中到一个人身上，喜欢与自己选择的异性单独在一起。苏联心理学家A. T. 赫丽普科娃指出性意向的最高的、最辩证的表现形式就是爱情。大学相对宽松的环境，加之正值青春年少的同学们对纯洁浪漫爱情的渴望与追求，不少大学生试图建立相对稳定的恋爱关系。但是，大学生毕竟还未真正进入社会，学业艰辛的压力、经济上的不独立、未来的不确定因素，这些导致了他们性心理的成熟滞后于性生理的成熟，使他们处于早熟与迟发对立的峡谷之中。

对于大学生而言，一般已经度过性疏远期，正处于性接近期、性向往期及恋爱期。大学生正处于各方面发展、变化、完善的重要阶段，不理智的性行为及不成熟的处理方式往往会引发诸多的身心健康问题。因此，我们将竭力帮助大学生正确了解性科学知识，做好爱的心理准备，学会爱的艺术，以促进大学生的健康成长。

三、大学生性心理的特征

大学生从入学到毕业的年龄基本在18—23岁，正处于青年期，这一时期的青年学生往往具有特殊的性心理特征。

（一）性心理的本能性和性知识的朦胧性

大学生的性心理基本上是生理急剧变化带来的本能作用，如进入大学，女学生喜欢穿上得体的衣服表现自己优美的身体曲线；男学生则注重表现身材的魁梧、健壮和豪放、刚毅等男子汉气概。吸引异性的注意是性成熟的一种自然反应，这种性魅力的展示，对异性发生兴趣、好感和爱慕，都具有本能性，无可厚非。同时，基于前期性相关知识的匮乏，不少大学生都是朦朦胧胧知道一些，缺乏深刻认识。然而，正是在此基础上，在朦胧纷乱的心理变化中，性意识逐渐强烈和成熟起来。

（二）性意识的强烈性和表现上的掩饰性

青年期很显著的特征是闭锁性和强烈的寻求理解性，因此，这一时期青年大学生的性心理特征中既有对性的渴望与好奇，也有外在的掩饰性。如在内心十分重视异性对自己的评价，自己在异性当中的印象，但很少表露出来，表面上装作不在乎，拘谨，甚至冷漠；对心仪的异性充满好感，并渴望与之交往，表面上却又回避、无动于衷；他们有时表现得十分讨厌那种男女亲昵的动作，甚至表面上耻笑别人有此行为，但有时实际上又很希望自己能体验。这些矛盾心理的表现使他(她)们往往产生种种冲突与苦恼。

（三）性心理的动荡性和性行为的掩盖性

青年期是人一生中性能量最旺盛的时期，随着性生理的成熟，内心对性行为渴望，自控能力较弱，导致大学生中存在自慰行为。但由于认知上的错误，常常为别人所嘲笑，使得大学生不得不加以掩盖，担心别人知道。现实生活丰富多彩，五花八门的性信息，不良的影视镜头，黄色的淫秽书刊，特别是西方资产阶级的“性解放”和“性自由”的思想影响，极易使个别大学生的性意识受到错误的强化而沉醉于谈情说爱之中，甚至发生性过失、性犯罪。尚有一部分大学生由于性的能量得不到合理的疏导、升华而导致过分的压抑，少数人还可能以扭曲的方式和不良甚至变态的行为表现出来，如“厕所文学”、“课桌文学”、窥视、恋物等。

心理训练1：澄清个人价值观，探讨性道德

1. 活动步骤

全班同学分成若干小组，先阅读下面的故事，然后每人填写一张表(表附后)，要求大家从刚才故事中出现的5个人物中，按照自己的好感程度作出选择并排序，然后简单地写下原因。

一艘船遇上了暴风雨，不幸沉没了。船上的人中有5个人幸运地乘上了两艘救生艇。一艘救生艇上坐着水手、姑娘和一位老人；另一艘上坐着姑娘的未婚夫和他的亲戚，气候恶劣，波浪滔天，两只救生艇被打散了。

姑娘乘的艇漂到一个小岛上。与未婚夫分开的姑娘惦记着未婚夫，千方百计寻找，但找了一天，一点线索也没有。第二天，天气转好，姑娘仍不死心，继续寻找，还是没找见。有一天，姑娘远远地发现了大海中的一个小岛，她就请求水手：“请修理一下救生艇，带我去那个岛上好吗?”水手答应了姑娘，但提出了一个条件，必须和他结婚。陷入失望和困扰的姑娘找到老人，与他商量：“我很为难，怎样做才好呢？请你告诉我一个好方法。”老人说：“对你来说，怎么做正确，怎么做错误我实在不能说什么。你扪心自问，按你的心愿去做吧。”姑娘万般无奈，寻未婚夫心切，结果满足了水手的要求。

第二天早上，水手修好了艇，带着姑娘去了那个小岛。远远的，她看到了岛上未婚夫的身影，不顾船未靠岸，从船上跳进水里，拼命往岸上跑，一把抱住了未婚夫的胳膊。在未婚夫温暖的怀抱里，姑娘想：要不要告诉他自己答应和水手结婚的事呢？思前想后，下决心说明情况。未婚夫一听，顿时大怒，一把推开她，并吼着："我再不想见到你了"，转身跑走了。姑娘伤心地边哭边往海边走。见此情景，未婚夫的亲戚走到她的身边，用手拍着她的肩膀，"你们两人吵架我都看到了，有机会我再找他说说，在这之前，让我来照顾你吧。"

附表：

出场的人物	好感程度排序	理　由
水手	1.	1.
姑娘	2.	2.
老人	3.	3.
未婚夫	4.	4.
亲戚	5.	5.

2. 讨论与分享

选择完后在组内交流，每位成员说明自己的想法，并统计全组的倾向性意见。通过听取他人的意见，小组成员受到启发，可以修正自己的意见。每个小组派代表交流。在共同讨论中表现出每个人的价值观，也可以了解他人的价值观，促进深入思考，逐渐确立正确的价值观。

心理训练2：如何科学、坦然地对待自己的性心理问题

1. 活动步骤

请同学们拿出纸张，在相对独立的空间回答以下问题：

(1) 你对性的问题是否觉得羞于启齿或不知道如何与咨询医师就性问题进行交谈？

(2) 你从哪些渠道了解性心理知识？

(3) 你是否参加过健康性心理知识讲座？在参加类似的知识讲座时你是否会觉得难堪？

(4) 你如何看待他人的性取向？

(5) 对照本课所学的性心理健康的标准，你对自己的评价如何？

(6) 如果有性心理问题，你会通过什么渠道解决？

2. 讨论与分享

你如何对待自己在学生生活阶段的性生理与性心理的矛盾？

单元2　常见的性心理困惑

心理故事：一则网络心理咨询案例

咨询者：您好，我是一名大学二年级的学生，从步入青春期以来，长期处于恐惧焦虑的心态中。从初中到高中一直处于对性的无知好奇又恐惧的状态，从不敢与人交流这个话题。

我从初中起就有自慰行为并长期受到自慰而产生的心理自我谴责的煎熬，因为没有接受过健康的性教育，我常因好奇而不自觉地幻想性，从而进一步加深恐惧而焦虑。这种有负担的自慰让我心里感觉不舒服，从小我的家庭教育就比较严，害怕被父母知道，本来打算从此不自慰，但每次都不能坚持。在日常生活中，我也有一定的紧张与焦虑情绪，像一根绷紧的弹簧，无法放松！老师，您能不能帮帮我！

【感悟与思考】 如何看待自慰？从性心理的角度上来说，适当的自慰对人是有益处的，也是人类自我调节性心理和性生理紧张的一种合理宣泄，因而不必对此过度自责、焦虑。其实，我们很多人都会碰到诸如此类的性心理困惑或性心理障碍，此时我们应该采取的对策是：通过学习或咨询了解正确的性知识，科学地对待矛盾和问题，找到合理的解决方法，提高我们的生活质量。

心理知识：常见的性心理困扰

人们对性的态度，孔子在《礼记》里讲道："饮食男女，人之大欲存焉"；阿伦·格莱格则有过这样一段精辟的描述："在性的问题上要么无知，要么世故；要么压抑，要么刺激；要么矢口否认，要么任意放纵；要么遮遮掩掩、神神秘秘，要么就是连廉耻都不顾……可以说，只要这种混乱状态一天不结束，性就必然与欺骗、下流联系在一起。"从某种意义上来说，这段话正好诠释了导致当今大学生性困惑的真正原因。

一、大学生常见的性心理困扰

武汉一家电台"性与健康"节目开播两年来，许多大学生咨询的都是青春期的一些迷茫和困惑，主要问题是自慰、青春发育晚期困惑、婚前性行为、怎样避孕等性烦恼和性苦闷。可以这样做一个概括：当代大学生既不像大人想象的那样单纯无知，也不完全像西方 20 世纪 60 年代的青年那样毫无顾忌地追求性解放，他们往往在夹缝中苦苦煎熬。大学生常见的性心理困扰表现如下。

（一）性生理成熟导致的心理困扰

对大学生而言，性生理发育已基本成熟。有关资料显示：我国女孩月经初潮年龄由 10 年前的 13.38 岁提前到 12.28 岁，男孩初次遗精年龄则由 14.43 岁提前到 13.86 岁。性生理成熟的前倾带来了性心理发育的提前。当青少年性生理发育、两性特征出现时，在其心理上会产生一系列复杂而微妙的变化。通常青少年对自身的身体变化缺乏足够的思想准备，往往产生一种惊惶不安的情绪。学校和家长在这一时期又过度地要求将注意力放在学习和考试上，很难有实质性的正确引导。因而，对性生理的发育以及由此而萌发的性心理缺乏科学的理解，他们往往很难恰当地应对自身这一突如其来的变化。殊不知，由性所激发出的青春的骚动带来了一系列问题，甚至产生性心理障碍。如部分男大学生会对遗精感到"羞愧"、"厌恶"、"不安"、"困惑"；女大学生对月经感到"紧张"、"厌恶"、"不安"和"情绪低落"。一些男大学生受"一滴精十滴血"、"遗精会大伤元气"的错误认识影响，对遗精感到恐慌担忧、焦虑不安；部分大学生甚至认为是自己思想肮脏、卑鄙所致。相当多的女大学生随着月经的周期性变化，其食欲、情绪、记忆力等方面的心理活动都可能会发生程度不同的变化，诸如头痛、疲乏、腹痛等身体不适感。部分女大学生还可能出现痛经和烦闷、焦虑、易怒或者沉默寡言、消极抑郁，甚至恶心、呕吐、痛哭等经前期紧张综合征。

（二）第二性特征导致的心理困扰

处于青春期的青年学生，对自身的第二性特征开始正视，有的人会特别关注。从儿童时期看谁尿的远开始到进入大学后偷偷比较阴茎的大小，对男大学生而言，最苦恼的是对自己的生殖器官不满意。他们往往错误认为，阴茎小便意味着性功能差。还有的男大学生会觉得自己个子矮，过于瘦弱，不够强壮不能给异性以安全感。也有的男大学生会认为青春痘与性欲和性压抑有关，面对异性时常常感到难堪。对女大学生来说，顾虑最多的是自己乳房的大小，很多女大学生会因乳房小而产生自卑感，不愿去公共浴室，怕同学取笑。女大学生还担忧身材问题，既希望苗条，又渴望丰满，两者往往不能兼得，于是产生矛盾心理。面对这些困扰，如果不能正确认识自己的身体和第二性征，甚至将其看作自己的缺陷，就会产生自卑心理，以至于影响人际交往、学习和生活。

（三）性道德导致的心理困扰

我们更多讨论的性意识是性的社会属性，即基于心理、文化、道德层面上的，主要包括性观念、性态度、性别角色、性身份认同、性取向、情感依恋等核心要素。大学生的年龄多在18—22岁，处在性意识萌动的年龄。因此，在学习和生活中会产生诸如仰慕异性、渴望与异性相处的趋向，有时会有意无意地想到性的问题，甚至产生性幻想、性梦等各种性心理活动。但大学生的性观念还未完全成熟。近几年同性恋问题在大学生中呈现有增无减的趋势，也考量着大学生们的性取向。再如，性幻想是否合理？性梦和性梦带来的遗精遭遇的尴尬等都增加了大学生的困扰。有的大学生因为性梦或性幻想而认为自己是“不道德的”、“罪恶的”、“卑鄙下流的”，进而感到羞耻、自卑、注意力不集中，甚至焦虑不安。有的大学生由于频繁性幻想或性梦尽而影响休息、睡眠和体力的恢复，严重的还会导致神经衰弱，对身心健康带来不利影响。

（四）性行为导致的心理困扰

大学生的性行为主要是自慰性行为、边缘性行为和婚前性行为。这些性行为由于没有科学、客观、成熟的认识会导致很多的心理问题。目前，中国高校学生守则和任何一个大学都明令禁止大学生性行为的发生，但这种无保障的性行为给大学生带来的更多是健康性心理的破坏作用。与恋爱情感发展深度相适应的边缘性行为虽已基本上被接纳，但一旦发生，仍会使他们感到不安。发生婚前性行为后，男生往往产生严重不安、自我否定、恐惧、焦虑、负罪和悔恨感；女生往往不能摆脱失贞心理，从而给双方的心理罩上阴影。由于缺乏避孕及相关的安全措施，对于怀孕、性病的担心使得双方事后总是担心、焦虑、不安甚至恐惧，形成很大的心理压力。非婚性行为又常常和欺骗、谎言等不诚实的品格相联系，近些年，西方消极性文化渗透到我国，大学生的性观念呈现多元化倾向，性道德意识淡薄，导致大学生婚前性行为的大量发生，严重地影响了大学生的身心健康发展。

（五）性压抑导致的心理困扰

奥地利著名精神分析学家弗洛伊德把人格分为本我、自我与超我。在个体生活中“本我”追求快乐原则，毫无顾忌地满足自己的本能欲望，主要是性本能、性欲望。在现实社会中，这种强烈的、想要得到即刻满足的性欲望受到“超我”中道德伦理规范的强烈压抑，退而求其次只能在法律、舆论允许的范围内适度地满足，否则就会产生内疚感、犯罪感。大学生性机能的成熟使性的生物性需求更加强烈，而性心理却未完全成熟，对各种性现象、性行为

的认知评价还不完善，一些大学生对性冲动持否定、抵制的态度，采取压抑的方式。性压抑的结果不仅有碍于性心理的健康发展，严重者还会导致性变态或性过错。有性变态行为的大学生内心充满着矛盾，时常自责、焦虑、不安、恐惧，担心自己的变态行为被人发现和耻笑，往往在人格上表现怯懦、卑微、缺乏自信。

二、大学生常见的性心理障碍

在人类社会中会有各种各样的异常性行为或称性心理障碍，它们常常不能为社会所接受，严重的还会影响和危害他人，需要进行心理治疗。大学生应该多了解一些这些方面的知识，这对于培养对自我性欲望、性行为的控制力从而保证身心健康和行为文明是非常有意义的。正如罗素所说的“一切无知都是令人遗憾的，但是对性这样的事无知则是严重的危险”。

大学生常见的性心理障碍有以下三种。

（一）性指向障碍

1. 恋物癖

[案例 11-1] 恋物癖带来的苦恼

王某，男，22 岁，某大学三年级学生。王某自述在大学一年级时，有位女同学对他很有好感，希望能和他交朋友，可由于自己胆子小，他连这位女生的手都不敢牵。有一次去女同学家玩，看见她家阳台上晾着内衣裤，突然感到一阵冲动，于是趁女同学不注意的时候，偷偷地拿走了阳台上的一件内衣。回来后，他就躲到一个没人的地方，对偷来的内衣一边摸一边闻，同时进行性联想，使自己达到性高潮。过后他对自己的行为恶心、厌恶不已，但那种通过触摸女人内衣达到的性快感又使他欲罢不能。于是他经常趁上课时间宿舍人少的时候，或趁着到女同学寝室玩的时候就顺手牵羊，拿走晾在走廊里的内衣、内裤，然后通过触摸这些衣物达到性高潮。他深知自己行为的不道德，每次性高潮过后都会被自责、悔恨、忧郁、痛苦和自卑感所淹没，但又实在控制不了自己的行为，内心因此非常地焦虑与矛盾。终于有一天，他在拿走女生衣物的时候被抓住了，学校给了他记大过处分。为这事，女朋友也跟他分手了，平时走路的时候他也感到别人在背后指指点点，而且没有人再愿意跟他交往了，都认为跟他交往简直是一种耻辱。为此，内心的自责、悔恨与焦虑更加严重，一方面要压抑自己的性冲动，另一方面还要忍受别人的鄙视，于是他开始失眠，精神恍恍惚惚的，而且还出现幻觉。近来为了摆脱困境，王某前来向心理医生咨询。

恋物癖是指经常反复地收集异性使用过的物品，并将此物品作为性兴奋与性满足手段的现象。恋物癖分为正恋物和反恋物，正恋物是指对物品的强烈迷恋，反恋物是对物品的强烈憎恨感。患者大多数为男性，也有女性患者。常见的异常恋物可分为两类：一类为器物，包括衣着及随身所戴物品，如内衣、内裤、鞋袜、手帕、裙子、外衣、卫生巾等；一类为身体各部分及有关物体，包括正常的部分，如头发、脚、手、乳房、臀、分泌物、排泄物和非正常部分，如跛足、斜眼、麻面、六指等。

2. 同性爱或双性爱

[案例 11-2] 同性爱引发的血案

合肥报业网 2003 年 8 月 21 日报道：只因对方接受不了自己的“爱恋之情”，刚刚 20 岁的大学三年级学生凤儿在学校的篮球场上朝同班女学生方方连捅 11 刀——这起罕见的校园血案的制造者凤儿被合肥市蜀山区检察院以故意杀人罪正式起诉。凤儿来自农村，凤儿的同班同学、21 岁的方方与其经历相似。入校后，这两个家境都相对贫寒、同样来自北方的女孩很快成了形影不离的好朋友。凤儿很小就离家读书，而方方却是个很会照顾人的女孩，渐渐的，凤儿将方方当作自己的亲人。没多久，凤儿明显感到自己已经爱上了方方，这个念头让凤儿相当慌乱，她无法面对自己的“同性恋”倾向。痛苦之中，凤儿向方方倾诉了一切，方方起初以为凤儿在开玩笑，当发现凤儿的态度很认真时很是震惊，就开始逐渐疏远凤儿。“在乎的人不理我”这让凤儿伤心慌乱不已。后来，方方有了男朋友，这个打击几乎让凤儿无法承受，她再次找到方方，请求她和自己在一起。同性向自己如此明确地表达爱意，让方方大为反感，双方关系陡然紧张，也让痴情的凤儿更为绝望。没多久，被嫉妒和爱意折磨得不堪忍受的凤儿给寝室同学留书一封，表明了自己对方方的感情后离校出走，当凤儿被找回来后，学校立即将凤儿调到了其他的寝室，并为其做了心理疏导。但此后凤儿仍多次纠缠方方。一天，凤儿看到方方在上自习时与一个男同学坐在一起说笑聊天，嫉妒得受不了，竟决定与方方同归于尽。当天下课后，凤儿果真去买了把水果刀，但这时，她又觉得心情比较平静了，决定再找方方谈一次，希望事情会有转机。但此后多次找方方时都被方方拒绝，终于在一天晚上，铁了心的凤儿在宿舍走道里堵住了方方，强硬地要和方方去篮球场上谈谈，在谈话中，方方对再次向她表明心迹的凤儿大喊：“我讨厌你，我见到你就恶心！”这句话彻底粉碎了凤儿的梦想，感觉受伤的她拿出那把水果刀朝方方身上捅去，方方反抗并大声呼救，闻讯赶来的校保卫人员将凤儿制服。而此刻，方方的头部、面部、双手多处已经被刺伤。

性取向指人类个体或群体的性欲完全或主要持续地指向何方。通常将性取向分成同性爱、双性爱和异性爱三种。一般认为异性爱为社会所认可接受的。如以同性为满足性欲的对象称为同性爱。同性爱或双性爱以未婚青少年多见，男性多于女性，西方国家比东方国家多见。在我国，同性爱或者双性爱行为为社会文化传统难以接受，社会上普遍认为是反常性行为，虽然现代社会对其已经较为宽容，但并非全部接受。

3. 恋童癖

[案例 11-3] 变态的心魔

盛某，大学毕业后曾任中学老师，后因工作出色，升为某局团委书记，出席过“优秀团干部”会，他戴着大红花的大照片还出现在该市最大的广场的宣传橱窗的“光荣榜”。工作期间，在其变态恋童癖心理驱使下，他在 4 个月内强奸了 5 个 10 岁左右的小姑娘，某晚，他在一宿舍寻找“猎物”时，尾随一个 10 岁的小学女生，撞门入室，使用残忍的手段伤害对方，当发现她断气后，抢走现金、收录机等价值 1700 余元的物品。后盛某被公安抓获，审判后被判处死刑，年仅 28 岁。

恋童癖是以儿童为对象获得性满足的一种性变态。此种性变态行为的患者以男性多见，女性极为罕见。恋童癖患者的行为表现为他们对成熟的异性不感兴趣，只以儿童为满足性欲的对象；患者主要追求的是心理上的性满足和性快感，但随着时间的延长，这种接触的次数增多，心理满足便会演变成生理满足，即出现性交要求、玩弄儿童、折磨儿童等行径。

（二）性偏好障碍

1. 异装癖

[案例 11-4] 是男还是女

某男，25 岁，未婚，从小父母给他穿姐姐的衣服。17 岁他还常穿异性服装，如大红线衫、红风衣。他还喜欢穿女性内衣或带跟的皮鞋，自觉穿后不但好看，而且心神舒畅，虽被别人取笑，也不肯改悔，自知是男性，并无变更性别的意图。

异装癖又称异性装扮癖，是指通过穿着异性服装而得到性兴奋一种性变态形式。在现代社会，女性着男装已被社会所接受，但男性着女装则往往被看成异常行为，不被接受。

2. 露阴癖

[案例 11-5] 难以逃避的苦恼

一位露阴癖患者来到医院心理咨询科，向心理医生诉说他的苦恼：我是一位 24 岁的小伙子，大学刚毕业，现在是一家公司的职员。我在大学期间没有知心朋友，感到苦闷，有一种行为不能自己克制，就是时常在异性面前显露外生殖器，已有六七年了。为了这个事，我曾受到家长的批评。有一次我几乎要被人送到公安机关，内心非常痛苦。记得第一次大约是 7 年前黄昏后的一天，在一个公园里的小路上，在一年轻女性面前显示勃起的阴茎。最近，一遇人少单独的机会，即发生强烈露阴冲动，每次显露被漂亮女性看到后，心里就有一种说不出来的轻松感和快感，但事后又后悔、害怕，自责自己不该这样做，决心痛改前非，但在性渴求、性想象再次出现时就难以控制自己。

露阴癖是以显露自己的生殖器而求得性欲满足为特征的性变态。露阴癖患者大多数是男性，常出没于昏暗的街道角落、厕所附近、公园僻静处或每遇到女性则迅速显露其生殖器，或进行自慰，从对方的惊叫、逃跑或厌恶反应中获得性满足。通常其并无进一步的侵犯行为，但由于对社会风尚造成危害，常常受到严厉惩罚。

3. 窥阴癖

[案例 11-6] 知错难改的小李

小李，22 岁，某高校学生，自幼发育良好，天真活泼。青春期后变得沉默寡言，见女性害羞。15 岁时因偷摸幼女下身而遭父母毒打。后来，发展到经常躲入公厕中设法偷看女性如厕而被开除学籍。在心理门诊，小李一个劲地跟医生说，非常恨自己管不住自己。

窥阴癖是以偷看别人的性活动或异性的裸体为唯一方式而取得性兴奋或性快感的一种性心理障碍，好发于青春期男性，女性极少。男性窥阴癖者往往在正常生活中表现良好，内向，比较胆小，在窥阴行为中伴有自慰，但很少有采用暴力来满足自己的性欲要求。

4. 性幻症

[案例 11-7] 在幻想中迷失的痛苦

孟某，女，某重点大学三年级学生，容貌俏丽，性格敏感内向。自高中开始孟某就为自己无法摆脱和控制的性幻想而苦恼万分。高中时仅仅是偶尔，自从进入大学后，空闲时间较多，经常会看看小说和录像。书中的性爱描写和电影录像中的亲密镜头强烈地激起了她高中时就已经有过的性幻想，她常常想象着自己接受英俊潇洒的白马王子的亲昵与爱抚。且这种性幻想日益严重，晚上常常失眠，有时还做性梦。梦中的男人不是书中或影视中的主人公，就是班上或校园里偶尔碰到的同学或老师，这使得她在上课见到曾经梦见的同学或老师时感到羞愧难当。后来发展到白天上课也不能控制自己的性幻想，听课效率急剧下降。上晚自习时，一旦脑海中性幻想，整个晚上就再也不能好好读书。虽然她刻苦学习，但成绩始终较差，经常陷入深深地自责与懊悔之中，恨自己有这种"下流"的念头。她曾无数次地强迫自己摆脱这种性幻想，但每次都是以失败告终。现在她已经基本丧失了自信心，在同学面前抬不起头，尽量找借口避开各种集体活动，心情焦虑，记忆力明显下降，经常无缘无故地朝别人发火，事后又非常地自责与内疚，与同学关系比较紧张，甚至有人骂她是精神病。

性幻症又称性白日梦或性爱的白日梦，是把性幻觉作为性兴奋或性欲满足的主要手段，并成为习惯的一种性变态。在处于性萌动期的青年男女，出现对性的想象，但限于环境，便往往在性幻觉上下功夫。这种性幻觉的产生是一种常态，也是性冲动活跃的一种无可避免的结果。不过如果过分发展，无疑会以常态开始，最后导致病态，导致将梦境代替实境，从而产生错误认知，导致心理失调。

（三）性伤害心理障碍

[案例 11-8] 性伤害往往是一生的伤痛

罗某，男，22 岁，某大学三年级学生。在 15 岁时，由于父母工作较忙，父亲常出差，母亲便把他托付给邻居的一位阿姨。这位阿姨当时 28 岁，长相俊俏，丈夫早逝，寡居在家，做些绣花、缝纫之类的手工活。他每天放学后，先去这位阿姨家做功课，等母亲下班再回家。在炎夏的一天，他放学后去阿姨家，在那位阿姨的引诱下发生了性关系，以后又与她有过多次性行为。此后，他就开始害怕见到女性。每当回想起自己那些见不得人的事，心情便恐慌不已，内心总有一种深深的罪恶感，感到在同学面前抬不起头来。性格也因此变得孤僻内向、敏感而易受伤害，不敢跟同学特别是跟女同学交往。他一方面恨父母为什么把他托付给那个邻居，另一方面又懊悔自己为什么不能抵抗她的诱惑。高中阶段由于学习紧张，他暂时忘记了那些事，但考上大学后，目睹同学们纷纷地谈恋爱，又触动了他的旧伤。他认为自己已经失去了童贞，再也不会有女孩子喜欢自己了，而且还认为女性都是

引诱男人的“狐狸精”，因此发誓一辈子独身，再也不与女性打交道。但是，因他学习刻苦认真，各方面表现都很出色，同学们便选他当学生会干部，于是不可避免地要与女同学打交道；同时，又有两位女生向他表示好感，给他写情深意切的情书。他为此心情极其矛盾与焦虑，少年时的那些往事又开始频频在脑海中闪现，于是开始失眠，人也变得越来越敏感烦躁了。

性伤害心理障碍的根本原因是由违法性性伤害导致的。儿童、少年由于自我保护的意识、能力都很差，所以极易成为这种性侵犯的对象。从心理咨询的角度来看，这些遭受性伤害的儿童、少年都会在心理上遗留有不同程度的性伤害心理体验，从而使得他(她)们的学习、生活以及身心健康都受到了严重的影响。

三、引起大学生性心理问题的原因

(一) 性生理与性心理发展的内在冲突

按照弗洛伊德的观点，性欲是生物性本能的一种心理表现。事实上，人类性活动的主要目的除了生殖繁衍，还有追求快乐感、满足心理上的需要。在大学生中普遍存在着性生理的成熟与性心理的不完善的矛盾。由于性心理的不完全成熟，生活经验欠缺，对青春期的性冲动和性要求理解不当，常会产生一些不必要的紧张、恐惧、羞涩，甚至不正确的行为。还有的大学生因理想的恋爱观与现实的具体问题发生矛盾和冲突，不免陷入感情的漩涡，失恋、单相思困扰着他们，随之产生苦闷、惆怅、失望、悔恨、愤怒等情绪，给身心健康带来了严重的影响，有的甚至发展为精神疾病。

(二) 对科学的性知识了解的欠缺

性，作为人类生殖的桥梁和维系爱情的锁链，它贯穿在人类历史发展的全过程，是一个应该正视的严肃的科学问题。性科学研究人类性本质和性行为，它包括性解剖学、性生理学、性心理学、性社会学等诸多学科。性科学揭示了人类性本能和性需求以及性行为的规律。性是人生的基本需要，如果缺乏必要的性科学知识，人们将缺少人生必要的一课。在我国，由于人们受几千年来的性禁锢、“谈性色变”的封闭意识束缚，大学生很难接受有益的科学的性信息，大部分大学生仍然对性的科学知识知之甚少。而有些大学生则面对诸多外来的性信息不加辨析，良莠不分，兼收并蓄，深受其害。

(三) 性道德观念的冲突

随着社会的开放，我国青年的性观念也发生着变化。据浙江工业大学对全省10余所大专院校的大学生的恋爱观的调查表明，当代大学生的性道德观念发生了巨变，有近13%的大学生对西方的“性解放”、“性自由”是持认同态度的。有31.1%的大学生不仅认为“性解放”、“性自由”是“现代文明的标志，完全可以接受”，而且认为“这是人类爱情发展的必然结果”，有21.9%的大学生认为婚前性行为是“可以理解的”，55.9%的大学生认为婚前性行为“只要相爱，无须指责”，甚至有5%的大学生认为“只要两人愿意，没有爱情也行”。大学生的性道德观念也是如此，从一个侧面反映出当今青年的性道德观念与社会所提倡的性道德发生了偏离，甚至产生了严重的冲突。

（四）自我意识不成熟

如果说人在儿童期的自我意识主要是借助于成人的评价而意识到自己的存在，那么大学生的自我意识已开始独立地把“自我”作为思考对象。大学生不再把父母、教师的话视为“绝对真理”，而是遇事喜欢自己思考，发表自己的看法。这种自我意识的觉醒是大学生开始出现的独立性的本质特征。但也应该看到，大学生这种自我意识的发展还是很不成熟的，往往带有主观色彩而表现出幼稚性、片面性。再者大学生的性意识开始萌发，随着性机能的迅速发育和逐步成熟，大学生的性意识开始萌发。他们渴望了解性知识，渴望与异性交往，部分大学生可能开始恋爱，但由于他们缺乏正确的性意识和性道德，所以不少的大学生在这个问题上出现各种过错，甚至产生严重后果。

（五）不健康的大众传媒的影响

处于青年时期的大学生，由于对异性的好奇心理，加上缺乏有关性知识方面的辅导，转而从有关报刊、书籍、影视作品等渠道了解。一项对部分大学生进行的“青年期性知识”的问卷调查表明，书报杂志是性知识的最主要的来源，其次是电影、电视、录像，还有同学、朋友、父母、公共场所的议论等。传媒对大学生的恋爱给予过多渲染，描写大学生恋爱的文学作品、影视节目纷纷出台，使大学生觉得恋爱和性已经成为课余生活的正常内容，对大学生的恋爱和婚前性行为起到推波助澜的作用。此外，不良书报杂志、低级趣味的甚至黄色的影视作品等更是对大学生的性心理有直接影响。当前流行于文化市场的那些不健康的东西数量之多、覆盖面之广是前所未有的。在各种传播媒介中，性刺激量大大增加，那些庸俗的格调低下的作品正腐蚀着大学生的健康心灵。

四、性心理困扰的咨询

当大学生出现性心理问题时，一方面应当进行积极的自我心理调适，同时，还可以去寻求科学、专业的心理咨询的帮助以正确认识和处置性心理问题，消除性烦恼。在心理咨询和心理治疗领域，针对性心理问题或障碍主要采用心理动力学(精神分析)治疗和行为疗法相结合的方法。前者主要是通过对个体潜意识中的性创伤经历进行分析，挖掘原因进行疏导矫正，以建立正常的性行为方式。后者则是直接针对异常性反应进行治疗，主要有脱敏疗法、厌恶疗法和双性疗法等。当然，防患于未然的最好的。

心理训练：性心理调查活动

1. 活动步骤

在本班级或本年级的同学中开展一次性心理问卷调查活动(调查问卷附后)。

2. 讨论与分享

统计分析调查的结果，并撰写一份调查报告。

大学生性心理问卷调查表

你是　　○男生　　○女生

你是　　○　　年级　　专业的学生

你来自：　○城市　　○农村

1. 你自认为对有关性健康知识了解吗？（　　）

A. 相当了解　　B. 了解一点　　C. 不了解　　D. 不知道

2. 若了解，是通过什么途径获取相关知识的？（　　）

A. 上网搜索　　B. 阅读有关书籍

C. 通过课堂　　D. 同学之间获取

3. 若有机会，你愿意通过更多的途径了解此方面的知识吗？（　　）

A. 愿意　　B. 看他人的态度　　C. 不愿意

4. 你认为中国目前的性教育如何？（　　）

A. 很好　　B. 尚未成熟　　C. 很差

5. 你认为中国性教育课程应该开设在哪个阶段？（　　）

A. 幼儿至小学　　B. 初中至高中

C. 大学阶段　　D. 不需要

6. 目前你如何看待性？（　　）

A. 生理需要的正常表现　　B. 很肮脏

C. 从未想过　　D. 不知道

7. 你对性话题的讨论态度如何？（　　）

A. 很感兴趣，乐于讨论　　B. 可以讨论，但并不渴望

C. 很肮脏，不愿意加入

8. 你如何看待婚前性行为？（　　）

A. 很正常　　B. 可以接受，但不鼓励

C. 有损社会风气　　D. 很肮脏

9. 你是否存在处女情结？（　　）

A. 是　　B. 否　　C. 看情况而定

10. 你如何看待性和感情的联系？（　　）

A. 性关系的和谐直接影响感情的稳定

B. 两者之间有一定联系，但不是决定因素

C. 是两个独立体，两者没有任何联系

单元3　性心理维护

心理故事：偷窥的后果

小李是某高校的一名男生，平时较为内向、木讷，与同学交流很少并不受女生喜欢，一天在女生厕所偷窥被抓住，被学校开除。

【感悟与思考】 尽管严重的性心理变态在高校学生中不是普遍存在的问题，但仍应该引起重视。大学生要加强对性心理健康知识的学习，要学会科学地维护自身的心理健康，防患于未然，只有这样我们才能拥有高质量的生活和人生。

心理知识：学习性知识，维护性心理健康

保持性心理健康，是学校、家庭、社会的希望，也是大学生身心协调、人格完整的内在要求。性科学是一门综合性的学问，包括性生理学、性心理学、性社会学、性伦理学和性美学等。西方很多发达国家的学校很早就开展了此类教育，在瑞典早在1956年就开始对全国7岁以上儿童进行性教育，使青少年性行为的比例下降了1/3，少女妊娠和人流数、性病及性犯罪发生比率都有大幅度的下降。如何根据我国的国情及大学生心理现状进行有效的性心理健康教育是教育者与受教育者共同努力的目标。

一、学习性知识，接受性教育

（一）学习性生理知识

大学生应该学习的性生理知识最基本的诸如男女生殖器官解剖结构及其生理机能以及性病等方面的知识。

（二）学习性心理知识

在性心理方面主要是了解人类各种性行为发生、发展的规律，了解人类性意识及成熟标准、人类性心理的形成发展阶段，了解性心理发育的各个层面，即性意识与性情感、性欲望与性冲动、性的自慰行为等。此外，还应了解如何正确认识和处置性心理问题，消除性烦恼。如当自己产生性偏离的性心理障碍时，学会识别与自我调控，并积极寻求正规的心理帮助，主动进行治疗。

（三）接受性道德教育

性道德教育可以引导大学生树立正确的性观念，在性问题上持严肃态度，遵循社会认同的性道德观和其他性伦理规范，增强自我约束能力，提高性道德水平。性道德教育主要包括性责任教育、贞操观教育及异性交往方法教育等。

（四）接受性法律教育

性法律教育主要是对国家制定的专门调整性行为的法律规范进行学习，强化性法制意识，以使大学生端正性态度，自觉防范有关性违规、违法现象的发生。

二、积极主动的自我调节

（一）树立正确的奋斗目标

理想、信念和生活目标有助于大学生树立正确的学习观，不断进取，如果过分地沉溺于性幻想、自慰的漩涡中，必然影响大学生实现自己的人生目标。因此，需要大学生不断地树立目标意识，做好人生规划，一个有事业心的人总是把主要精力放在事业成功的追求方面，能摆正学业和生活的位置，调整事业与爱情的关系。

（二）文明适度的异性交往

随着大学生性生理、性心理的成熟，有与异性交往的需求与渴望，这是正常的，也是可以理解的，这种交往有利于性压抑的缓解，有助于培养大学生健康的情感，从而调节深层的本能。大学生需要注意在交往中把握尺度，避免低级趣味，特别是建立在物质需求基础上性交换是不符合现实社会道德标准的。树立对性行为富有社会责任感的意识，性行为可能会给另一方造成心理上和生理上的伤害，会产生第三个生命，因此必须慎重对待。

（三）积极自我教育与自我暗示

大学生需要锻炼意志，当性冲动或性困惑一旦出现，可用暗示法对自己悄悄地说："要冷静，不要冲动"、"这是否是我想要的"、"我一定能设法克服掉"，追问自己"我现在适合谈恋爱吗"、"如果我发生这样的行为，对今后有什么影响"遇事多思考、冷静处理都将对自我调节、自我控制起到一定作用。

（四）悦纳自我

男性和女性在生理和心理生各有自己的特点，各有自己的性别魅力，应对自己的性别角色持接纳和欣赏态度。无论男生还是女生，都应当接纳自己的外貌和生理特征的现状，世界上没有十全十美的人，每个人都有自己独特的魅力所在，不应因外在表征轻易否定自我。

（五）活动转移

生理能量有效释放和转移的途径是学习、工作或文体活动等。升华是指用一种积极的、富有建设性的、能为社会所接受的欲望或方式来取代性欲或转移性欲。这是大学生最常用也是最适合于大学生的一种应对性冲动的方法。大学生一般用学习、体育活动、音乐艺术、文学创作、娱乐等自己感兴趣的活动来转移性能量，分散自己对性的注意，或者通过男女交往等使性情感得以平衡。

三、积极参与心理教育活动，主动寻求心理咨询的帮助

大学生可以有效地利用学校的心理健康教育资源，通过选修心理健康教育课程、参与各类心理健康教育活动等树立科学而健康的性观念、性意识。同时，大学生还可以主动寻求学校心理咨询机构的帮助，及时对性心理问题进行疏导，尽快摆脱困惑和误区，促使自我性心理的健康发展。

四、勇敢应对性侵害

近年来，性侵害现象在大学校园里时有发生，它严重危害着大学生的人身安全，给大学生特别是女性学生的身心及精神造成极大的损伤。了解它的特点，采取正确的应对方法，对促进大学生的身心健康发展具有重要意义。

（一）性侵害的主要形式及特点

1. 暴力式性侵害

暴力式性侵害主要是指犯罪分子采取暴力手段，如携带凶器威胁、劫持女同学或以其他形式相威胁，向女生实施性侵害(调戏、猥亵、强奸等)。

2. 胁迫式性侵害

胁迫式性侵害主要是利用受害人有求于己或以受害人的个人隐私进行要挟、胁迫，使其就范，特别是一些道德败坏的人利用师生关系，介绍工作、兼职实习单位等花言巧语骗取好感，对此特别是女大学生应当有一定的鉴别能力。

3. 诱惑式性侵害

诱惑式性侵害主要指利用受害人追求享受、贪图钱财或意志薄弱，制造各种机会引诱受害人。

（二）应对性侵害的措施

提高自我防卫意识，避免单独接触，避免在夜深人静之时到偏僻、黑暗、人烟稀少之处去；减少非正常交往范围内的亲密接触；对比自己年纪大、地位高的异性的过分关心、爱护要正确鉴别，有礼有节，保持尊敬，但对超过正常限度的言行举止要坚决拒绝。

要培养自己自信、稳重、正派、大方的性格品德，穿衣戴物要注意不要过分追求新奇异，不要过分暴露身体，避免对他人的诱惑而遭受性侵害。对爱情持谨慎态度，不被金钱、物质所诱惑。要珍惜自己的情感，做一个自尊、自强、自信、自立的大学生。

对犯罪分子的性攻击要进行英勇反抗，积极防卫。要沉着冷静，千万不要惊慌。冷静观察周围环境，尽可能地与犯罪分子周旋，增加呼救和逃脱机会。如无法逃脱，则应利用现场物品(如砖头、木棒等)或随身携带的物品向罪犯的要害部位(如太阳穴、阴部、眼球、小腹等处)猛击，若被罪犯推倒在地，双方体力悬殊、无力反抗时，受害人则应在罪犯实施性侵害时突然起脚猛踢其阴部，或用发夹、指甲等猛刺其阴部或眼睛，使其无法得逞。

心理训练：案例研讨

1. 活动步骤

阅读案例，全班同学分成若干小组，讨论案例后的问题，每位小组成员都要发言。

[案例一] 一起恋物癖患者的咨询与治疗

李某，男，20岁，大学生，因偷窃女内裤、乳罩等多次被抓获、受批评。家人怀疑其精神有异常而来进行心理咨询。心理咨询师对李某施行疏导疗法和厌恶疗法，两个月后他的恋物癖症状消失。

[案例二] 厕所偷拍

某高校保卫处抓获一名外校大一男生。这名外表斯文的男生竟是困扰学校女生长达半年之久的“厕所偷拍狂”。接到一名女同学的报案后，学校保卫处开始利用校园摄像头锁定该男生，5天后，在他准备再次偷拍时将其抓获。据偷拍男生的老师和同学反映，该男生平时很老实，学习成绩不错，专业课还很拔尖，看上去并无异样。

问题：(1) 以上两个案例反映了什么问题；(2) 这两个案例反映的问题给予我们什么启示？

2. 讨论与分享

各小组派代表发言，与全班同学分享本小组的讨论结果和收获。

单元4　心理自测

一、性心理健康水平量表

指导语：这是一份关于青少年性心理健康水平的测量问卷，请你填写。本量表采用匿名作答，请你按照实际情况和想法进行回答，1—4题请填写或选择，5—49题，请根据自身实际情况选择A：完全不符合；B：基本不符合；C：不确定；D：基本符合；E：完全符合5种情况。答案无对错好坏之分，请独立作答。结果查询可以登录网址 http://www.sojump.com/report/840630.aspx 查询，并打印调查报告。①

第1题　性别：

第2题　年龄：

第3题　专业：

第4题　生源地：A. 城市　　B. 城镇　　C. 农村

第5题　我认为性和吃饭、睡觉一样，是人皆有之的正常事

第6题　我认为性幻想、性梦、性冲动等是正常的现象，是性生理成熟的一种表现

第7题　我对女性的生理特征和性需求了解很多

第8题　开放的性观念会让我难以接受

第9题　我能接受身体发生的变化

第10题　我认为出现性欲望或性冲动是很正常的事情

第11题　当出现性欲望和性冲动时，我并不感到羞愧或惊慌

第12题　没有爱情基础的性行为是很难让人满意的

第13题　我对男性的生理特征和性需求了解很多

第14题　我认为我们理应按照社会文化道德规范及其要求来规范约束自己的性行为

第15题　我了解生殖器官的构造和功能

第16题　我认为自慰是无害的，它只是排解性冲动的一种方式

第17题　我认为性可以作为换取自身利益的一种手段

第18题　我了解什么是月经和遗精

第19题　我满意自己的性别角色

第20题　我了解不同性别角色所代表的社会文化特征

第21题　我能和谐自然地与异性相处

第22题　性是建立在爱的基础之上的

第23题　我欣赏自己的身体特征

第24题　我能主动有效地利用社会、学校、家庭提供的资源来获取科学的性知识

---

① 注：本问卷原始数据来源于 http://www.sojump.com/report/840630.aspx。

第 25 题　我得到性满足的途径是符合社会道德规范的

第 26 题　当出现性冲动或性欲望时，我能将精力转移到学习、娱乐等其他活动中去

第 27 题　我了解性病的各种知识

第 28 题　我了解避孕的知识

第 29 题　性对我来说是可有可无的

第 30 题　我对性行为感到恐惧

第 31 题　发生性行为的人让我觉得恶心

第 32 题　我认为应该坚守我国传统的性禁锢、性压抑的观念

第 33 题　我认为性是万恶之源

第 34 题　当谈到性的时候我就感到特别不自在

第 35 题　我会情不自禁地浏览一些色情网站或黄色报刊

第 36 题　性方面的事情很容易分散我的注意力

第 37 题　我认为自慰病态、下流

第 38 题　我认为性幻想、性梦是一种不道德的现象，是值得羞愧的

第 39 题　我常常不能控制地陷入性的幻想中

第 40 题　我认为年轻人应该通过自己的经验来获得性知识

第 41 题　当出现性冲动时，我感到自己没有任何办法控制

第 42 题　性爱只是满足了生理需要

第 43 题　我了解什么是性骚扰和性虐待

第 44 题　因为性成熟带来的身心的变化使我的学习与生活不能正常进行

第 45 题　当对性方面出现疑惑时，我羞于向父母或老师等寻求帮助

第 46 题　我的性幻想中常包含挨打、受虐的内容

第 47 题　我为自己身体上的变化感到羞愧、不自然

第 48 题　性是隐私，不应该当作科学那样公开讨论

第 49 题　为了达到和他(她)拥抱亲吻或发生性关系的目的，我并不需要尊重他(她)或爱他(她)

【评分方法】 请登录指导语中提供的网站进行评分及结果查询。

二、性压抑程度测试

请你对下列问题回答“是”或“否”，“是”在括号里记“√”，“否”在括号里记“×”。

1. 你认为只要两情相悦就可以发生性行为吗？（　）
2. 你不赞成同性爱吗？（　）
3. 你认为电视检查制度过于严格吗？（　）
4. 你喜欢看黄色电影吗？（　）
5. 你厌恶杂志或报纸上刊出的裸体照片吗？（　）
6. 如果不会有人看见，你会在自家庭院里做日光浴吗？（　）
7. 即使有人看见，你会在自家庭院里做日光浴吗？（　）
8. 瞧见邻居做日光浴，你会尴尬吗？（　）

9. 你喜欢到裸泳海滩吗？（　　）

10. 你曾经裸泳吗？（　　）

11. 你厌恶电视上的裸体镜头吗？（　　）

12. 你厌恶色情服务业吗？（　　）

13. 家人里有人喜欢裸体走动，你会觉得尴尬吗？（　　）

14. 如果让客人看到家人裸体走动，你会觉得尴尬吗？（　　）

15. 如果没人在家，光着身子从卧房或浴室走出来，你会觉得尴尬吗？（　　）

【评分方法】 第1题、第3题、第4题、第6题、第7题、第9题、第10题选“是”得0分，选“否”得1分，第2题、第5题、第8题、第11题、第12题、第13题、第14题、第15题选“是”得1分，选“否”得0分。

(1) 分数为10—15分：你是个观念非常保守的人，大概是从小父母教育你性是一种龌龊的行为，并且暴露自己的身体无疑是可耻的，一个有教养的人不应该以性作话题。

(2) 分数为5—9分：你固然有些性压抑的倾向，但不算太强烈，许多时候，你仍能以开放的眼光来看待这件事。

(3) 分数为4分以下：在性观念上，你的确跟上了时代的潮流。你能够以开放的眼光来看待性，任何观念都能自在接受。

主题十二

恋爱心理调控训练

篇首语

每个人都渴望拥有一份真挚的爱情。爱情是最平凡的，也是最复杂的；爱情是与生俱来的，又是需要学习的；爱情能给我们带来快乐，也能带给我们痛苦。所以，爱情就像是一块水晶，它是坚忍的，又是脆弱的，可以随心所欲地欣赏，又需小心翼翼地呵护。作为一名在校的大学生，当你拥有爱情时，我们应该如何去享受它给我们带来的快乐？但当你失去爱情时，我们又应该如何去摆脱它给我们带来的痛苦呢？

让我们一起学习如何恋爱，学会维护我们渴望爱情的心灵吧！

训练目标

1. 了解有关爱情的相关心理知识。
2. 正确认识网恋。
3. 了解常见的恋爱心理困惑。
4. 掌握自我恋爱心理维护的方法。
5. 了解自我的恋爱观念。

单元1　爱情心理 ABC

心理故事：爱情传说

传说晚宴上朋友要求古希腊剧作家阿里斯托芬告诉他们爱情的本质和起源，阿里斯托芬讲了一则寓言：最早的时候，原始人是球状的，有着四只手和四条腿，一颗脑袋上有着相反方向的两张脸，每个脸上有两只耳朵。这种原始人比现在的人拥有加倍的智慧，他们所向披靡。宙斯为了解除这种原始人对神的威胁，就把这些球形的人劈成了两半……所以，我们每个人出生后，便开始寻觅自己的另一半，以求圆满。但并不是所有的人都能真正找到自己的另一半，有些也许在彼此的生命里擦肩而过；有些不经意蹦出火花，便以为自己寻觅到了，然而事实上可能只是生命中的过客……

【感悟与思考】 爱情到底是什么，为什么尘世男女会产生不可遏制的爱情，如何找到自己真正的另一半，如何处理好恋爱中出现的各种问题，使恋爱成为促进自己成长和人格完善的契机……你将会在这里找到答案。

心理知识：正确认识爱情

爱情是婚姻的基础，对人生的发展起着至关重要的作用。大学生要想正确地对待和处理爱情，首先要认识爱情。

一、爱情的本质

爱情是人类情感中最复杂、最微妙的一种感情，它也是一个古老而常新且永恒的话题。

（一）爱情的含义

在现实生活中，爱情是一对男女之间基于一定客观物质基础和共同的生活理想，在各自内心形成的最真挚的相互倾慕并渴望拥有对方，直至成为终身伴侣的强烈的、持久的、纯真的感情。爱情是人类独有的情感，象征着纯洁、忠贞、美好和神圣，是男女在内心形成的对对方最真挚的仰慕，是男女间最强烈、最稳定、最专一的感情。爱情的获得需要经历一个由感性到理性，由片面到全面，由肤浅到深入，最后达到相互肯定、相互融合的过程。

（二）爱情的心理本质

爱情的心理本质是情，是性爱之情、亲爱之情、忠诚之情、浪漫之情。爱情是人类多种情感之一。与其他的情感相比，爱情的突出特征是忠诚性、浪漫性、激情性。

1. 忠诚性

爱情是真爱、忠贞之爱，爱情要求双方爱得自然、真切，发至内心。同时，忠诚也是爱情的首要属性。爱情的忠诚性包括两个方面内容：第一，爱情的忠诚是发自内心的，也即恋爱双方对对方的爱是由吸引、倾慕自然而然产生，既不是出于某种功利目的，也不是迫于某种压力；第二，爱的忠诚性要求双方忠诚于对方，为对方保持感情的忠诚、性的忠贞、心理的透明。

2. 浪漫性

浪漫性是指爱情活动的形式具有艺术化、情绪化的特点。当然，不是所有恋人的爱情都是浪漫的，但浪漫无疑是所有恋人都追求的。换句话说，差不多所有恋人的爱情都有几许浪漫色彩，不仅古代才子佳人墙头马上、授诗赠帕是浪漫的，就连革命志士铁窗血书、刑场婚礼也有“血色浪漫”的意味。芸芸众生，相恋时的猜疑、试探、撒娇、生气也无非是变了形的浪漫。

3. 激情性

经典的爱情是一种激情。激情是冲动的、亢奋的、激烈的感情。

激情固然与理智相对立，但激情的背后仍然有理智，就如任何感情都有理性成分一样。或许正是这样一种激情才催生了爱情的浪漫。

（三）爱情的社会性

爱情的社会性是爱情的本质属性，正因为有了社会性，爱情才显得高尚、美好。爱情的社会性表现为爱情的责任感和道德感。

1. 责任感

爱情的社会性来源于爱情是一种社会感性。恋爱是一种社会性的活动，它不仅仅是两个人之间的行为，还牵涉两个家庭的成员以及相关的亲朋好友。一对恋人之间的分分合合影响双方亲人、朋友的经济利益和感情利益。

2. 道德感

恋爱作为社会性活动，必然要遵守社会的游戏规则。社会规范赋予爱情的规则，就是爱情道德。我们当代的爱情道德是由传统道德演化而来的道德，主要包括平等、真诚和奉献。爱情的平等要求恋爱双方尊重对方的人格，平等相待，反对以一方为中心，另一方依附的不平等关系。爱情的真诚要求双方从感情和身体方面忠于对方，精神上透明对待。奉献则要求双方为对方付出，不计报酬，必要时甚至献出生命。

（四）爱情的四种特性

除具有与所有人类感情共有的社会性外，与其他类型的感情相比，爱情具有排他性、新异性和冲动性等特性。

1. 排他性

爱情的排他性是爱情最显著的特点，表现为：恋爱双方只爱对方一个人，也只允许对方爱自己一个人；要求自己和对方在性行为上的绝对忠贞，情感上的完全独立，容不得任何第三者的介入，也容不得自己和对方情感的丝毫外延。

2. 新异性

爱情的新异性是爱情的重要属性，即当事人追求新异的特性。追求感官和精神的愉悦是人类本性，而刺激的新异性是感官和精神愉悦的要素之一。

3. 冲动性

爱情的冲动性表现为恋爱中的人的情绪、情感敏感，发动快，承受和抑制差。当恋爱关系受到影响，恋爱双方或一方的情感利益、关系安全受到影响时，激动的情绪很快爆发，且喜怒于色，理智减弱，推理判断差，最终被情绪支配，不计后果，甚至作出过激行为。

二、爱情的识别

（一）爱情与好感

好感往往是由对对方某一方面欣赏而造成的。异性之间的好感颇像爱情，也可能是很强烈的，但好感不是爱情。好感是爱情的萌芽，但和爱情有很大的区别。好感比较容易产生，而且会对多个异性同时产生好感，而好感是很容易改变和转移的，而爱情则是一种比较强烈的感情，带有强烈的目的性和排他性，有一种占有的欲望。

（二）爱情与友情

友情是朋友(同性或异性)之间的友好感情。异性之间的友情最容易被误解认为爱情。友情虽然可以发展为爱情，但友情和爱情确实是两种不同的感情。爱情是具有强烈的专一性、排他性。友情是共同的，越多越好，不具有排他性。下列自测题可以帮助大学生区分友情与爱情：

(1) 别人与对方交往，我是否会嫉妒(吃醋)；

(2) 离开对方，我是否会感到刻骨铭心的思念；

(3) 看到对方，我是否会感到愉悦；

(4) 看到对方的物品，我是否想接触或用为己有；

(5) 我是否会常拿对方与我理想中的配偶相比较；

(6) 看到一处好风景或好玩的地方我是否最想和对方一起享受；

一般而言，肯定的答案越多，越有可能是爱情，否则就是友情。

（三）爱情与感激

感激不是爱情，不是对方处处想到我们，我们就会快乐，就会爱上对方，就会对对方付出爱的。面对一个人的追求时，如果我们还没有看到对方心灵上的美好，如果我们还无法接受对方性格上的某些特点，如果我们还没有发现对方本身有哪些地方让自己喜欢，我们就不是爱对方，即使对方让我们感动得流泪。不是说爱情没有感激，爱情中包含着对所爱之人有所感动，但是感激不是爱情，一个人对我们的好，如果我们仅仅只是感动，从未真心真意地像他对待自己一样去关怀对方，那么请别让对方误会。

三、爱的进程

（一）吸引阶段

即青年男女相互吸引的阶段。这一阶段的任务是修饰打扮，美化外形，修养内心，培养气质风度，表现人格魅力；目标是吸引注意，选择恋爱对象。神秘感和表现欲是这个阶段的主要心理特征。

（二）了解阶段

即有恋爱意向的双方互相探知对方的意向、了解对方情况的阶段。这一阶段表现为由上一阶段的强烈吸引而有意加强接触。表现、猜疑和试探是这一阶段主要的心理特征和行为表现。

（三）磨合阶段

即确定了恋爱关系的双方进一步了解对方、改变自己以适应对方的阶段。这一阶段的主要任务是了解对方的性格特征和对方对自己的要求，不断按对方的理想模式改变自己，并针对对方的性格调整自己以适应对方。宽容、忍让、迁就、不以自己为中心是这一阶段的必要心态。

（四）成熟阶段

即恋爱双方经过磨合达到适应的阶段。这一阶段的任务是发展两人的亲密度、透明度、依恋性和适应性。这一阶段的目标是通过进一步开放自己、改变自己，与对方达成人生目标、家庭目标的高度一致，达成最高的依恋度和亲密度，为下一步进入婚姻做好准备。

四、健康的恋爱观和恋爱行为

大学生一旦涉足爱河，必须遵守恋爱的道德。恋爱讲不讲道德，实质上反映了树立何种恋爱观的问题。正确的恋爱观要求大学生在处理恋爱问题时，不仅要对自己负责，而且要对对方、对社会负责，把爱情和责任、义务联系起来，真正做到爱情与道德的统一。

（一）尊重对方，不能有所隐瞒

在恋爱中，双方应尊重对方的情感和人格，平等履行道德义务。每个人都有爱和被爱的权利，有选择各自爱人的权利。在当事人确立恋爱关系时，必须出于双方共同的意愿，彼此相爱。恋爱中更不能有欺骗、隐瞒或其他违背爱情基本要素的行为，自己的家庭情况、个人历史以及经济状况都应向对方实事求是地说明。

（二）专一忠贞，不能朝秦暮楚

爱情具有鲜明的专一性和排他性，爱情包含的特有情感和义务只能存在于恋爱双方之中，不允许有任何第三者介入。男女双方一旦建立了恋爱关系，就要经得起时间、空间的考验，经得起困难、挫折的洗礼。

（三）自尊自爱，不能超越“雷池”

许多大学生在恋爱的过程中，对传统的贞操观意识比较淡薄，在一些大学生中存在着越轨行为。一个人一旦把高尚的情爱与邪恶的欲望结合起来，就会走向堕落的深渊。如果把爱情等同于性欲的满足，就是对纯洁、高尚爱情的亵渎，不加理智地放纵爱的烈火，最终只能把爱情埋葬。

心理训练1：寻找我的另一半

1. 活动步骤

把15个同学(要求男女生参加)分成两组，A组6人，B组9人，A组的同学组成内圈，B组的同学组成外圈。跟着音乐的节奏，里圈同学按顺时针方向走，外圈同学按逆时针方向走。音乐声停时，按照老师的要求找到另一半的牵手。

每次总会有学生找不到牵手的另一半。每组派一位代表交流感受。

2. 讨论与分享

当发现音乐声停时，其他同学都找到自己的另一半了，而我却没有，心里挺孤单的。随着我们的长大，慢慢地会对爱情有渴望，可是我们是否具备了恋爱的条件，我们知道如何去爱吗？

心理训练2：莎莎的爱情

1. 活动步骤

阅读案例，全班同学分成若干小组，讨论案例后的问题，每位小组成员都要发言。

“我叫莎莎，是一名大二的学生。上大一的时候我遇到了一个叫昕的男生，从此陷入感情的困扰。昕是个挺讨女生喜欢的男生。我们像恋人那样相处，在周围人看来，我们是亲密的男女朋友。他也曾经说过，他喜欢我，与我在一起很轻松、很开心。

原来我以为自己在他的心中很重要，可后来发现并不是这样：昕对很多女生都很好，并把感情当成儿戏，常向我炫耀谁谁喜欢他，我同宿舍的同学甚至看见他和别的女生手拉手地逛街。我很生气，感觉很挫败，觉得没了自尊。我打电话想和他说个清楚，他却表现得满不在乎，说这没什么大不了的。”

问题：(1) 案例中莎莎与昕的感情是爱情吗，为什么；(2) 昕对待爱情是怎样的态度；(3) 请写下5个描写爱情的词语；(4) 你认为的爱情是怎样的，与大家分享；(5) 怎样的感情才能称得上是爱情？爱情与友情、好感又有什么区别呢？

2. 讨论与分享

各小组派代表发言，与全班同学分享本小组的讨论结果和收获。

心理训练3：网恋

随着网络的普及与发展，很多大学生都喜欢在网络上交友，进而产生了网恋。有很多的大学生因为网恋而耽误了学习，也因为网恋而招致种种悲剧。

1. 活动步骤

阅读案例，全班同学分成若干小组，讨论案例后的问题，每位小组成员都要发言。

《楚天都市报》曾报道，某大学一名女学生顾某远到武汉见网友，与之发生了性关系，最后当上了未婚妈妈，在本应绚丽的花季里，她却不得不面对要做未婚妈妈这一人生难题。

问题：在你的身边有没有网恋的同学？他们的情况是怎样的？你如何看待网恋？

2. 讨论与分享

各小组派代表发言，与全班同学分享本小组的讨论结果和收获。

单元2 常见的恋爱心理困惑

心理故事：恋爱悲剧

2002年9月，某高校大一新生小哲在向一个比自己高一届的女生求爱失败之后，不堪承受失去爱情的痛苦从学校最高的教学楼上跳下去，结束了自己年仅19岁的生命。小哲在留下的遗书中写到：菲菲(求爱女生的名字)，没想到激励我走过复读一年的爱情到了现实中却成了虚幻。我一直把你看成是我的女友，但你却只是把我当成好朋友，我不能承受这样的现实，因为我的大学梦是因为有了虚拟的爱情才实现的，同样也只有现实爱情的力量才能帮我真正地度过大学时光。我来的大学，什么都没有，只有一个你——我心中永远的女朋友。我并不怀疑自己能够很顺利地读完大学，但到现在我才知道我一厢情愿地给它设置了一个前提，作为女朋友的你能够给我提供源源不断的动力源泉。我知道我们对待彼此的视角可能错位了，但是我就是无法绕过自己给自己设置的那道怪圈——我为爱情付出太多，你知道我本可以上一个更好的大学，但是我没有去选择，因为你是我今生追寻的唯一目标。事既如此，此生还有何留恋……

【感悟与思考】 失恋者体验到悲伤、绝望、虚无、忧郁等创伤性情绪体验。产生失恋的原因多种多样，或是一方变心，或是双方发现性格不合、感情不融洽等，还有些失恋就像是案例中的小哲，只是自己一厢情愿的想法，而对方并没有此意。换位思考、转移注意力等都是不错的调适失恋的方法。除此之外，还有什么其他的方法？

心理知识：恋爱的困惑

在现实生活中，很多人都曾经历过恋爱的困惑，或是因为曾经相爱的人之间没有了爱，也或是因为种种的理由而不能走到一起，最终以分手而终结。当爱情鸟飞走的时候，大学生应该如何面对？

一、选择的困惑与调适

选择的困惑是大学生在恋爱中最常见的问题之一。

(一) 我该恋爱吗

对于这个问题，大学生首先应树立对待爱情的正确态度。出现这样的困惑，往往说明在我们的心里还没有自己喜欢的异性，只是因为看到许多的同学都在谈恋爱才产生了自己是否应该谈恋爱的想法。什么是真正的爱情，在此刻应有明确的态度。当真正的爱情还没有来到的情况下，不要盲目地去寻找爱情。寻找的爱情并不一定是真正的爱情。

（二）他（她）会拒绝我吗，我该怎么表白

对于这样的困境，大学生首先要学会正确地认识对方对自己的情感。如果经过观察甚至细心的考验，发现对方根本就对自己没有那个“意思”，就没有必要向对方表白。因为不仅得不到回报，而且会使对方为难，甚至于连原来朋友的关系也难以维持；如果发现对方也对自己有一定的感情，就可以大胆地向对方表白自己的心迹。

（三）哎，该怎么回绝他（她）呢

面对别人的求爱，当我们不准备接受或是没有那个“意思”时，应在确保不伤害对方自尊心的情况下委婉地拒绝，如果在回绝之后对方进一步追求，而我们依然不能接受对方的爱情，那就应该明确地拒绝。另外，应注意，不要为了害怕伤害对方的自尊心或者是为了自己的虚荣心，在自己没有产生爱情的情况下，盲目地接受对方的爱，因为这样不但会伤害对方，而且对自己也是一种伤害。

（四）该怎么提出分手

爱情是不能强求的，如果发现对方不适合自己而准备结束恋爱关系也无可厚非。当然，最好是让对方有一定的思想准备，在对方有思想准备的情况下再提出分手，对方可能更容易接受一些，感觉到的伤害也会少一些。

二、单相思的苦恼及其调适

单相思是指在异性关系中的一方倾心于另一方，却得不到对方回报的单方面的“爱情”。爱情错觉是单相思的另一种形式，是指在异性间的接触往来关系中，一方错误地认为对方对自己“有意”，或者把双方正常的交往和友谊误认为是爱情的来临。这常会使当事人想入非非，自作多情。单相思是恋爱心理的一种认知和情感的失误。单相思使某些大学生陷入痛苦的境地，处于空虚、烦恼，甚至绝望之中。如果处理不好，对以后的恋爱婚姻生活都有消极的影响。

（一）形成单相思的原因

1. 爱幻想

爱幻想是造成单相思的主观因素。

2. 信念误区

单相思者往往以为爱仅仅是投入，不求回报，不顾一切的精神恋爱才是世界上最伟大的恋爱。

3. 认知偏差

由于自己的认知偏差造成的，不能正确地对待被拒绝的事实，仅仅为了自己的虚荣心，就强迫自己追求到底。

（二）单相思的调适方法

单相思的调适方法主要是认知领悟和心理分析。在具体的心理调适的过程中，应根据不同的情况采用不同的方法。

情况一：如果是自己有意而对方并不知情，并且觉得对方有很大的可能也爱自己，就可以大胆地向对方表白自己的感情。当然，也应做好对方不接受自己的感情的心理准备。

情况二：如果觉得对方根本就没有可能爱自己，就没有必要表白自己的感情，因为这种表白既可能给对方造成心理压力，也会使两人的关系显得不自然。在有些情况下，适当压抑一下自己的感情还是必要的。

持久的单相思会给大学生个人的生活带来很大的负面影响，应当学会尽快地从单相思中解脱出来。

三、失恋的痛苦及其调适

(一) 失恋的原因

一般来说，大学生失恋主要有以下四个原因。

1. 一方认为性格不合

这种情况很常见。曾经热恋过的两个人，一方发现对方在思想、个性方面不适合自己而提出分手，而另一方却依然留恋，放不下对对方的感情。

2. 一方见异思迁

一般来说，两个人有过一段恋爱史，但是后来一方的"温度"下降了，见异思迁，移情别恋，离开了对方，另有新欢，而没有心理准备的另一方就得承受很大的痛苦。

3. 一厢情愿

也就是"落花有意流水无情"，当一方鼓足勇气跟对方表白的时候，却被对方拒绝。这种情况在大学生恋情里也是占有相当大比例的。

4. 社会舆论压力

相爱的双方缺乏勇气和信心，迫于社会的偏见和父母的威严，在外界干涉下只得痛苦分手。

(二) 失恋的心理调适

1. 正视现实

改变自己的认知，意识到感情是双方的事，爱情不是一颗心去敲打另一颗心，而是两颗心共同撞击出的火花。每个人都有爱与不爱的权利，都有拒绝或接受别人的自由，应该尊重对方的选择。其实恋爱，就有失恋的可能，不会因为我们真诚的付出就一定有回报；我们渴望友情、珍惜友情，未必就不会遭遇背叛、钩心斗角或相互利用；失恋虽然失去了一次机会，但是却让我们进入了一个充满新的选择机会的世界。

心理故事中的小哲一直把菲菲当作自己的女朋友，只是没有挑明关系。这里可以引入A、B、C三个参数从心理学的角度来分析小哲求爱不成而自杀的现象。其实，并不是A——女孩拒绝男孩求爱这一事件本身导致了C——男孩的自杀，而是A与C之间最容易被常人忽略的中间因素B——他看问题的视角中存在两点误区：我爱她她就必须爱我，她不爱我我就完了——直接导致了结果C。就中间因素B而言这个大学生看问题过于绝对化。

2. 换位思考

结束一段恋爱关系是因为彼此不合适，而不是某个人的错。不要为了追求内心的平静把错误都归结为对方，设身处地为别人着想，也不要过分自责，认为分手都是自己的错，终日自怨自艾，这样有助于理解对方终止恋爱关系的原因，以后重新进行一段新的恋爱关系时也不会再犯同样的错误。

3. 合理化

根据理性情绪疗法的观点，一个人失恋后会顿感昔日恋人一切都好，认为自己绝对不可能再找到如此美好的爱情。这时，我们可以通过自己跟自己辩论，有意识地在头脑中强化理性的信念，如“塞翁失马焉知非福”、“天涯何处无芳草”，再加上酸葡萄、甜柠檬心理，多想想昔日恋人的缺点，多罗列自己的优点，以此缓解失恋的焦灼和痛苦。

4. 情感宣泄

不要过分地埋藏和压抑痛苦。如果感到积郁很深，实在难以排解，可以向自己的朋友、心理辅导老师倾诉，寻求社会支持，甚至大哭一场，这样会觉得轻松很多。将内心的痛苦发泄出来，可以帮助我们减轻心理压力和内心的烦恼。

5. 转移注意力

换换环境，暂时离开触动恋爱回忆的景、物、人，把自己主动置身于欢乐、开阔的情境之中，将自己的注意力转移到失恋对象以外的人或事物上。如积极参加各种活动，与同学交流思想，并从中得到开导和慰藉；投身到大自然中，把自己放到广阔的天地中等。

6. 升华

尽快把精力引向学习及自我的发展，把失恋升华为一种奋发向上的动力。爱情诚可贵，但爱情不是生活的全部。对于大学生来说，切不可以为盲目的爱而将别的人生意义全盘遗失了。要提醒自己不断进步，会有机会获得新的、更为美好的爱情。失恋并不意味着失去一切，不要因为失恋而失去爱与被爱的能力，要做到失恋不失志。

7. 给自己一段时间

“时间是最好的疗伤药”，足够的时间可以用来处理情绪，汲取经验，避免把冲突带入下一个关系当中。相信时间，让时间来冲淡一切，这是真正有效的方法。

心理训练：自我成长

1. 活动步骤

全班同学分成若干小组进行讨论，小组成员根据本主题知识，结合平时对自身的观察和体验，谈谈自己的情况，小组对全体成员的情况汇总后填写下表。

自我剖析与自我完善行动计划

爱情、恋爱	做得好的地方	尚需改进的地方	改进措施
你的恋爱观			
失恋后你的调适			

2. 讨论与分享

各小组派代表发言，与全班同学分享，本小组同学做得好的地方有哪些？尚需改进的地方有哪些？拟采取什么策略和措施进行改进？

单元3　恋爱心理维护

心理故事：想象的好感

某男同学到阅览室看书，对面坐的女同学看书累了，有时就和他说几句话，看他几眼。男同学感觉很好。第二天男同学又主动坐在了那位女同学的对面，女同学又和他说了几句话，看了他几眼。男同学开始动心了。第三天又是如此。这时男同学感觉那位女同学是爱上他了，于是当女同学从阅览室出来时，男生就追出来，并大胆地向女同学表示了爱意。没想到，遭到女同学的严词拒绝，男同学感到十分尴尬。

【感悟与思考】 男生与女生之间连友谊都没有建立，怎么可能谈得上爱情呢！发生了这种误解，不必过分地悲伤和痛苦，而应该冷静地分析，不要因自己的感情受到伤害而去报复对方，应反躬自问自己对待异性之间的友谊在认识、理解与把握上是否存在问题？

心理知识：经营你的爱情

人们祈求爱、渴望爱，然而愿意学习爱的人却寥寥无几。对于渴望爱情的大学生来说，学会关于爱的知识，提高爱的能力，才能更好地经营自己的爱情，创造出更美好的爱情。

我们要学会培养爱的能力，爱的能力既包括珍爱自己，也包括珍爱他人。

一、学会自爱

学会爱的第一步就是要学会爱自己。这种对自己的爱绝非自私自利、顾影自怜、自我中心，而是对自己由衷地喜爱、关怀和尊重。当一个人能够认识自己并真正欣赏自己时，他便有了一颗自爱的心。

每个人都有自己的独特性，遗憾的是我们缺乏这种发现并欣赏自己独特性的能力，以至于我们感到不如别人，产生自卑感。当我们对自己失去信心的时候，还有谁会欣赏我们呢？所以，自爱包含了不断地去发现并确认自己的独特性。

一个自爱的人，必会得到他人的爱。一个真正学会自爱的人，才会走出爱的第二步——珍爱他人。

二、学会珍爱他人

爱需要推己及人。在恋爱时，切忌“改变别人来适应自己”的想法，放弃“永远控制对方”、“占有”、“操纵”、“支配”、“责怪”、“我永远对”的观点。爱对方即意味着要做到以下两个方面。

(1) 要引导我们及我们所爱的人在人格、自我方面的成长。只有相爱的双方以共同的力量协助对方走向探索自我的漫漫征途，永远沉浸在不断更新改变的自我发现之中，彼此的爱才能更加充实。

(2) 珍爱他人意味着要创造快乐。一般恋爱初期总是快乐居多，不仅每天把自己打扮得整洁漂亮，而且总是表现出阳光灿烂的一面，以博得对方的欢心，而对方也绝不吝啬自己的赞美，每天过得像节日一样。随着彼此的不断了解，我们开始发现对方并不那么完美，相互的指责和不满使日子变得灰心丧气，所以真正的爱就意味着要创造快乐，在快乐中帮助对方不断克服缺点，完善自我。

三、学会沟通

再相爱的人总会有矛盾和冲突。人可以表现快乐，同时也不要隐藏忧伤，理性的沟通是解决矛盾和冲突唯一有效的途径。任性赌气只能使两颗心越来越远。只要我们怀有一颗愿意沟通的真诚之心，交流的结果总会使爱延续。

（一）重视爱的选择

一个好的开始是成功的一半，这样的哲理在爱情里同样适用。当大学生决定要谈一场恋爱之前，首先要面对的就是选择恋爱对象，我们当然不能提供一个既定的框框指导大学生去筛选周围的异性，每个人心目中都有自己的择偶标准，但根据我国学者孙守成等人的研究如下。

第一类是精神满足型。这类人选择恋人以理想、信念、价值、事业、能力等标准来衡量对方的水平，或以气质、性格、兴趣的相投作为共处的基本条件。他们对外貌、金钱、家庭背景等并不在意，而是以达到高层次的精神满足为标准。

第二类是以获得纯粹感官满足为目的的爱情，它是一种对“情欲之爱”的追求。择偶者着重注意恋爱对象的外表（身材、皮肤、相貌）和风度的吸引力。这类爱情很难维持长久。问题是天长日久的相处会使外表失去新鲜感而降低吸引力。

第三类是以社会地位、经济条件等为标准。这就是所谓的现实之爱，其实质是一种相互交换、互惠的理性考虑。现实的择偶标准分为物质、虚荣和利用三种类型。物质型指以经济条件为追求目标，为满足物质需要而恋爱；虚荣型则看重地位、职称等荣誉性的东西；利用型择偶更具指向性，往往是为了达到一明确目的，达到后则着手将恋爱对象抛弃。

以上三类择偶标准都是客观存在的，但纯粹持一种标准的人很少。

（二）学习爱的表达

当我们确定自己的白马王子（白雪公主）出现后，那么第二步就是爱的表达，很多大学生因为单相思而苦恼，往往就是没有勇气或是不懂如何把自己的爱表达出来。怎样恰到好处地求爱呢？这就是爱的表达艺术。

爱的表达一要选择最佳时机，即首先要选择对方和自己都处于好心情的时候，双方关系十分融洽，情绪轻松愉悦。

爱的表达二要选择合适的地点，应是一个能私下面谈的地点，一个不会给对方和自己造成心理紧张和不适的地点。

爱的表达三要选择恰当的方式，即选择你自己最擅长，对方又最容易接受的表达方式。求爱的表达方式多种多样，同时在不同的恋爱期，爱的表达方式也是不同的。

在恋爱初期，面对面的语言表达、书信表达、电话表达、网上聊天表达、信物表达都可以选择。

特别要提醒大学生们的是，在热恋中表达爱，一定要防止和抵制婚前性行为。婚前性行为对大学生恋爱有百害而无一利。一旦发生婚前性行为，它将使爱情的美好神秘感荡然无存；它会给爱情蒙上不洁的阴影，产生互相猜疑和不信任；它可能导致未婚先孕，其社会压力会使当事者感到自卑和羞辱。

（三）化解爱的冲突

爱情的发展道路上总会遇到冲突。爱的路上有风也有雨，千万句海誓山盟的情话都抵不上一个负责的举动；爱的路上会有坎坷崎岖，要想真的“执子之手，与子偕老”，就要学会解决爱的冲突。要想双方能在爱的冲突中相互磨合不断成长，这要求我们做到以下八个方面。

（1）要了解。认识对方的许多方面，不仅要看到优点，也要看到缺点。

（2）要负责。真爱的尺度之一是促进责任感的成长。学会关注彼此的需要，但不是包办，不是替对方管理生活。

（3）要承诺。愿意在痛苦时刻、犹豫时刻、斗争时刻、绝望时刻和平静与快乐的时刻，彼此之间相互支持。

（4）要信任。为自己和对方营造一种轻松和快乐的氛围，没有人追逐爱情只是为了被约束；相互信任是自信的表现，自己都不相信自己值得别人去爱的人，别人会全心全意爱他吗？

（5）要容忍。真爱不仅意味着有福同享，也要患难与共。真爱并不意味着“当你成为完美的人或当你成为我所期望的那种人时，我才爱你”。真爱不是有附加条件的付出，是无条件的。

（6）要博大。鼓励对方向外发展，建立其他的人际关系。把爱人捆在身边，不给其发展的时间和空间，这是虚伪的爱、自私的爱。

（7）需要彼此。并不是说缺少对方就不行。如果自身的价值和生存过于依赖对方，那就没有自由来审视彼此的关系，也就没有审视和反驳对方的自由。

（8）在爱中成长。因为相爱而充满活力，促进自我发展，不断完善提高，彼此分享积累的丰富经验而又不削弱自己的个性，促进精神、心灵、思想的发展与成长。

心理训练1：我心目中的白马王子（白雪公主）

1. 活动步骤

爱是我们生命中的重要课题。无论你已经拥有了爱情或是即将拥抱爱情，都需要对自己所选择爱人的条件进行认识。下面，请你用形容词、词组或句子的形式写出自己选择心目中的白马王子（白雪公主）的5条标准，使自己的爱更理性化。

第一条：________________________________

第二条：________________________________

第三条：________________________________

第四条：________________________________

第五条：________________________________

2. 讨论与分享

（1）谈谈你选择心中的他（或她）以什么为标准。

（2）你准备好了吗，有爱的能力吗？

心理训练2：爱情是什么

爱情是纯洁的、高尚的；爱情是专一的、自私的、排他的。同学们都向往爱情，渴望拥有真正的爱情。但是必须识别爱情的错觉，建立起健康的爱情观。

1. 活动步骤

(1) 将全班同学分成若干组，每组8～10人。

(2) 个人思考(给每个同学发白纸，你会用什么隐喻来象征爱情呢？你觉得爱情是什么？请按照以下的格式造出三个句子)：

爱情是________________，因为________________________________。

爱情是________________，因为________________________________。

爱情是________________，因为________________________________。

2. 讨论与分享

(1) 小组讨论(每个同学把自己造的句子念给小组成员听听，说说对爱情的理解)。

(2) 小组代表发言，与全班同学分享感受。

心理训练3：爱情疗伤歌曲大比拼

失恋后疗伤的方法有很多，只要是对自己缓解心情有帮助的都是好方法，不一定局限于听爱情疗伤歌曲。但是不管是什么类型的歌曲，它都有助于我们暂时忘却忧愁，转移我们的注意力。失恋有时也会成为我们成长的助推器。

1. 活动步骤

(1) 若干人为一组，小组讨论什么歌曲可以作为失恋后进行疗伤的歌曲，为什么？并记录下来，越多越好。

(2) 进行歌曲大比拼，每一组派一个代表到场地中央轮流演唱自己小组的疗伤歌曲，并说明为什么这首歌能疗伤？唱不出者或解释不合理者被淘汰，则该小组被淘汰，直至剩下最后一个获胜小组(小组代表唱不出时，小组成员可上来补充)。

2. 讨论与分享

有些同学说那些忧伤的歌曲适合用来疗伤，理由是听歌曲中别人失恋后的忧伤，感觉还有人比自己更难过，心里反而好受些；也有些同学说一些励志的歌曲适合为感情疗伤，这样可以让自己的脑子不再想那些难过的往事。

心理训练4：辩论会——网络交往的利弊

1. 活动步骤

全班同学分成两个方阵。正方：网络交往利大于弊，反方：网络交往弊大于利。

2. 讨论与分享

正方的理由：扩大了交友的范围，我们可以和全世界的朋友交往；在网络上聊天的费用比电话费用低；网络上的交流避免了人际交往中的摩擦；网络上的交往相对更轻松和更自由，对比较内向的同学是有利的。

反方的理由：网络上的友情也是虚拟的；网络不安全；人们容易为网络上的美好假象所蒙蔽。

心理训练5：心理剧表演——收到烫手的来信

1．活动步骤

全班同学分成4个小组，每组选择一个做法，在组内对故事后面的4种做法进行情境表演，并进行讨论：看看对于这封信的处理会有几种做法？每位小组成员都要发言。

前两天，有个男生悄悄地写了封情书给我，我很难为情，又不知该怎么处理这件事，能帮帮我吗？请同学们扮演这位收到来信的女同学，看看对于这封信的处理，会有几种做法？

做法一：如果是我，就把那封信偷偷放回他的课桌，然后附上一张字条：还是像原来一样相处更好吧！

做法二：我会好几个月不理睬他，不主动和他说话，让他自己明白。为了不影响他的自尊心，我不会让他在同学们面前下不来台。

做法三：装糊涂，直截了当地走到他面前，将信还给他，笑着说："今天是愚人节吗？谢谢你的玩笑。"

做法四：不妨试一试进一步交往，学业相互共勉，真情有所保留，顺其自然，待日后决定。

2．讨论与分享

各小组派代表发言，与全班同学分享本小组的讨论结果和收获。

单元4　心理自测

一、恋爱态度测试

指导语：下列题目均有A、B、C、D四个选项，每个选项后的括号内有项目的得分(0—3分)，请在每题中选择一项你认为最适合的填在题后的括号内。

1．你对未来妻子的要求最主要的是(男性选择)(　　)。

A．善于理家做活，利落能干(2)

B．容貌漂亮，气质优雅(1)

C．人品不错，能体贴帮助自己(3)

D．顺从你的意思(1)

2．你对未来丈夫的要求最主要的是(女性选择)(　　)。

A．潇洒大方，有男子风度(1)

B．有钱有势，社交能力强(1)

C．为人诚实正直，有进取心，待人和蔼可亲(3)

D．只要他爱我，其他都不考虑(2)

3. 你认为完美的结合应是(　　)。

A. 门当户对(1)

B. 郎才女貌(1)

C. 心心相印(3)

D. 情趣相投(2)

4. 对最佳恋爱时间的考虑是(　　)。

A. 自己已经成熟,懂得人生的意义和爱情的内涵,并且确定了事业上的主攻方向(3)

B. 随着年龄的增大,自有贤妻与好丈夫光临,“月老”不会忘记每个人的(2)

C. 先下手为强,越早越主动(0)

D. 还没想过(1)

5. 你希望自己是怎样结识恋人的(　　)。

A. 青梅竹马,情深意长(2)

B. 一见钟情,难分难舍(1)

C. 在工作和学习中逐渐产生恋情(3)

D. 经熟人介绍(1)

6. 你认为推进爱情的良策是(　　)。

A. 极力讨好取悦对方(1)

B. 尽力使自己变得更完美(3)

C. 百依百顺,言听计从(2)

D. 无计可施(0)

7. 你希望恋爱的时间是(　　)。

A. 越短越好,最好是“闪电式”(1)

B. 时间依进展而定(3)

C. 时间要拖长些(2)

D. 自己无主张,全听对方的(0)

8. 谁都希望完整全面地了解对方,你觉得了解他(她)的最佳途径是(　　)。

A. 精心布置特殊场面,连连对恋人进行考验(0)

B. 坦诚相待地交谈,细心地观察(3)

C. 通过朋友打听(2)

D. 没想过(1)

9. 你十分倾心的恋人,随着时间的推移,暴露出一些缺点和不足,这时候你(　　)。

A. 采取婉转的方式告知并帮助对方改进(3)

B. 无所谓(1)

C. 嫌弃对方,犹豫动摇(0)

D. 内心十分痛苦(2)

10. 当你初步踏进爱河之中,一位条件更好的异性对你表示爱慕时,你于是(　　)。

A. 说明实情(3)

B. 对其冷淡,但维持友谊(2)

C. 瞒着恋人和其来往(0)

D. 听之任之(1)

11. 当你久已倾慕一位异性并发出爱的信息时，你忽然发现他(她)另有所爱，你怎么办(　　)。

A. 静观待变，进退自如(2)

B. 参与角逐，继续穷追(1)

C. 抽身止步，成人之美(3)

D. 不知道(0)

12. 恋爱进程很少会一帆风顺，而你对恋爱中出现的矛盾、波折怎样看(　　)。

A. 最好平顺些，既然已经出现了，也是件好事，双方正好趁此了解和考验对方(3)

B. 感到伤心难过，认为这是不幸(2)

C. 疑虑顿生，就此提出分手(1)

D. 没对策(1)

13. 由于性情不合或其他原因，你们的恋爱搁浅了，对方提出分手。这时候你(　　)。

A. 千方百计缠住对方(1)

B. 到处诋毁对方的名誉(0)

C. 说声再见，各奔前程(3)

D. 不知所措(1)

14. 当你十分依赖的恋人背信弃义、喜新厌旧，甩掉你以后，你怎么办(　　)。

A. 当自己眼睛认错了人(2)

B. 你不仁，我不义(0)

C. 吸取教训，重新开始(3)

D. 痛苦得难以自拔(1)

15. 你爱途坎坷，多次恋爱均告失败，随着年龄增长进入“老大难”的行列，你(　　)。

A. 一如从前，宁缺毋滥(1)

B. 讨厌追求，随便凑合一个(1)

C. 检查一下选择标准是否实际(3)

D. 叹息命运不佳，从此绝望(0)

16. 你认为恋爱作为人生一个极其重要的环节，其最终所达到的目的应当是(　　)。

A. 找到一个情投意合的爱侣(3)

B. 成家过日子，抚育儿女(2)

C. 满足性的饥渴(0)

D. 只是觉得新鲜有趣儿，没有明确的想法(1)

【评分方法】 将你所选字母后的数字相加，总分在42分以上说明你的恋爱观正确，总分在33—41分说明你的恋爱观基本正确，总分在32分以下说明你的恋爱观需要调整。

二、爱情与喜欢量表

指导语："喜欢"与"爱情"你分辨的出来吗？不管你是否恋爱，试着对自己的情况或想法勾选下列符合自己目前恋爱状况或对爱情憧憬的项目。(可复选)

【爱情量表】

1. 他情绪低落的时候，我觉得很重要的职责就是使他快乐起来。（ ）
2. 在所有的事件上我都可以信赖他。（ ）
3. 我觉得要忽略他的过失是一件很容易的事。（ ）
4. 我愿意为他做所有的事情。（ ）
5. 对他有一点占有欲。（ ）
6. 若不能跟他在一起，我觉得非常不幸。（ ）
7. 孤寂时，我首先想到的就是要去找他。（ ）
8. 他幸福与否是我很关心的事。（ ）
9. 我愿意宽恕他所作的任何事。（ ）
10. 我觉得他得到幸福是我的责任。（ ）
11. 当和他在一起时，我发现自己什么事都不做，只是用眼睛看着他。（ ）
12. 若我也能让他百分之百的信赖，我觉得十分快乐。（ ）
13. 没有他，我觉得难以生活下去。（ ）

【喜欢量表】

14. 当和他在一起时，我发觉好像两人都想做相同的事情。（ ）
15. 我认为他非常好。（ ）
16. 我愿意推荐他去做为人所尊敬的事。（ ）
17. 以我看来，他特别成熟。（ ）
18. 我对他有高度的信心。（ ）
19. 我觉得什么人跟他相处，大部分都有很好的印象。（ ）
20. 我觉得他跟我很相似。（ ）
21. 我愿意在班上或团体中，做什么事都投他一票。（ ）
22. 我觉得他是许多人中容易让别人尊敬的一个。（ ）
23. 我认为他是十二万分聪明的。（ ）
24. 我觉得他在我所有认识的人中是非常讨人喜欢的。（ ）
25. 他是我很想学的那种人。（ ）
26. 我觉得他非常容易赢得别人的好感。（ ）

【评分方法】 你的勾选项目若集中在1—13项者，表示你对他(她)的感情以"爱情"成分居多，而若多集中在14—26项者，表示你对他(她)的感情以"喜欢"成分居多。

主题十三

网络心理调控训练

篇首语

如果有人问你："你喜欢上网吗?"估计绝大多数人的回答都是肯定的。如果有人问你："你上网都做些什么?"估计大家的回答就五花八门了。面对网络构建的丰富世界,我们大多数人都表现出了极高的认同度和参与热情,通过快捷的网络我们可以开阔视野、了解世界、收集信息、获取知识,网络在我们的学习和生活过程中正发挥着越来越重要的积极作用。

但是,如果不能正确地使用网络也会带来负面的效果,甚至影响我们的学业及前途。维护网络心理,让网络给予我们更多积极的帮助吧!

训练目标

1. 了解互联网吸引大学生的基本原因及其对大学生的消极影响。
2. 了解常见的网络心理问题及其危害。
3. 掌握自我网络心理维护的方法。
4. 了解大学生如何利用网络来服务自我成长。
5. 了解自我网络心理的基本状况。

单元1　互联网与我

心理故事:"贾君鹏,你妈妈喊你回家吃饭"

2009年7月16日,一个名不见经传被成千上万网友称为"贾君鹏"的网友突然在短短几小时走红网络。许多网友在百度知道、新浪爱问纷纷悬赏询问"贾君鹏"为何人,更有不少网友加入恶搞的队列,组成异常庞大的"贾君鹏家庭"。

"贾君鹏,你妈妈喊你回家吃饭"就这样莫名走红。

7月16日上午,百度"魔兽世界"贴吧,一个IP地址为"222.94.255.＊"的匿名用户随意发了一个题为"贾君鹏,你妈妈喊你回家吃饭"的帖子,内容只有"RT"(意思为"如题")两个字母。就是这么一句"贾君鹏,你妈妈喊你回家吃饭"近乎调侃的话语,以星火燎原之势迅速"烧"红网络!短短5个小时便引来了超过20万名网友的点击浏览,近万名网友参与跟帖。

【感悟与思考】“你妈妈喊你回家吃饭”这是一句很家常的话，而“贾君鹏”在这么短的时间内走红于网络堪称是一个奇迹。深入分析我们就会发现，这个事件之所以会爆发，重点是抓住了网民内心潜在的东西，网络可以匿名，方便角色扮演，引导网民可以自主参与和互动。这就是网络吸引人、让人沉迷的原因之一吧。

心理知识：互联网与大学生

互联网始于 1969 年，是美国国防部研究计划署出于战备的考虑建成的一个试验性的，由 4 台计算机构成的计算机网络——ARPA 网，它是一个虚拟的空间，是人类通过数字化方式，利用一系列技术生成的一个逼真的三维感觉世界。

随着互联网的高速发展，网络媒体作为继传统媒体之后的新兴媒体已经成为日常生活中重要的信息来源渠道，它以便捷、超越时间和空间的传递方式，改变着人们的生活和工作。在高校，网络的普及面广、受众人数多更是显而易见的。网络对大学生的行为模式、价值取向、心理发展和道德观念的形成产生了巨大的影响，这已经成为不争的事实。

一、网络吸引大学生的原因

大学生具有创造性强、理解并且接受新鲜事物快等特点，促使其能较好较快地适应高速发展的社会，但由于涉世不深、喜欢娱乐、追求刺激、自控能力较差，这些特点不但使他们成为网络的极大受益者，也容易使他们沉迷于网络。

（一）网络满足了大学生特有的心理需求

大学生的年龄处于十八九岁至二十二三岁之间，求知强烈、好奇求新、渴望挑战、刺激，追求自由、平等，同时这个年龄段的大学生还具有强烈的参与意识与自我实现欲望、追求开放性和多元性。而当今互联网恰恰具有开放性、全球性、互动性、多向性、丰富性和平等性等特性，这些特性很好地满足了大学生上述心理需求。

（二）网络满足了大学生宣泄不良情绪、排解心理压力的需求

进入高校学习的大学生，与中学阶段相比较而言，没有了升学的压力，没有了家长、老师的保姆式的严格监管，初尝独立生活的他们在梦想与现实之间找不到自己的位置，缺乏明确的目标和方向。此外，大学生仍然处于青春期，情绪还处于不稳定时期，心理的承受能力也非常有限，因此在学习、生活中常常会产生这样那样的情绪问题。而互联网因其具有虚拟性、隐秘性、弱规范性等特性在很大程度上满足了大学生发泄欲求、逃避现实、宣泄焦虑、自卑、抵触情绪等方面的心理需求，因此成为了很多大学生的精神依赖，很大一部分大学生把网络作为其释放心理压力、松弛身心的最佳选择。一些性格孤僻的大学生以及自我管理能力与控制能力较差的大学生甚至把网络当成其最好的精神寄托和排遣方式。

（三）网络为大学生的学习和生活带来便利

网络具有丰富性、便捷性、全天候的特性，因此诸多大学生会广泛地利用互联网来从事各种有利于学习、生活和工作的事情，如网络课程学习、资料查找、收发邮件，生活方面的购物、交友等。

网络满足了大学生的心理需求，成为大学生学习、工作和生活的好帮手，但是我们也看到有比例不小的一部分大学生，特别是心理空虚、人生及学习目标不明确的大学生对互联网过度迷恋，他们抑或是沉溺于网络游戏中，抑或是沉迷于聊天或交友，在网络上耗费了大量

的时间和精力，他们由于过度迷恋网络不能自拔，直接后果是导致网络性心理障碍并引发了诸多的身心健康问题及社会问题的出现。

二、网络对大学生的消极影响

长时间的上网以及在网络上的各种不良行为会对大学生的身体、心理、思想道德以及社会性发展等方面产生消极的影响，这些问题如果没有得到及时的疏导，长期积累，就会导致诸如网络成瘾、网络依赖、网络孤独、网络自我认同混乱以及网络犯罪等更为严重的心理问题、道德问题和社会性问题的出现。这些问题会对大学生的成长成才产生极为严重的不良影响，甚至让其失去正常的生活、学习和工作的能力及机会，危害性非常之大。

（一）从身体层面上看

长时间的上网，晨昏颠倒、三餐不继，身体、大脑持续处于疲劳的状态，这些势必会对大学生身体的感官系统、内分泌系统、神经系统、消化系统以及心血管系统等造成诸多的不良影响，还会引起视力听力下降、神经衰弱、内分泌功能紊乱、肠胃消化不良、心脏功能紊乱等一系列疾病。由于上网时间超长而导致猝死的诸多病例便是例证。

（二）从心理层面上看

生理功能的紊乱和交感神经功能失调而引发了感知觉、注意力、记忆力及思维障碍。由于沉迷于虚拟的网络世界导致的情感过程障碍、意志行为障碍以及人格障碍，具体可以表现为注意力涣散、记忆力、逻辑思维能力下降、情绪低落、缺乏热情、自我角色混乱、心理脆弱等。

（三）从道德层面上看

各种诸如色情、暴力、赌博等方面不良的网络行为还会引发大学生在现实生活中的不良道德行为甚至是犯罪行为。

（四）从社会性发展的层面上看

最明显的表现为由于上网时间过多而导致的人际关系不和谐以及生活不顺利。沉迷于网络的大学生对学校中的各种活动漠不关心，他们回避人际交往，引起了社会退缩行为，最终导致在生活自理能力、人际交往能力、学习能力、工作能力、自控能力等方面的水平低下以及人格的扭曲。

心理训练1：我的网络名片

越来越多的大学生喜欢上网聊天，几乎每个人都有好几个网名，有的是因为以前用的账号忘记了重新申请的，有的则是特意申请多个网名，以不同的身份出现在不同的网络社区，以此来满足角色转换的需要。

网名增加了网络生活的不安全感，它也使许多违反道德、违法乱纪的行动能以一种更隐蔽的方式进行。

1. 活动步骤

(1) 首先每位同学设计关于自己的名片，名片内容包括自己的真实姓名、网名、代表自己的符号(可任意)、上网时常用的情绪图标(快乐、伤心等)和上网经常做的事(名片格式如下图所示)。

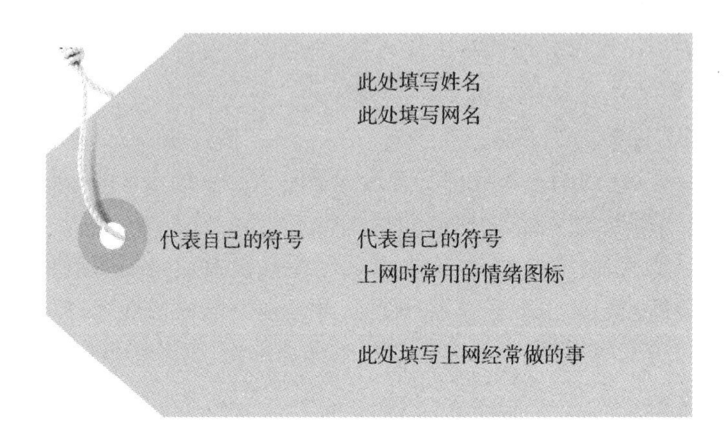

(2) 然后每位同学自由地去认识朋友,并让认识的朋友在自己名片上签名表示。

2. 讨论与分享

(1) 本次课你感触最深的是什么活动或环节?

(2) 结合自身对网络的了解,谈谈你对网络的认识。

(3) 你了解互联网是如何发展起来的吗?

心理训练 2: 辩论会

网络如同一把双刃剑,它给人们的生活带来了很大的帮助和乐趣。同时,它也给一代又一代的大学生带来了很大的影响。网络的利与弊从它走进人们生活的那一刻就无时无刻地发挥着巨大的作用和影响。

1. 活动步骤

以小组为单位,以"网络对于大学生是利大于弊,还是弊大于利"为题展开辩论。

辩论准备如下:

(1) 正反双方利用一周的时间作一次关于大学生上网利弊问题的调查;

(2) 学生自己设计问卷,对一个班学生的上网时间、地点、目的、费用进行调查,并对调查问卷进行分析;

(3) 自己采访家长对网络的看法,做好记录,并进行统计、分析;

(4) 学生根据收集的材料,统计的相关数据,展开辩论。要求结合自身身心的特点并出示相关数据、材料来说明网络给大学生带来的利弊。

2. 讨论与分享

各小组派代表发言,与全班同学分享、总结互联网的利弊以及如何用其利、避其弊。

心理训练 3: 谈谈互联网

1. 活动步骤

全班同学分成若干小组,围绕此表进行讨论:下表列举了网络的一些特性,你还能说出网络的更多功能和特性,以及它们的利和弊吗?每位小组成员都要发言,小组讨论后将大家的意见汇总在空白处填写。

互联网的特性	利	弊	如何用其利、避其弊

2. 讨论与分享

各小组派代表发言，与全班同学分享本小组的讨论结果和收获。

心理训练4：头脑风暴——互联网的用途

1. 活动步骤

请每位同学拿出一张纸和一支笔，根据自己的理解在纸上尽可能多且具体地写出互联网的用途。当大家都完成之后，请每个同学轮流宣读自己所写的内容，评选出表现最优的学生和最有创意的学生，给予激励。

2. 讨论与分享

各小组成员一起探索互联网的正向作用，探索如何发挥自己的潜能，学好互联网知识，利用好互联网。

单元2　网络心理障碍知识ABC

心理故事：虚拟的网络世界

北京《青年报》报道了这样一件事情：小鹏是北京某市属大学的学生，20岁，是个超级网虫，每天都要在网上泡十多个小时。他和一个17岁的女孩在网上认识半年后，两人很快就发生了网恋，并在某网站进行了"结婚"注册，建立了自己的"家庭"——一个共同的网页。他们这个网上的"家"真的太像家了，这个用文字和图片堆砌的家不但有像模像样的家具和房间布置，而且有每日三餐的菜谱，甚至还有他们虚拟的家庭生活的描述！当小鹏和那个女孩"结婚"不到3个星期时，网站通知他，他的"爱人"怀孕了，小鹏大喜，每天抱书苦读孕产妇注意事项。6个星期后网站通知他，说他们已经拥有了一个可爱的小宝宝，小鹏更是兴奋得睡不着觉。15个星期后，网站又通知小鹏，他的"妻子"、"儿子"均病重，小鹏于是整天愁眉苦脸、无精打采。直到第18个星期，网站宣布：他的妻儿因医治无效，双双"去世"，他的婚姻宣告结束！此时的小鹏沉浸在痛苦之中，因为太投入，他竟然受不了打击，一病不起。到现在，好好的大学上不了，每天起床要做的第一件事情就是到网上的墓地去悼念他的"妻小"，然后垂头丧气，喃喃自语……

【感悟与思考】　由于网络具有开放性，网上的内容人人随处可得，许多大学生容易痴迷于网络而不能自拔，从而成为"网络成瘾症"的患者。一旦上网成瘾，必将影响正常的生活和学习，严重的还会导致抑郁、焦虑、肩膀颈椎疼痛、头痛、视力下降等心理问题和生理问题。

心理知识：网络性心理障碍

许多的大学生在上网时往往是心驰神往而欲罢不能，连续玩上五六个小时，屁股动都不动，甚至通宵达旦。有时夜晚起床都会情不自禁地打开电脑到网上"溜达溜达"。白天上课学习无精打采，但是一摸键盘立刻神采奕奕。久而久之，不少的大学生会表现出在现实生活中难以察觉的心理问题，如崇尚暴力，宣扬享乐主义、拜金主义。

一、什么是网络性心理障碍

网络性心理障碍是指患者对网络操作出现时间失控，无节制地花费大量的时间和精力在互联网上持续游戏、聊天、浏览，以致损害身体健康，而且随着乐趣的增强，欲罢不能，难以自拔。简单地说，网络性心理障碍是因上网过度引起的心理疾病。患者多沉湎于网上自由说谈或网上互动游戏，并由此而忽视了现实生活的存在，或对现实生活不再满足，典型表现为在日常生活中情绪低落、无愉快感或兴趣丧失，睡眠障碍、生物钟紊乱，食欲下降、体重减轻，容易激动、自我评价降低，严重者社会活动减少，有自杀意念。

二、网络性心理障碍的类型

网络性心理障碍的症状开始是精神上的依赖，渴望上网；随后发展为身体上的依赖，不上网则情绪低落、疲乏无力、外表憔悴、茫然失措，只有上网后精神才能恢复正常，主要包括以下五种类型。

（一）互联网成瘾（依赖）

[案例 13-1]"网婚"百多次

张学军是一名二手房销售员，每个月有两千多元的收入，可是因为身高不到一米六而一直没找到女朋友。看着其他同事成天和女朋友甜甜蜜蜜，有的同学也已经结婚，张学军心里很羡慕。可是，相了好几次亲，都因为女方嫌他矮而告吹。接连遭遇了几次打击，张学军渐渐的也不爱参加朋友的聚会，有事没事都泡在网上。在一个交友聊天室里，张学军找了张网上的帅哥图片弄成头像，吸引了不少女性。两边你一句我一句很快就聊上了，听着对方喊自己"老公"，张学军的心里得到了很大的满足。两年来竟然娶了 150 多个"网络老婆"。

[案例 13-2] 大二女孩网上分期付款买"苹果"电脑无钱月供

前日，张女士突然接到一家网站的电话，让她替在武汉上大学的女儿还一笔款，因为她的女儿在网上分期付款买了一部高价电脑。张女士介绍，女儿小文今年 20 岁，是武汉某高校大二学生。一开始，小文买回一些便宜实用的东西她也很高兴，还夸奖小文长大了学会帮妈妈省钱了。小文说："在大一假期时听室友说网购可以买到既便宜又耐用的东西，我就心动了。刚开始的时候，我买的都是小东西，头绳、枕巾之类的。"渐渐的，小文不再逛街，"我熟悉了网购流程之后，胆子开始大起来，慢慢买起了大件物品，只要我在网上看见便宜东西就忍不住要买。有的时候为了凑积分拿到优惠券，也会买一些暂时用不到的

东西。开始，用长辈们给的压岁钱，钱不够就先和同学朋友借钱。”这学期开学，该网站来学校做活动，承诺学生只需在该网站注册用户，登记个人身份证、学生证等信息，就可分期付款买“苹果”电脑。“当时我一心动，于是便买了一部价值8700元的‘苹果’电脑。”

一个月后，网站通知小文分期还款。根据合同的约定，小文每月要还款1075元，一年内还完，共计约1.3万元。小文虽然每月有1200元的生活费，但付完贷款后，身上所剩无几。因小文无法如期还款，网站便通过小文的登记资料联系到她的母亲。张女士也找女儿谈过很多次，可小文就是戒不掉网购成瘾的毛病。“虽然还1.3万元钱不是问题，但女儿的行为让她很生气，她专门弄了好多文件夹分门别类地收集网店，每个网店的新货是什么，什么时候打折、什么时间段买有优惠，她都清楚得很！半夜不睡觉，就等着秒杀东西，看着她那痴迷的样子我真的不知道怎么办。”张女士无奈又气愤地说。

互联网成瘾综合征是指由于过度使用互联网而导致明显的社会、心理损害的一种现象，简称网瘾。由于年龄、认识能力和个人经历的原因，大学生对网络的不良内容缺乏辨别能力，长时间沉迷于网络游戏、上网聊天，醉心于网上信息、网上猎奇，造成对网络的过度依赖，因此容易沉溺其中，导致个人生理受损和正常的学习、生活及社会交往受到严重影响，从而出现心理障碍。大学生群体出现的网络成瘾情况来看，主要分为以下五种类型：

(1) 网络交际成瘾，即利用各种聊天软件以及网站开设的聊天室长时间聊天；

(2) 网络色情迷恋，即长期浏览互联网上的不良信息，包括色情网页、图片以及视频等；

(3) 网络游戏成瘾，即沉迷于各种网络游戏以及各类网络娱乐活动；

(4) 网络信息迷恋，即强迫性地从网上收集一些无关紧要的或者不迫切需要的信息，堆积并传播这些信息；

(5) 网络交易成瘾，即无节制地进行网络购物。

根据心理学家的研究调查发现，网络环境下大学生“网瘾”患者容易产生的心理问题主要有以下四个方面。

(1) 认知能力弱化。上网过度的大学生，长期不学习专业知识，缺乏对文化知识的兴趣，从而对实现生活产生疏远感，造成观察能力减退。

(2) 注意品质异常。长时间上网沉醉在虚拟世界的大学生，病态地对网上图片、游戏、图像等过分注意所表现出不应有的过高的警觉性，即所谓的注意增强。

(3) 意志行为异常。大学生电脑游戏成瘾者在游戏在中可以得到各种成功的体验，在攻略游戏中，感到十分振奋。除上网以外的任何活动都缺乏兴趣，他们总是感觉在现实生活中自己什么也不是，变得内向、孤僻、自卑、消沉等。同时玩电脑游戏的经济花费给家庭带来的经济负担进一步导致其感到内疚和自责。

(4) 智力正常，但情感冷漠。把现实中所遇到的困难都咎于命运或别人的错误，不能正确地对待，对一切都漠不关心或表现为情绪极不稳定，缺乏责任心和道德感。

（二）网络孤独症

[案例 13-3] 一个人、一部手机、一台电脑过一天，你是这样吗

大学生小敏，每天除了上课、睡觉和吃饭，基本上离不开网络。在宿舍玩电脑，出门玩手机，早已形成习惯。“宅在家上网感觉挺好的，打游戏、充话费、购物……网上可以做的事出去多麻烦呀。”小敏说，她现在不喜欢出去玩，一有时间就想上网。

“心情不好的时候，我首先想到的不是以前无话不说的老朋友，而是上网找不认识的人聊一聊。毕竟大家相互不认识，交流起来不会有所顾忌，反而更轻松。”

“我们在网络上关注正在发生的事和正在发声的人，到了现实的生活里，这也是朋友之间的话题，一旦网络上的热点都聊过了，就会陷入无声的尴尬。”小敏说，“于是大家齐刷刷看向手机，你刷你的微博，我看我的人人。”

一张桌子、一帮同学、一场聚会，却人手一部手机，各玩各的。这样的场景，你是不是也很熟悉？满心期待的聚会，却由一群人的狂欢变成了一个人的“孤单”。

[案例 13-4] 自动聊天“神器”“小黄鸡”爆红人人网

某高校研究生在人人网上发问：“吃什么好呢?”答：“翠花上酸菜”。问：“没有酸菜吃什么呢?”答：“蛋炒饭怎么样。”记者又转战人人网：“你是哪国人?”它答道：“我是中国人！长江长城，黄山黄河，在我心中重千斤!”它贱贱的回复着实令记者招架不住。网友“火星一号木小宝”说：“小黄鸡最伤人！我说我真爱要结婚了，它说恭喜你呀。”如此健谈的“小黄鸡”日前在网上实实在在火了一把，面对各种网友的“调戏”，小黄鸡的回答总是充满幽默感。

“小黄鸡”是人人网上的智能聊天机器人。你可以通过关注“小黄鸡”之后，在状态里@“小黄鸡”或者回复它，就会收到来自“小黄鸡”很人性化的回复，神一般的回复引发广大网友调侃“小黄鸡”的热潮。

何卓鑫就是看到别人的状态回复才开始成为“小黄鸡”的粉丝的。“当时正值考试季，看到好多人@‘小黄鸡’吐槽考试，回复得非常有意思”，于是，他也成了“小黄鸡”220 万粉丝的一员，“即使你说了同一句话，它也会给你不同的回复。”

“非常期待更出乎意料的回复。”何卓鑫说，身边的人都在和“小黄鸡”聊天，“有些话你不会对网络上的朋友说，也不会对身边的人讲，但是你轻而易举地就对‘小黄鸡’说了出来。”

正在读大一的李艺童就是因为这个原因开始喜欢和“小黄鸡”聊天的。“只要你有话对它说，它就会秒回你，不必担心任何人际关系，更不必担心因为自己讲错话得罪别人。”李艺童笑称，“只要感受是真的，没人在乎与自己联系的是不是一条狗。”

网络孤独症是指过度关注人机对话，沉迷于网络不愿意与现实中的人交谈。随着互联网的发展，人们每天都享受着网络带给我们的便利。在网络这个陌生的世界里，多数时候人们是在跟屏幕交流，而不是实实在在的人。网络孤独症患者在现实生活中不愿意表露自己的情感，也不愿接受他人情感的表露，网络使他们对真实的现实产生某种疏远感、淡漠感，甚至不信任感，使他们变得沉默寡言、不善言谈。而网络世界的社交繁盛，实际上反映的是人们在现实世界的孤独。能自动回复聊天的“小黄鸡”横空出世，恰恰在某种程度上印证了这个观点。网络使一些大学生网民成了“孤独的电脑人”、“孤独的上网人”。

（三）网络拖延症

[案例 13-5] 酝酿工作情绪需要十件事情

“看着工作任务就心烦，能拖一秒是一秒，总感觉自己很忙，但其实没有可忙之处，期限到来前，心里虽然很焦虑，但总想‘再等一下’。”打开电脑，泡上一杯咖啡，看一下人人网的转帖，在好友的新状态和新日志下面留一圈言，顺便开始在人人网上版聊，然后在Google阅读器里扫掉最近更新，上微博看看有没有好玩的段子，打开豆瓣电台，再翻一下歪酷好友们的博客，最后去开心农场偷菜收菜，去开心餐厅做菜，再强迫性地统统刷新好几遍。工作还没开始做，半天就过去了。

像小周这样的人日常工作大多离不开电脑，每天的工作几乎都从启动电脑、登录网络开始，却常常被网络信息“诱惑”，从而把该做的工作推后、拖延。而信息量庞大、更新换代快、没有时间限制、可供消遣娱乐或打发时间的网络被认为是“拖延症”的罪魁祸首之一。

随着互联网的发展，人们花在网络上的时间越来越多，而人的注意力极容易被网络分散，部分人的拖延症便由此而生，即以推迟的方式逃避执行任务或做决定的一种特质或行为倾向，是一种自我阻碍和功能紊乱行为，而网络正是这些人逃避任务的借口。

（四）网恋

[案例 13-6] 迷途的网恋

女大学生文某，人长得非常漂亮也很开朗。平时喜欢上网，她有许多的网友，大家都聊得挺好。渐渐地，她发现自己和其中一个男孩聊得特别投机。经不住好奇心的驱使，她和那男孩见了面，风流倜傥的他让文某更加动心，她深深地爱上那个男孩。接下来的日子，她只要有时间便和他在网上或见面交流，从此网恋就变成了现实中的恋爱。经过一段时间的相处，文某发现男孩有许多像她这样从网上骗来的女朋友。原来男孩一直在欺骗她，这就如同晴天霹雳一般，文某的心里接受不了这样的事实，没有心思做任何事情，甚至割腕自杀。

这种通过上网结识异性朋友从而产生的恋情就是网络恋情或称网恋。

大学生网络恋情一般很容易上瘾，而一旦上瘾就会沉湎于网上不能自拔，把网上爱情视为生活的唯一追求。迷恋网络恋情会严重影响大学生的学习，而且容易使他们减少与老师、同学之间的交流，不愿意参加集体活动，性格变得孤僻，甚至造成人格分裂。

（五）网络不道德行为

[案例 13-7] 南昌大学 50 美女 QQ 被晒网络

据《扬子晚报》报道，某网发出一则名为“南昌大学 50 美女 QQ 大全”的帖子，该帖子罗列了南昌大学 50 名在校女学生的真实资料，这些资料并不仅有 QQ 号，还包括本人姓名、照片、手机号甚至所学专业等。帖子发出后两天时间，国内各大网站开始转载，有的网站甚至还对 50 名女生的美貌进行所谓“星级评定”。据悉，这些被曝光的美女们近几日手机经常被打爆。

网络不道德行为是指网络主体出自非善和邪恶动机，不利或危害他人和社会的网络行为。根据网络不道德行为对社会造成的危害性程度的不同，可以把它们区分为不正当行为、较恶行为和极恶行为。

三、网络性心理障碍的危害

（一）阻碍学业的完成

曾有报道称在某大学退学、试读和留级的237名学生中，约有80%是因各种类型的网络依赖而延误了正常的学习，荒废了学业。

（二）危害身体健康

过度依赖网络会造成神经衰弱、失眠、头痛等症状。网络依赖患者还会出现视力下降，肩背肌肉劳损，生物钟紊乱，睡眠障碍，食欲减退，体能下降，免疫功能减退，精神运动性迟缓或易激动等情况，注意力、稳定性、反应能力均明显下降。此外，网络依赖患者由于长期用眼，户外运动少，视觉疲劳得不到缓解，晶体弹性过早减弱，还容易提前开始“老花眼”。

（三）人际关系不良

网络依赖患者花费过多时间上网，导致社会孤独和焦虑感。社交面变窄，人际关系冷漠，与真实的人际关系隔绝，非正当交往机会增多。

（四）人格异化

网络依赖患者长期玩飙车、砍杀、爆破、枪战等游戏，火爆刺激的内容容易使其模糊道德认知，淡化游戏虚拟与现实生活的差异，误认为这种通过伤害他人而达成目的的方式是合理的。一旦形成了这种错误观点，网络依赖患者便会不择手段，欺诈、偷盗甚至对他人施暴。

心理训练1：上网做什么

1. 活动步骤

阅读以下情境，全班同学分成若干小组，讨论以下3个情境，说说他们都利用网络在干什么？每位小组成员都要发言。

[情境一] 通过密码侦破技术，取得别人的密码，进行“不正常操作”。

有一天刚下课，学生刘某兴奋地问我：“老师下节课是哪个班的课？”

我说：“是大三年级。”

他高兴地自语：“太好了，可以盗到更高级的号了。”

我怀疑地问道：“你有那么大的本事知道盗号？”

他对我的怀疑愤怒地说：“不懂吧，老师，我刚才装上了盗号软件，只要他输入账号和密码，计算机就会自动将他的账号和密码发送到我的邮箱。”

刘某完全沉浸在自己的“成就感”之中，丝毫不知我在套话，接着我问：“为什么要盗窃别人的号码？”

他说：“我的号上个星期被别人盗了，我玩了好久了，不想再从头开始玩，这样快点。”

[情境二] 沉迷于游戏

有一次在上课时，我看到两个学生在玩《梦幻西游》，他俩玩得很开心，但是平时他俩的关系并不好，在游戏中却很团结共进。于是我问他们为什么喜欢玩游戏，他们很一致地回答我：“谁都喜欢，因为游戏能为我带来很多快乐的时光，也让我结识了许多的网络朋友。”

然而，他们却不知道如何在现实生活中友好相处。

［情境三］网上交友

有一次，我在巡视课堂作业的时候，有几位女学生聚在一起谈论A学生在网上认识的网友帅不帅，由于观点不一，A学生问我："老师，我的网友长得帅吧！"我说："恩，从相片上看他是个很阳光的男孩，但是你确定和你聊天的就是他吗？网络中迫不急待说自己是王子的人绝大部分是青蛙。"她说："不会的，他很搞笑的，我们无话不说，心情不好就找他倾诉，感觉很坦诚……"

2. 讨论与分享

以小组为单位组织开展对以下问题的调查，并撰写报告，完成后进行小组及全班同学分享收获和感受。

（1）每周平均上网时间：________________。

（2）上网一般做什么：________________。

（3）每周平均花费多少钱：________________。

（4）上网后（从网吧出来）的心情一般是：________________。

心理训练2：了解互联网对你真正的意义

1. 活动步骤

每位同学准备一张白纸，填写以下问题，比较上网前后的感觉。并且分析哪些原因是促使你上网的因素。

（1）在我上网前，我通常觉得____________。（参考词汇：学习太累、觉得烦、没有朋友可聊、无聊、沮丧）

（2）当我从事喜欢的网络活动时，我觉得____________。

（3）在我上网后，我觉得____________。

2. 讨论与分享

填写完成后，与全班同学分享并讨论自己填写的结果。

心理训练3：饭可以不吃，但网不能不上

1. 活动步骤

阅读案例，全班同学分成若干小组，讨论案例后的问题，每位小组成员都要发言。

徐小辉是某高校二年级的学生，大一时一次偶然的上网经历让他从此沉迷于网络游戏不能自拔。"那时刚上大学没几个月，有天晚上同学们在宿舍没事干，有人提议去上网，结果大家就跟着去了。"徐小辉回忆起第一次上网的情形依然历历在目，"在网吧里看到好多人玩游戏，我也尝试着玩玩，发现挺有意思的，一下玩了两个多小时。回去后，心里一直痒痒，觉得不过瘾，没几天晚自习时又跑到网吧去了。"

就这样，徐小辉开始千方百计地挤出时间上网，最后发展到逃课的地步。"从这学期开始，我几乎不上课。白天在宿舍睡觉，晚上去网吧上网。"因为晚上包夜便宜，从晚上11点到第二天早晨7点只要5元钱，而白天1个小时就1元多钱。"为了挤出上网的钱，徐小辉常常一天只吃中餐和晚餐，并且都是泡面或面包之类的便宜食品。“饭可以不吃，但网不能不上。”徐小辉说。

“玩多了也会自责，觉得对不起父母。因为家里是农村的，为了我上学还借了两万多元债务。可是越是自责越想逃避，越愿意躲在网络虚拟世界中，这样就不会想那些烦心事了。”徐小辉觉得网络就像精神鸦片，一旦上瘾想戒除非常困难。“一天不玩就心里痒痒，感觉像丢了什么似的。”

沉迷网络不能自拔让徐小辉在虚拟的世界里过五关斩六将，获得快慰和满足；但在现实的世界中成绩却一路下滑，到这学期末已经有7门功课“红灯高悬”，拖欠学分高达21分，直逼学校规定的25分降级警戒线。

问题：(1) 徐小辉哪些方面表现出他已经患有网络成瘾症；(2) 网络成瘾症对徐小辉产生了哪些不良影响？

2. 讨论与分享

各小组派一名代表发言，与全班同学分享本小组的讨论结果和收获。

心理训练4：当你面对以下情境时，你会怎么样处理

1. 阅读以下情境，全班同学分成若干小组，讨论每个情境后的问题及处理的犯法，每位小组成员都要发言。

[情境一] 当你在网上聊天时，总是没人理你，即使你主动与人攀谈，也总是被人拒绝，这时，你会怎么办？你的处理方法：

(1) ______

(2) ______

(3) ______

[情境二] 当你发现自己谈得很投机的网友却是你在现实生活中很讨厌的一个人，你该怎么办？你的处理方法：

(1) ______

(2) ______

(3) ______

[情境三] 当你的朋友总是抱怨现实生活不如网上生活精彩、如意，并过多地上网时，你该怎么办？你的处理方法：

(1) ______

(2) ______

(3) ______

2. 讨论与分享

填写完成后，本组成员交流分享，看看谁的处理方法更得当。小组派一名代表汇总本组讨论结果与全班同学分享。

单元3　网络心理维护

心理故事：偷菜

夜深人静，人们都沉浸在美梦中不愿醒来。有一群人却成功地抵制了睡虫的侵扰，悄悄爬起床来，对农场里成熟的蔬菜伸出“黑手”……

深夜，当大部分虚拟农场的玩家都已经入睡时，也是最方便“偷菜”的时刻，玩家们最容易实现加分升级。那些忠实的“偷菜族”就挑中了这个时机，不把每个好友的菜园都“偷”个精光决不睡觉，要么熬到两三点“偷”完菜才睡，要么调好闹钟，半夜起来“偷”了再睡。

为了“偷”菜不顾生物钟被打乱。

大学生小希是开心农场的玩家之一，去年买了上网本，在好友的邀请下开通了开心农场，原本只是好奇试一下，结果一玩就到了现在，如今已经是65级的“高手”了。她告诉记者，开心农场很让人“牵肠挂肚”，越到后头升级越难。“只要一种下菜就会整天想着什么时候要去收，害怕被人家偷了。每次上网，首先她就会先去看看菜园，看一下菜可以收了没，别人的有没有成熟可以偷的，看到快成熟的还要在电脑前守着，菜一熟就立刻下手。”

“偷菜”使她认识了不少朋友。小希说，自己在学校几乎没有什么朋友，而“偷菜”游戏拉近了她和大家的距离。游戏在同学之间很流行，买上网本的同学更是随身携带电脑，随时随地“无障碍偷菜”。

“网络游戏是同学们用来休闲解压的，可以在虚拟菜地种蔬菜水果，好友的果实成熟了还可以去偷，偷菜或保护自己的菜就变成了最有趣的一种小竞争。刚开始玩时就是消遣，慢慢地就将玩游戏变成了一项任务。”小希算出同学的蔬菜成熟的时间，并上好闹钟，定时去偷。“我常常半夜两三点爬起来，偷完菜再睡。”

“偷菜”成瘾患上神经衰弱。

一个月后，小希出现了失眠症状，休息不好又引起食欲不振，精神状况越来越差，她不得不到医院检查，诊断结果：长时间压力过大，中度神经衰弱。医生特意为小希开出了休假一个星期的证明。小希没敢把结果告诉老师，只是以生病为由请了病假。

【感悟与思考】　虚拟游戏是释放压力的一种方式，但沉迷进去反而会加大人的精神负担。因此，适当的游戏并没有不可取之处。然而一旦游戏成为一种执念，将会把释放压力转化为增加压力，在学习之余加重人的心理负担，甚至影响人的正常交往和生活。大学生自身应养成良好的上网习惯。上网前要计划，明确上网的目的和上网的时间，从而避免无节制的上网。

心理知识：自我网络心理状况辨识

一、如何判断网络成瘾

人类创造了网络，网络也深深地影响着人类社会，正如一些教育学者所言：“它携带着自己特有的价值和意义，渗透到人类活动的每一个角落，并以非常的力量支配着人类的行为和观念，它无所不在、万象纷呈，构成人间迷人的现象。”

上网在给人们的工作、学习和生活带来方便和欢乐的同时，也给一些人带来了一种时髦病——网瘾综合征。如何判断网络成瘾是大学生应该掌握的必要常识，以便及时发现并及时调适自身出现的网络心理问题。根据台湾学者总结的判断标准，网络成瘾量由以下五个因素来界定。

（一）强迫性上网行为

强迫性上网行为是一种渴望上网的冲动。个体在看到计算机时有想要上网的欲望或动机，在上网后变得有精神，并渴望得到更多的上网时间。

（二）戒断行为与退瘾反应

在被迫离开或中断上网行为时，个体容易产生不愉快的感觉或挫败的情绪反应。如情绪低落、生气、空虚感、无法集中注意力、心神不宁等。

（三）网络成瘾耐受性

随着网络使用经验的增加，使用者必须透过更多的网络内容或投入更多的上网时间才能得到原来所感受的上网乐趣。沉溺于网络游戏聊天或浏览而出现情绪低落、思维迟钝、自我评价降低等症状，严重的甚至有自杀意念和自杀行为。

（四）时间管理混乱

时间管理混乱是指个体没有办法依循未上网前的时间安排，如睡眠时间，上班上学、用餐时间等。

（五）人际及健康不良

由于在网络上的时间过久，导致在日常生活中人际关系及个人健康等出现危机。

二、网瘾综合征的自我诊断

网瘾综合征患者的最主要表现是：上网时精神兴奋，心潮澎湃，欲罢不能，时间失控；沉溺于网上聊天或网上互动游戏，并由此而忽视与社会的交往、与家人的沟通，甚至对上网形成越来越强烈的心理依赖，以致不能分离。

研究发现，网瘾综合征患者由于上网时间过长，大脑神经中枢持续处于高度兴奋状态，会引起肾上腺素水平异常增高，交感神经过度兴奋，血压升高，植物神经功能紊乱。此外，还会诱发心血管疾病、胃肠神经官能症、紧张性头痛等病症。大学生如何判断自己是否患了网瘾综合征呢？依照以下标准，便可自我诊断。

(1) 每天起床后情绪低落，头昏眼花，疲乏无力，食欲不振或神不守舍，而一旦上网便精神抖擞，百“病”全消。

(2) 上网时表现得神思敏捷、口若悬河，并感到格外开心，一旦离开网络便语言迟钝、情绪低落、怅然若失。

(3) 只有不断地增加上网时间才能感到满足，从而使得上网时间失控，经常比预定的时间长。

(4) 无法控制去上网的冲动。

(5) 每看到一个新网址时就会心跳加快或心律不齐。

(6) 只要长时间不上网操作就手痒难耐。有时刚刚离网就有又想上网的冲动。有时早晨一起床就有想上网这种欲望。甚至夜间趁小便时也想打开电脑。

(7) 不能上网时便感到烦躁不安或情绪低落。

(8) 平常有不由自主地敲击键盘的动作或身体有颤抖的现象。

(9) 对家人或亲友隐瞒迷恋互联网的程度。

(10) 因迷恋互联网而面临失学、失业或失去朋友的危险。

如果有以上标准中 4 项或 4 项以上表现，且持续时间已经达一年以上，那么就表明你有可能患上了网瘾综合征。

三、自我网络心理维护与调适

关于大学生沉迷于网吧，荒废学业，甚至猝死在网吧的报道已是屡见不鲜，网瘾已经成为严重的社会问题，政府、学校、家庭和治疗机构等已经采取了相应措施。网络如水，无处不在，我们无法躲避，那么面对网瘾我们该做些什么呢?

(一) 理智地对待网络

列举一下网络的好处和坏处，然后将好处和坏处进行比较，最后在两者之间作出自己的选择。

(1) 制订自己的发展目标和生活学习计划。

(2) 合理安排上网时间。

(3) 与同伴相互约定并限定上网时间和相互监督。

(4) 勇于面对现实生活中的问题、困境、挫折，不在网络中逃避。

(二) 防御性地上网

提高网络心理防御和应激能力，养成良好的上网生活习惯，增强自我干预与控制的能力，明辨真假，分清是非，增强抵御网络环境负面影响的能力。

(三) 培养广泛的兴趣

我们要在现实生活中锻炼自己的意志力和自制力，多参加各种活动，如外出旅游、和朋友聊天、散步，参加一些体育锻炼等。

(四) 及时咨询求助

一旦出现网瘾综合征，不要紧张，我们要尽早到心理咨询机构或者医院接受心理咨询及心理治疗。

心理训练 1：我的五样

1. 活动步骤

每位同学准备一张白纸、一支笔，然后在白纸上写上自己心中感到最重要的 5 样东西，是什么东西不重要，重要的是这东西在你心中的分量，而且只能选 5 样。完成后，要求学生在纸上把其中一样划去，划去一样东西代表这样东西在其生命中不能再拥有了。在完成后再要求他们划去一样东西，直至剩下最后一样东西。

2. 讨论与分享

请大家分享自己的选择过程与最后的选择结果并讨论。

心理训练2：心理训练与互动——寻求替代爱好

1. 活动步骤

寻找新鲜、有趣、快乐的现实体验来取代网络虚拟的刺激，挖掘自我优势，找准自我亮点，打造“理想自我”，驱除网络诱惑。小组成员之间进行交流并分享。

2. 讨论与分享

你还有其他替代上网的方式吗？把它分享给你的伙伴吧。

心理训练3：“虚荣让我沉迷网游七年”

1. 活动步骤

全班同学分成若干小组，结合案例，分析一下小强的情况，并谈谈自己了解的一些戒除网瘾的方法，每位小组成员都要发言。

小强今年22岁，迷恋网络游戏是从上初一开始的，那时他只有12岁。小强的家住在一个小县城，父母都是工人，他属于住校生。初中时，小强比较自卑，学习和生活都缺乏自信。无意中，小强跟同学到网吧玩，觉得打游戏特别过瘾。上高中后，小强开始玩网游《传奇》，游戏装备连连升级的虚荣、网友羡慕的眼光都成了他上网的动力，他开始连续到网吧包夜，最长时连续包夜达半个月。小强说自己最初打游戏是兴趣，后来就变成了一种强迫的机械行为。高中时由于痴迷网络，自己每天都是昏昏沉沉的，上课时总是打瞌睡，学习成绩非常糟糕。长期玩网游使小强欠下两千多元的外债，为了还钱，小强开过临时小卖店，卖面包饮料，甚至捡同学丢弃的易拉罐、塑料瓶卖钱，吃尽了苦头。即使这样，他还在坚持玩网络游戏，一直到高中结束。

上大学时，小强学习的是数控机床专业，每天夜深人静时，他都会独自一人进入到教学间去钻研技术。功夫不负有心人，迷途知返的小强学习成绩开始名列前茅，先后获得了国家奖学金8000元和学校一等奖学金。毕业以后，小强被学校推荐到某大型国企上班，还成为车间的一名技术能手。

“我很后悔自己经历的那段不堪回首的沉迷网络的生活，它耽误了我的大好年华，如果我不沉迷其中，我相信自己会取得比现在更大的成绩！”采访结束后，小强很遗憾地说。

2. 讨论与分享

各小组派代表发言，与全班同学分享本小组的讨论结果和收获。

心理训练4：制作上网计划和警醒卡

1. 活动步骤

安装一个定时提醒的小软件或者在网上设立“限时报警”服务，有效控制上网时间；列出沉迷于互联网的害处并制成卡片，随身携带，以便时刻提醒自己；列出因为沉迷于互联网而失去参与一些活动的清单。

2. 讨论与分享

你还能说出其他控制上网的方式吗？

【小贴士】网络成瘾辅导计划

如果你或者你的朋友患有网络成瘾症,下面的这些题目可以帮助你或者你的朋友来改善网瘾程度,认真思考下面的题目,并做好记录。

(一) 增加自觉程度

1. 觉察到你失去的是什么

(1) 列出那些你过去主要的活动

(2) 评量每一样对你的重要性

(3) 评量哪些是你过去拥有而现在失去的

(4) 评估这些改变对你现在以及未来的影响

2. 正确地评估上网时间

(1) 试着记录下你所有的上网时间

(2) 试着记录你上网的时间模式

(3) 每一样都不要漏掉

(4) 聊天室

(5) 网络联机互动游戏

(6) 电子邮件

(7) BBS

(8) WWW

(9) 其他

(二) 管理自己的上网时间

1. 培养其他的替代活动

(1) 构想哪些是你一直都想要去做的休闲

(2) 列举出你一直都很想联络的朋友

(3) 列举出其他你也仍觉得有趣的活动

2. 确认你的上网模式,并尝试做相反的调整

(1) 平常你何时会上网

(2) 平常你在哪里上网

(3) 平常你有怎样的顺序

3. 利用外在具体的事物来停止上网,并将运用的状况做成记录

(1) 如果你九点上课,那么八点开始上网,九点准时上课

(2) 如果你十二点有个午餐约会,那么十点上网

(3) 在上网前设定闹钟或启动计时关机软件,以此来提醒自己上网该结束了

(三) 在真实的生活中寻找满足需求的方式

(1) 寻找真实的支持团体

(2) 加入义工性质的团体

(3) 向周遭的人坦承自己的困难

(4) 和其他亲密的人一起上网

（四）填写以下问题，比较上网前后的感觉，了解网络对你真正的意义，并分析哪些原因是促发你上网的因素。

1. 在我上网前，我通常觉得____________。（参考词汇：学习太累、觉得烦、没有朋友可聊、无聊、沮丧）

2. 当我从事喜欢的网络活动时，我觉得____________。

（五）把以下问题的答案写在一张卡片上，随身携带，当碰到相似情境时，就把卡片拿出来读一读。

（1）列出 5 个导致自己网络成瘾的原因。

（2）列出倘若切断网络的 5 个好处。

单元 4　网络助我成才

心理故事：一个大学生的网络创业梦

小覃是某职业技术学院电子与信息工程系 2011 级学生。在老师同学的眼里，他是一个十足的“牛人”。一个在校的大学生，运用自己学到的专业知识，在老师的指导帮助下，建立起自主运营的人才网站，为个人求职、企业需求员工牵线搭桥，实现创业梦想，为工业柳州的全民创业事业贡献应有的力量。小覃现在每天都要在网上泡上十多个小时，这些时间不是用来玩游戏，而是用来维护他独自运营的人才网站，每天都要做一些更新维护工作。

从 2012 年暑假开始，小覃就着手去做这个网站。申请域名及备案等细节，几乎每件事都需要小覃亲力亲为，即使在他生了一场大病之后，虽行动不便，但仍坚持一个人到街上发宣传单来推广自己的网站。功夫不负有心人，在他的苦心经营下，网站在上线 3 个多月后赢来了第一笔订单，钱虽然不多。但是对于他来说，这是一个突破，具有里程碑意义。

截至目前，他的网站已经发展了 2000 多名个人会员与企业会员，并且这个数量还在不断增加，前段时间还有当地报社听闻了他的经历之后对他进行了专访。他对记者表示，打算花 2～3 年的时间把网站发展成为柳州最热门的人才招聘网站。

【感悟与思考】 也许每个人都会有成才梦，但不是每个人的梦都会变成现实。如果你想实现这个梦，那么前提是你必须愿意为这个目标付诸行动，包括时间、精力、金钱、汗水、泪水，在现实生活中创业抑或利用网络创业都是如此。

心理知识：网络助我成才

如今，上网已经成为在大学生人群中很普遍的事情。在大学中，几乎每个大学生都会拥有一台电脑，每个宿舍都有人整天沉溺于网络游戏之中，因此也有的大学生因为沉溺于网络游戏荒废学业而退学的。但是，也有的大学生能够充分利用网络来学习新知识。网络是一把双刃剑，如果我们没有好好地利用它，那将可能陷入不能自拔的世界里。但是，如果大学生能够加以好好利用，它会使我们获得丰富的知识，甚至是一笔不菲的财富。那么，网络可

以如何促进大学生成长成才呢？

一、网络可以帮助大学生开阔视野

网络上有着内容丰富的搜索引擎，大学生可以从搜索引擎中获得有关政治、经济、教育、社会生活等方面的信息。通过网络，大学生可以在最短的时间内最快地获取世界上最新发生的事情，因为网络已经遍及全球的大部分地方。

二、网络可以帮助大学生拓展沟通渠道

一根线缆，连接着整个世界。网络是一个虚拟的世界，曾经有人这样比喻网络："你不知道网络对面和你聊天的是一个人还是一只狗"，所以在这虚拟的网络世界里，大学生可以与认识的人或者陌生人共同讨论感兴趣的话题，对于一些不好提及的话题则避免了当面交流的尴尬。大学生还可以利用网络向远在全球各地的专家教授请教学术问题，足不出户就可以与知名的学者进行面对面的沟通交谈，这体现出了网络的极大便利。

三、网络可以帮助大学生拓展受教育的空间

众所周知，从课本上获得的知识是有限的。大学生可以在课后的时间利用强大的搜索引擎获得书本上学不到的知识。大学生的本职仍然是学习，网络远程教育给大学生提供了良好的学习环境，可以从免费的教学网站上下载专家教授的视频讲座、图文解析等。这些都是传统的学习环境无法提供的。因此，网络弥补了这一个空白。

四、网络可以帮助大学生促进身心健康发展

很多大学生在现实中总会有一些烦恼难以向他人诉说，他们希望有一个能够聆听自己心灵的声音，但是又不好意思去找心理老师，怕被误认为是心理有问题。因为一般人都认为去找心理老师咨询的人心理一定会有问题。但是，互联网为大学生提供了更加方便的倾诉渠道，我们只需要在网上的心理咨询网站发表一个帖子，把自己的经历或是遭遇发表出来，就会有很多的热心人给予回答，这些回帖的人有老师、有学生，也有经验丰富的心理老师。尽管他们的答案并不是最正确的，但是有了他们的指引，我们的内心应该会感觉到温暖了许多，烦恼最终也会烟消云散。

五、网络可以帮助大学生完善"三观"

在校园生活中，大部分大学生几乎很少参与社交活动，如科学讲座、辩论赛等，很多时候只是观众，所以几乎没有得到太多的锻炼。

只要有网络的地方，我们都可以对社会热点的事件发表自己的看法，在一些社交性的网站里网民经常会对社会热点展开讨论，而每个人对同一件事也都会有不同的看法，因此在"争吵"之中，我们的世界观、人生观、价值观可能会发生一些改变。在大部分时候，大学生的"三观"在辩论中会得到完善，同时也会提高表达能力、思维逻辑能力等。这种提升机会在现实生活中是很少的，即使是辩论赛，能发表看法的也仅仅是舞台上的几名选手，而大部分时候我们仅仅是作为观众。所以，网络为大学生提供了一个完善"三观"的平台，大学生更应该好好地利用这样的资源。

六、网络可以帮助大学生学习创业

近年来，物价越来越高，大学生经济与就业的压力逐渐增大。而由于网络创业有其独到的特点，如成本低、费用少、人员组成简单、人际关系要求简单、风险系数低等，越来越多的大学生尝试通过"淘宝店铺"、产品推广营销、威客、运营网站等网络创业途径尝试创业以减轻经济负担与就业压力。当然,创业是存在风险的,不管在网络还是在现实中都一样,所以大学生还是要慎重对待。

总之,网络是一把双刃剑,大学生不仅要正确地认识网络的利与不利,而且要主动拒绝网络中的不良诱惑,讲究技巧和方法,利用网络来为提升自我,发展自我,为自我成长成才服务,走上成才之路。

心理训练1:写一份网络创业计划书

1. 活动步骤

全班同学分成若干组,经过市场调查分析,确定一个网络创业的项目之后,每组写一份网络创业计划书(应当包括项目情况、战略分析、营销策略、团队组建、项目实施、财务分析、项目总结以及你对这个项目的认识),分析这个项目在网络上的市场,估算这个项目的风险与收益期,最好是能够按照创业计划书去实践一次,感受其中的奥秘,享受酸甜苦辣的过程。

2. 讨论与分享

请各小组组长上台总结在写网络创业计划书的过程中遇到的困难和挑战,并与全班同学分享是如何解决的,有什么感想。各小组组长和老师组成评委,比一比哪一组的创业计划书更具有价值。

心理训练2:测试你的创业智商有多高

1. 活动步骤

阅读下面的导语,完成后面的测试题(回答“是”或“否”)并评分及进行自我分析。

如果你不愿再受老板的恶气,不妨找个机会过一把老板瘾,也许你还真能使老板的圈子从此多一个“明君”。下面就来测验一下你的创业智商吧!企业家的气质也许就隐藏在你的内心深处……针对企业家在家庭背景、童年经历、主要价值观、个性等方面共同特征的研究越来越多。下面的测试题可以测验一下你创业的智商,看看你是否具有那些企业家们所应具备的气质。这些问题并不是你未来成功与否的标准,不过它也许可以告诉你应该从何处入手以及你需要进一步提高的方面。

(1) 你的父母有过创业的经历吗? (　　)

(2) 在学校时你的学习好吗? (　　)

(3) 在学校时,你是否喜欢参加群体活动,如俱乐部的活动或集体运动项目? (　　)

(4) 少年时代,你是否更愿意一个人待着? (　　)

(5) 你是否参加过学校工作人员的竞选或是自己做生意,如卖柠檬水、办家庭报纸或者出售贺卡? (　　)

(6) 你小时候是否很倔强? (　　)

(7) 少年时代,你是否很谨慎? (　　)

(8) 小时候你是否很勇敢而且富于冒险精神? (　　)

(9) 你很在乎别人的意见吗? (　　)

(10) 改变固定的日常生活模式是否是你开创自己的生意的一个动机？　(　　)

(11) 也许你很喜欢工作，但是你是否愿意晚上也工作？　(　　)

(12) 你是否愿意随工作要求而延长工作时间，可以为完成一项工作而只睡一会儿，甚至根本不睡？　(　　)

(13) 在你成功完成一项工作之后，你是否会马上开始另一项工作？　(　　)

(14) 你是否愿意用你的积蓄开创自己的生意？　(　　)

(15) 你是否愿意向别人借东西？　(　　)

(16) 如果你的生意失败了，你是否会立即开始另一个？　(　　)

(17) (接上题)或者你是否会立即开始找一个有固定工资的工作？　(　　)

(18) 你是否认为做一个企业家很有风险？　(　　)

(19) 你是否写下了自己长期和短期的目标？　(　　)

(20) 你是否认为自己能够以非常职业的态度对待经手的现金？　(　　)

(21) 你是否很容易烦？　(　　)

(22) 你是否很乐观？　(　　)

【评分方法】

1. 是：加 1 分；否：减 1 分

2. 是：减 4 分；否：加 4 分

成功的企业家照例都不是学校的好学生。

3. 是：减 1 分；否：加 1 分

企业家们在学校时，似乎都不太热衷于集体活动。

4. 是：加 1 分；否：减 1 分

研究显示，企业家们在少年时代往往更愿意一个人待着。

5. 是：加 2 分；否：减 2 分

开创生意通常从很小开始。

6. 是：加 1 分；否：减 1 分

童年时的倔强似乎可以理解为按照自己的方式行事的坚定决心——成功企业家的典型特征。

7. 是：减 4 分；否：加 4 分

谨慎可能意味着不愿冒险。这对于在新兴领域开创事业可能是个绊脚石。不过，如果你希望作一个经销商，这一点不会有什么影响，因为多数情况下供货商已经考虑到各种风险。

8. 是：加 4 分；否：减 4 分

9. 是：减 1 分；否：加 1 分

企业家们往往不在乎别人的意见而坚持开创不同的道路。

10. 是：加 2 分；否：减 2 分

对日常单调生活的厌倦往往可以坚定一个人开创自己事业的决心。

11. 是：加 2 分；否：减 6 分

12. 是：加 4 分；否：减 4 分

13. 是：加 2 分；否：减 2 分

企业家一般都是特别喜爱工作的人，他们会毫不拖延地进行一项接一项的计划。

14. 是：加 2 分；否：减 2 分

成功的企业家都会愿意用积蓄资助一项计划。

15. 是：加 2 分；否：减 2 分

16. 是：加 4 分；否：减 4 分

17. 是：减 1 分；否：加 4 分

18. 是：减 2 分；否：加 2 分

19. 是：加 1 分；否：减 1 分

许多企业家都把记下自己的目标作为一种习惯。

20. 是：加 2 分；否：减 2 分

以正确的态度处理经手的现金对企业的成功至关重要。

21. 是：加 2 分；否：减 2 分

企业家们的个性似乎都是很容易厌倦的。

22. 是：加 2 分；否：减 2 分

乐观的态度有助于推动你在逆境中取得成功。

【得分分析】

35—44 分——绝对合适。

得 35 分以上的人士不自己创业，简直是资源浪费！

15—34 分——非常合适。

如果你得分在 15 分以上(包括 15 分)，那你应该说是个“老板坯子”了。

0—14 分——很有可能。

你的人生其实可以有许多的选择，包括选择自己创业还是就做个高级白领。你的智商和情商发展均衡，这意味着你在很多选择中可进可退、可攻可守。

－1—－15 分——也许有可能。

如果你非要走创业之途，应该说也有属于自己的机会，但首先要克服很多的困难，既包括环境，也包括你自身的思维方式与性格制约。

－16—－43 分——不合适。

还是死了这条心吧。不要浪费自己也不要浪费别人的时间、精力和金钱。你应该仔细考虑自己是否适合做生意，因为你的才华可能并不在这方面。也许为别人工作或是掌握某种技术远比做生意更适合你，可以让你更好地享受生活的乐趣并且充分发挥自己的能力，发展自己的兴趣。

2. 讨论与分享

全班同学分成若干小组以头脑风暴的形式进行讨论：如果利用网络进行创业的话，应该做好哪些方面的准备？

单元5　心理自测

网瘾综合征自我诊断

指导语：下面20道题，可以帮助你测试自己有没有网瘾或者网瘾程度，如果你怀疑或者担心你的朋友可能患有网瘾综合征，你可以让他做这项测试以便找到答案。

为评估成瘾程度，可用以下评分标准对下列问题进行评级：罕见为1分、偶尔为2分、常有为3分、经常为4分、总是为5分，请将自己每项得分填写在题目后的括号内。

1. 你使用网络的时间是否经常超过自己预定的时间？（　　）
2. 你经常忘记要做的家务事而把更多的时间用来上网吗？（　　）
3. 你是否经常觉得上网比和自己的伴侣在一起更刺激？（　　）
4. 你经常在网上与其他上网者发展成新的朋友关系吗？（　　）
5. 你的生活中是否经常有人抱怨你上网的时间太多？（　　）
6. 你是否因为在网上耗费的时间太多而导致自己的学习成绩出现问题？（　　）
7. 你会不会常常要先检查是否有电子邮件之后再去做其他该做的事情？（　　）
8. 你是否因为上网而导致学习效率出现问题？（　　）
9. 如果有人问你到底在网上做什么，你是否会觉得需要防备或保密？（　　）
10. 你是否由于得到了互联网上各种思想的慰藉而不想在现实生活中向别人透露烦恼的心迹？（　　）
11. 你会很期待下一次的上网时间吗？（　　）
12. 你是否会担心没有互联网的生活将变得无聊、空虚、没有快乐可言？（　　）
13. 你上网的时候，如果有人骚扰你，你是否会恶狠狠地关机、大喊大叫或其他表示恼怒的行为？（　　）
14. 你会由于到了半夜才可以上网而损失睡眠时间吗？（　　）
15. 你是否会在离线以后心里总还想着上网或幻想着自己在上网？（　　）
16. 你是否发现自己每次上网的时候总爱说“就几分钟而已”？（　　）
17. 你是否发现你总想减少上网的时间可总是做不到？（　　）
18. 你是否会瞒报自己的上网时间？（　　）
19. 你是否情愿在网上多花时间而不愿意和别人一起出去走走？（　　）
20. 你不在线的时候，是否会觉得压抑、心情不好或不安？而一旦回到在线状态，这些症状就会消失？（　　）

【评分方法】 回答完毕所有的问题后，将每项回答中你所选择的数字相加从而得出最后的分数。分数越高，你的上瘾程度以及由互联网使用所造成的问题就越是严重。这里有一个简单的尺度表来帮助你评判你的分数。20个题目的总共得分：

20—49分：你是互联网的一个普通用户而已。你在网上冲浪的时间偶尔会稍微多一些，但你对上网还是有自控能力的。

50—79 分：互联网已开始经常给你带来一些问题，你应该开始全面反思一下互联网给你的生活所带来的影响。

80—100 分：互联网已经给你的个人生活带来严重的问题，你要好好评估一下互联网给你的生活所带来的影响并着手解决上网所直接产生的问题。

明确自己属于哪种情况后，你可以回头看看那些得分为 4 分或 5 分的问题，然后想想这些问题是不是已经很严重。例如，在关于你是否忽视日常生活问题的第二个问题中，如果你的得分是 4 分(即“经常”)，那你是否会注意到自己经常有一大堆脏衣服没洗或者冰箱早就空了？

再看看第 14 题，也就是因半夜才登录上网而减少睡眠时间的那一题，如果你的得分是 5 分(即“总是”)。你应该想想自己是否需要停一停，再想想自己每天早上要别人拖你起床有多么困难？你是否总是觉得很疲倦？这种情况是否开始影响你的身体和健康水平？

参考文献

[1] 黄群瑛.大学生心理素质训练[M].大连:大连理工大学出版社,2008.
[2] 杨敏毅,鞠瑞利.学校团队心理游戏教程与案例[M].上海:上海科学普及出版社,2006.
[3] 樊富珉.团体心理咨询[M].北京:高等教育出版社,2005.
[4] 石令明.人文素养读本[M].北京:中国农业科学技术出版社,2005.
[5] 樊福珉,等.高职学生心理健康与发展[M].北京:清华大学出版社,2007.
[6] 黄群瑛,等.高职学生心理素质训练[M].大连:大连理工大学出版社,2008.
[7] 刘金同,等.高职学生心理发展及素质培养[M].北京:北京大学出版社,2006.
[8] 代祖良,等.高职学生心理健康实用教程[M].北京:科学出版社,2008.
[9] 王晓刚,等.大学生心理健康[M].北京:清华大学出版社,2008.
[10] 王春秋,等.心理健康读本[M].南宁:接力出版社,2009.
[11] 刘玉华,等.高职学生心理发展与心理健康[M].合肥:安徽大学出版社,2000.
[12] 彭聃龄.普通心理学[M].修订版.北京:北京师范大学出版社,2004.
[13] 武志红.七个心理寓言[M].北京:世界图书出版公司,2008.
[14] 樊富珉.高职学生心理健康与发展[M].北京:清华大学出版社,2007.
[15]〔美〕杰瑞·伯格.人格心理学[M].陈会昌等,译.第六版.北京:中国轻工业出版社,2004.
[16] 代朝霞.人际交往中的100个心理策略[M].北京:中国华侨出版社,2009.
[17] 朱彤.人际交往中的心理学[M].北京:金城出版社,2009.
[18] 郑玫,包华林.心理学与高职学生心理健康[M].北京:北京交通大学出版社,2009.
[19] 陈国梁.高职学生心理健康教育[M].广州:华南理工大学出版社,2009.
[20] 陈最华.高职学生心理健康教育[M].长沙:湖南人民出版社,2009.
[21] 夏洛尔.EQ自测[M].北京:中国城市出版社,1997.
[22] 张双会,刘春魁,柳国强.高职学生心理健康教育[M].北京:中国经济出版社,2005.
[23] 桂世权,魏青.高职学生心理健康教育[M].成都:西南交通大学出版社,2007.
[24] 刘嵋.心理健康教育与辅导教程[M].北京:机械工业出版社,2008.
[25] 黄希庭.心理学导论[M].北京:人民教育出版社,2001.
[26] 北京师大辅仁应用心理发展中心.身边的心理学[M].北京:机械工业出版社,2008.
[27] 唐华山.一口气读懂心理学[M].北京:人民邮电出版社,2010.
[28] 周家华,王金凤.高职学生心理健康教育[M].北京:清华大学出版社,2010.
[29] 王民忠,郭广生.高职学生心理成长进行时[M].北京:中国轻工业出版社,2008.
[30] 刘树林.高职学生心理健康教育[M].上海:上海交通大学出版社,2009.
[31] 吴增强,蒋薇美.心理健康教育课程设计[M].北京:中国轻工业出版社,2007.
[32] 王群.大学心理健康教育[M].上海:复旦大学出版社,2005.
[33] 俞国良,文书锋.心理健康教育案例集[M].北京:高等教育出版社,2009.
[34] 陶国富,王祥兴.高职学生挫折心理[M].上海:立信会计出版社,2006.
[35] 廖怀高,王培.大学生心理健康教程[M].北京:北京工业大学出版社,2009.

[36] 吴汉德.高职学生心理健康[M]. 南京:东南大学出版社,2008.
[37] 王滨有.性健康教育学[M]. 北京:人民卫生出版社,2008.
[38] 郑日昌.高职学生心理咨询[M]. 济南:山东教育出版社,1999.
[39] 樊富珉,费俊峰.青年心理健康十五讲[M]. 北京:北京大学出版社,2006.
[40] 胡玲.高职学生性文明与性健康[M]. 成都:四川民族出版社,2001.
[41] 赵云虎.高职学生适应期的心理调整[J].内蒙古农业大学学报(社会科学版),2006,(2).
[42] 向莎莉.高职学生对自我认识的调查[J].科教文汇,2009,(1).
[43] 佟秀莲.高职学生适应心理分析[J].承德民族师专学报,2004,(4).
[44] 杨晓阳.大学新生如何积极面对新的挑战[J].中国校外教育, 2009,(10).
[45] 慈航.论高职学生自我意识的完善[J].大学时代(下半月),2006,(11).
[46] 孙晓敏.浅谈意志力培养与促进高职学生心理健康[J].科技成果纵横,2010,(4).
[47] 罗瑞涛,等.意志力与青年成才[J].中国青年研究,2004,(2).
[48] 王鹰.意志力的自我诊断[J].教育与职业,2003,(12).
[49] 李忠东.如何培养意志力[J].知识就是力量,1996,(9).
[50] 张建卫,等.高职学生压力与应对方式特点的实证研究[J].北京理工大学学报社会科学版, 2003,(1).
[51] 张林,等.高职学生心理压力应对方式特点的研究[J].心理科学, 2005,(1)
[52] 吕薇,等.浅谈高职生应对困境的方式及特点[J]. 滨州职业学院学报, 2006,(3).
[53] 刘电芝.当代高职学生性道德价值取向调查研究[J].心理发展与教育, 2004,(3).
[54] 赵美艳.当代高职学生性道德教育研究——浅析高职学生常见的性心理困扰[J].人大复印资料《思想政治教育》,2005,(8).
[55] 中国互联网络信息中心(CNNIC).第27次中国互联网络发展状况统计报告[R/OL].中国互联网络信息中心,2011.
[56] 施春华.论大学生网络心理障碍及其调适[J].江苏高教,2003,(1).
[57] 董海宁.小组工作在干预青少年网络成瘾中的应用[J].社会工作(学术版), 2006,(24).
[58] 崔景贵.网民心理健康的自我维护[J].大众心理学,2001,(5).
[59] 孙洪斌,王岚.网络文化及其对大学生道德教育的影响[J].中共四川省委省级机关党校学报,2007,(3).
[60] 仲稳山.网络环境下大学生心理健康教育研究[J].卫生软科学,2011,(2).
[61] 中国青少年网络协会,中国传媒大学调查统计研究所.中国青少年网瘾报告(2009)[R/OL]. 2010. http://edu.qq.com/edunew/diaocha/2009wybg.htm.
[62] 杨帆,张楠楠.关于大学生网上开店的理性思考——大学生创业问题研究[J].出国与就业,2011,(11).
[63] 刘先红.高校毕业生网上创业的模式选择[J].科技创业月刊,2009,(11).
[64] 方静仪,陆敏,毕玉江.大学生网络创业SWOT分析[J].中外企业家,2011,(4).

参考网站

[1] 中国大中学生心理健康在线 http://www.psyhealth.cn/.
[2] 39健康网 http://www.39.net/.
[3] 心理网 http://www.xinlii.com/.
[4] 中国心理咨询网 http://www.xlzx.com/.
[5] 学生心理在线 http://www.stumental.com/.
[6] 中青心理 http://xinli.youth.cn/.
[7] 春雨网 http://www.psychhelp.cn/.
[8] 本教材所使用部分故事、案例、心理训练活动及测试量表来源于新浪博客、网易博客、人民网、百度百科、百度文库、百度贴吧、CCTV网、道客巴巴网、豆丁网、榕树下网、中国心理学家网、心理读吧网、中华心理教育网、有问必答健康网、大众医药网、爱丽女性网、企博网、生活报、吉林省教育社区网、杭州教师教育网、品牌网、合肥报业网、中国科技大学职业生涯规划专题网、中南大学校内网络平台、河南财专——心理健康教育中心网、江西广播电视大学大学生心理健康教育中心网、厦门职业技术学院精品课程网、福建农林大学人文社会科学学院网、江苏省清江中学网站及金伯利·杨博士网瘾题库等。